この本の読者の方々へ

数ある書籍の中から、この本を手に取っていただき誠にありがとうございます。今、この本を読み始めてくださっているあなたは、おそらく以下のような思いを持たれているのではないでしょうか。

- プログラミングをやった経験はないけど、これからの時代にデジタル人材として活躍できるように、ノーコード・ローコード開発を習得しておきたい
- 経営者や管理職の視点から、自社の社員や自分が管轄する部門のメンバーが自ら業務効率化を進められるよう、ノーコード・ローコード開発を習得させたい。そのまえに、まずは自分で少し勉強してみよう
- 自分でシステムを開発することはできるけど、プログラミングしなくても簡単なアプリなら作れるようになってきているので、ノーコード・ローコード開発も勉強しておこうかな

経済産業省は、2019年に発表したDXレポートの中で、多くの企業が我先にとデジタルトランスフォーメーションに取り組んでいくなか、それを牽引するITプロフェッショナル人材が2025年には供給不足に陥るであろうと予想しました。いわゆる、「2025年の崖」問題です。

ITプロフェッショナル人材が圧倒的な供給不足となる一方で、業務の自動化やAIの進化に伴い「事務職」に分類される職業従事者が供給過多になるという統計も発表されています。ひと昔前までは、ちょっとした業務の自動化を行うのにもプログラミングが必要であり、その対応をITプロフェッショナル人材に頼る必要がありました。その前提でこれからのDXを考えてしまうと、人材の争奪戦ばかりに意識が向かってしまいます。

しかし、幸いにも時代は変わりました。今は、プログラミングのスキル・経験がなくても、ExcelやPowerPointといった普段から使い慣れている業務用ソフトウェアの操作感の延長線上で、業務の自動化やアプリの作成を行うことが可能な時代になりました。

このようなことが可能になった背景として、クラウド技術の普及と進化があ

ります。GAFAM（Google、Apple、Facebook（現Meta）、Amazon、Microsoft）に代表される米国の巨大IT企業が、豊富な資金力を活かして規模の経済による激しい競争を繰り広げています。そのおかげで、Google、Amazon、Microsoftの3社からは、最新のテクノロジに支えられたコンピューティングリソースを電気や水道のように従量課金で利用できる「クラウドサービス」が提供されるようになりました。

各企業が自前でコンピューティングリソースを調達しなければならなかった時代は、機器の選定から調達、セットアップ、本番後の保守運用までを自社ですべて行う必要がありました。高価な機器なら、さまざまなメーカーの機器を比較し、用途や非機能要件に基づいて適切な機器を選ぶ必要があり、購入するにも一苦労。購入した機器は資産計上され、減価償却が何層にも積み上がることで経営を圧迫。機器を裸で稼働させるわけにはいかないので、セキュリティが万全な人里離れたデータセンターで機器を運用。さらには、本番稼働後の障害復旧やセキュリティパッチ対応を行う人員の確保……。

クラウドサービスの台頭により、企業はそれらの重荷から解放され、蛇口をひねるように最先端のテクノロジを享受できるようになりました。クラウドサービスで提供されるのは、今や、一般的なコンピューティングリソースだけにとどまりません。技術的に難易度の高かったAI（人工知能技術）、さらには量子コンピューティングのサービスも同様の形態で提供され始めています。

そして、テクノロジの敷居を下げる方向でのクラウドサービスの進化は、これまでITを自身の専門分野と位置付けていなかった方々にとっても、テクノロジを身近な武器として活用できるチャンスをもたらしました。それが、ノーコード・ローコード開発です。

この本では、Microsoftがクラウドの形態で提供するノーコード・ローコード開発ツール、「Power Platform」の操作方法を実用的な事例（レシピ）とともに解説しています。MicrosoftのCEO、サティア・ナデラ氏は、2017年ごろに「AIの民主化」というフレーズを用い、それまで敷居の高かったAIに関連する技術を誰もが簡単に使えるクラウドサービスとして提供していくことを発表しました。以降、MicrosoftはAIに限らずさまざまなテクノロジの「民主化」を推し進めています。今回取り上げるPower Platformは、その「民主化」の申し子と言えるでしょう。みなさんが普段の業務で利用されているであろうOffice製品との高い親和性に加え、Microsoftの豊富な資金力を後ろ盾に日々使いやすく進化を遂げるPower Platformは、強くおすすめできるノーコード・ローコード開発ツールです。

この本が、みなさんのPower Platformのスキル習得、ひいてはみなさんが担当されているお仕事の業務効率化に少しでも役立つことを願っています。

2022年7月
著者一同

本書の活用の仕方

本書の構成について

- Part 1 基本編

Power Platformはどのようなものか概要を解説します。ノーコード・ローコード開発を始めるために、「Power Platformでは何ができるのか」「利用環境はどのように準備するのか」「アプリ開発の基本的な流れ」について説明しています。

- Part 2 業務アプリのレシピ編

Power Platformの各サービスを使用したアプリの開発方法を解説します。「Part1 基本編」に収録している利用環境の準備を行えば、本書で掲載しているすべてのレシピを自分の手を動かしながら開発体験できます。掲載しているレシピ集は10個あります(次頁表参照)。

本書のサポートページについて

本書で掲載しているレシピアプリ開発で使用する参考資料、サンプルデータ(Excel／画像／サンプルテキストなど)、紙幅の都合で本書に掲載しきれなかった手順解説PDFなどをダウンロードできます。

レシピ名	レベル（目安）	参照先	Power Platformのサービス		
			Power Apps	Power Automate	Power BI
スマホから写真で作業報告	★☆☆	Chapter 4	●		
メール添付ファイルの自動格納	★☆☆	Chapter 5		●	
収益データの集約・可視化・定期更新	★☆☆	Chapter 6			●
書式をそろえて帳票出力	★★☆	Chapter 7		●	
モバイルOCR	★★☆	Chapter 8	●	●	
Twitterのキーワード分析	★★☆	Chapter 9	●	●	
自動返信問い合わせフォーム	★★☆	Chapter 10	●	●	
情報管理・プロセス管理	★★☆	Chapter 11	●	●	
リアルタイムデータ分析	★★☆	Chapter 12	●		●
書類の自動作成	★★★	Chapter 13	●	●	

- サポートページURL

URL https://gihyo.jp/book/2022/978-4-297-13004-6/support

ダウンロードしたzip形式のファイルは展開し、Chapter 3「キャンバスアプリ開発の基本」で作成するオンラインドキュメント共有サービスのSharePointサイト上に、フォルダ構造を含めて一式アップロードしご使用ください。

- サポートページのフォルダ構造

```
ChapterN
├──参考資料……本書内でダウンロード指示をしているアプリ開発を進めるうえで必要な資料を収録
│                例）データの格納先であるデータソースのテーブル定義、帳票テンプレートのほか、
│                    手順解説PDFなど
├──関数の入力補助……使用する関数、テストデータ作成時のサンプルなど入力を補助する資料を収録
│                    例）スマホから写真で作業報告際の報告本文サンプルなど
└──作業場所……アプリ開発時に使用する入出力先フォルダ
      │          例）アプリから帳票出力する際にSharePointサイトの出力フォルダにファイルを
      │              格納するなど
      ├──その他
      ├──入力
      └──出力
```

監修者の言葉

本書では素材としてMicrosoft Power Platformの各サービスを使った料理レシピとして構成されています。印刷された書籍という形態をとっている以上、発行された時点からはUpdateすることが叶いません。一方、素材であるPower Platformはクラウドであるため、その機能、UIなどは日々進化していきます。したがって、みなさんが本書のレシピを実際に作っていく中で少し手順が異なっていたり、わかりやすくお伝えするために使用している画面ショットが実際の画面と少し異なっていたりということも起こりえます。

変わること、Updateされていくこと。これらは常にサービスを進化する方向に動いていますので、これをデメリットではなく、メリットとして受け取っていただき、随時対応していただければ幸いです。

今回FIXER様が書かれたレシピは、イメージしやすいように日常業務での課題、個人の課題に沿った形で掲載してあります。ただ、Power Platformの本質的なポイントの1つは、既存の業務を効率化することもさることながら、世の中に実在しないモノ、「あったらいいな」というものを、より少ないコスト、時間で形にできることです。紙で、あるいはFAXで実施していた業務を"デジタル化"するためにもちろん有効に作用しますし、企業の"デジタル化"に寄与でき、さらにその先にはBI/AIにつなげることも容易になり、経営における判断も具体的な数字をベースに行うことができる未来を描けます。

Power Platformでは、一人一人が持っている「あったらいいな」という今までは実現にまで至らなかったアイデアを形にし、試験的にでも動かすことができます。まずは本書でPower Platformのポテンシャルを理解いただき、通勤中、睡眠前、入浴中、みなさんの頭の中に浮かんだオリジナルの料理を形にしていただければ幸いです。

2022年7月

曽我 拓司

目次

Part 1

基本編

Power Platformによるノーコード・ローコード開発を始めるために、本Partでは「Power Platformでは何ができるのか」「利用環境はどのように準備するのか」「アプリ開発の基本的な流れ」について説明しています。高度なアプリを開発するためにも、まずはしっかりと基礎的なことを押さえておきましょう。

Chapter 1 Power Platform入門
基礎と構成するサービス群

本章では「Power Platformとは何か」「どのようなサービス群で構成されているのか」について説明しています。はじめての方には聞き慣れないサービス名が出てきますが、ここですべてを憶える必要はありません。雰囲気だけでも掴んでみましょう。

1-1 Power Platformでできること

Power Platformとは、プログラミングやシステム開発などの専門知識がない人でも、マウス操作やExcelの関数を利用した数式を扱うスキルさえあれば、ビジネスアプリを短期間で開発することができるノーコード・ローコードプラットフォームです。

従来のビジネスアプリ開発では、いざアプリ化しようにも自社のITプロフェッショナル人材は人手不足。外部発注するにしてもベンダー頼みで、発注費用や開発にかかる期間、外部ベンダーとプロジェクトを伴走する社内の要員調整など、お金、時間、人といったさまざまな要因が大きな障壁になるうえ、費用対効果、優先順位により必ずしもビジネス部門の方々のニーズを反映したアプリが完成するとも限りません。

DX(Digital Transformation)が叫ばれる昨今、このような悩みや課題を抱えながら業務改革、働き方改革に挑戦されている企業が多いのではないでしょうか。

そのような悩みや課題に効く特効薬がPower Platformです。Power Platformを使えば次のようなことができます。

- アプリ化に必要なコンピューティングリソース(データベースやWebサービスなど)は、ウィザードに従って(対話形式で)数クリックすれば最適化された環境が手に入るため、専門的な知識がなくてもアプリ化に必要な環境を短時間で準備できる

- 日本企業に浸透しているOffice製品であるExcelやPowerPointを使うような感覚でアプリを開発できるため、必要最小限の学習でアプリ開発に必要なスキルのキャッチアップができる
- ビジネスニーズを把握している本人が開発するため、ギャップのないビジネスアプリを作り、手に入れることができる
- Power Fxと呼ばれるローコード言語が提供されており、Excel関数に似ている1つの関数を使用するだけで、本来の数十行分のプログラムコードに相当する操作を実行できる
- Microsoftの堅牢なセキュリティで守られたクラウドサービス上で動くため、ID・データをはじめとしたさまざまな情報を安全に管理できる
- Microsoftの各サービスへの接続のほか、他のサービスや既存システムを数クリックで連携できるコネクタと呼ばれる機能があるため、従来の別サービスの呼び出しに必要だったAPI（Application Programming Interface）の仕様理解や接続プログラムのコーディングが不要になり、誰でも別サービス／既存システムのデータを活かしたアプリ開発ができる（図1-1）

▼図1-1：さまざまなサービスと連携

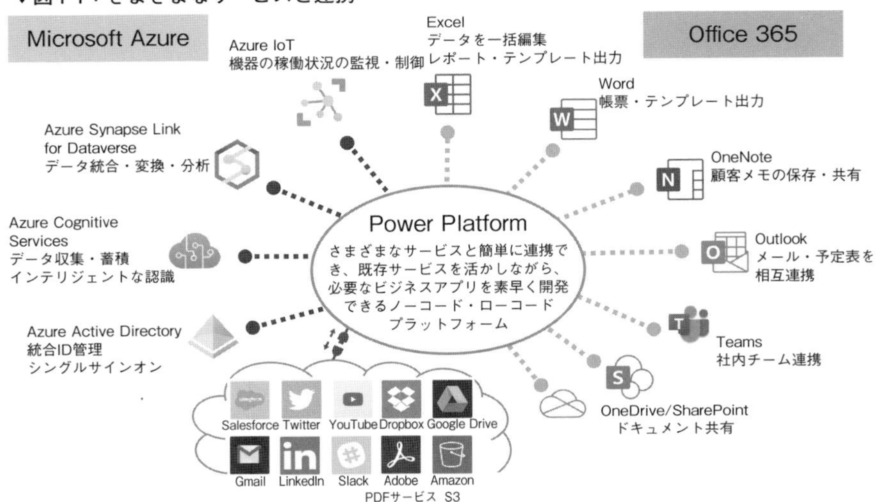

1-2 Power Platformを構成するサービス

Power Platformは、「Power Apps」「Power Automate」「Power BI」「Power Virtual Agents」の4つのサービスで構成されています。各サービスは、Power Platformの標準データ保管領域である「Dataverse(データバース)」とシームレスに接続でき、データを中心に相互連携することができます。また、数クリックで他サービスと連携できる「コネクタ」や、セットアップ済みのAI群を簡単に呼び出しできる「AI Builder」といった共通サービスがあります(図1-2)。

▼図1-2：Power Platformを構成するサービス

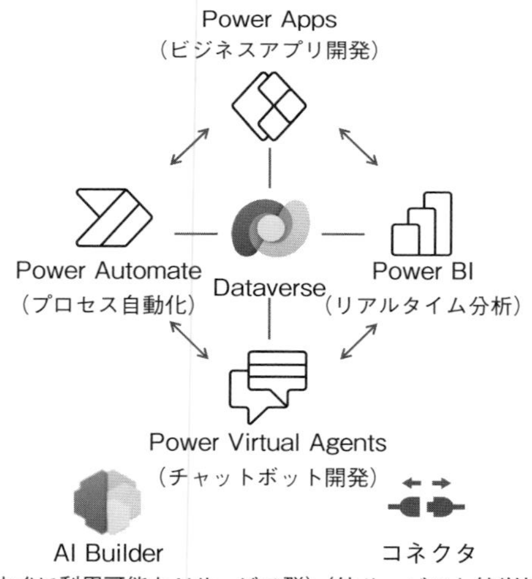

Power Apps

ノーコード・ローコードでWebアプリを開発できるサービスです。Power Appsで作成したビジネスアプリはスマートフォン、タブレット、パソコンなどのデバイスで利用でき、社外/社内問わず、さまざまなビジネスシーンで活用できます。

作成できるWebアプリは3種類(「キャンバスアプリ」「モデル駆動型アプリ」

「ポータル」）あり、利用者が使用するデバイスや用途によってビジネスアプリを使い分けします。

キャンバスアプリ

白紙のキャンバスに絵を描くようにドラッグ＆ドロップによるパーツの挿入や、Excelのような関数を用いてローコードでビジネスアプリ開発ができます（画面1-1、1-2）。デザイン性に優れた画面や、スマートフォンやタブレットなどのタッチ操作に富んだアプリを開発するときに利用します。

画面1-1 ▶

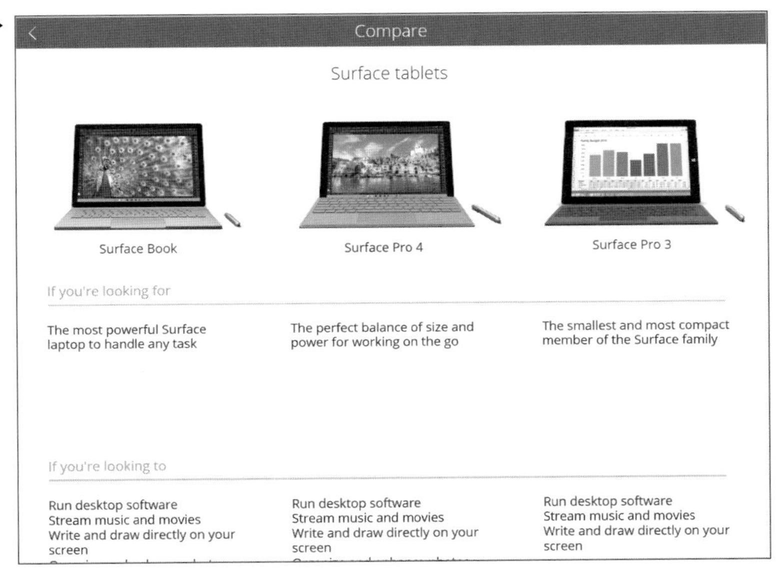

画面1-2 ▶

モデル駆動型アプリ

Dataverseのデータをもとに作るビジネスアプリです。もとにするデータを選択し、ウィザードに従って操作すればアプリが自動生成されるため、ノーコードで素早くビジネスアプリを開発できます(画面1-3、1-4)。

自動生成されたアプリには、データの一覧表示、登録、変更、削除などの基本機能が備わっています。そのほか、運用時に役立つ機能が豊富に提供されています。運用に役立つ機能の一例として、DataverseのデータはExcel形式でデータの入出力機能が用意されています。この機能を使用すれば、馴染みのあるExcelを使いDataverseに対して大量データの一括登録／削除をすることができます。

多種多様なデータを管理し活用する業務があるバックオフィスや管理者におすすめのアプリです。

画面1-3▶

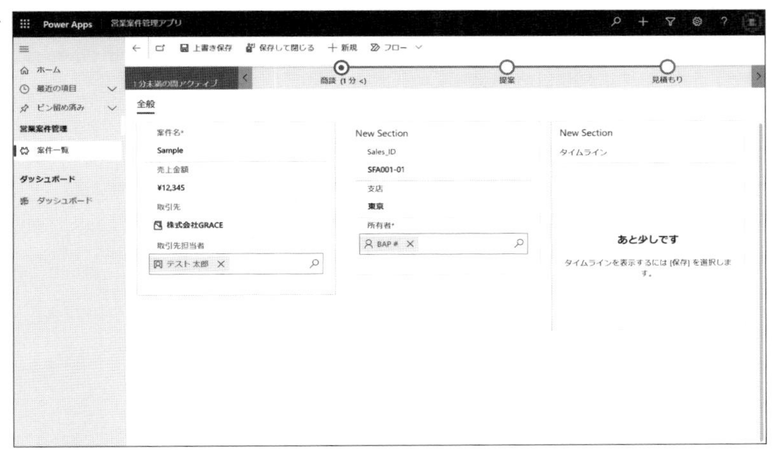

画面1-4▶

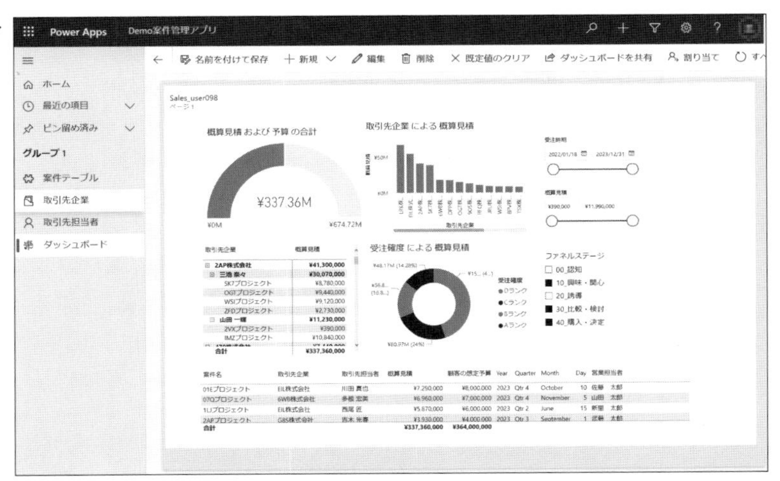

Power Appsポータル

豊富なWebサイトテンプレート、パーツ、画像ファイル、他サービスをドラッグ&ドロップで挿入し、組み合わせるだけで、外部向けのコラボレーションWebサイトを開発できるアプリです(画面1-5)。WebサイトはLinkedIn、Google、Facebook、Microsoftなどの商用認証プロバイダーがサポートされており、データへのセキュアなアクセスができるような認証認可機能も用意されています(画面1-6)。

画面1-5 ▶

コントソ株式会社

ホーム | ページ ▾ | お問い合わせ | 一覧表示 | 🔍 | サインイン

お問い合わせ

問い合わせ元氏名 *

連絡先メールアドレス *

連絡先電話番号

電話番号を入力します

問い合わせ種別 *

問い合わせ内容 *

画面1-6 ▶

Power Automate

反復可能な業務活動を自動化・省力化するアプリをノーコード・ローコードで開発できるサービスです。Power Automateは、オンラインの操作を自動化するクラウド版(Power Automate)と、オフラインの操作を自動化するデスクトップ版(Power Automate for Desktop)の2種類が提供されています。

Power Automate

オンライン(クラウドサービス)上で行われる定型業務を、人の代わりにサービスに実行させることで自動化・省力化するアプリが開発できます(画面1-7)。

600個以上ある豊富なコネクタを用いて他サービスと連携し、連携先サービスのデータ操作(取得、登録、変更、削除)やファイル操作(作成、移動、削除)のほか、メールで通知など、さまざまな操作を実行できます(画面1-8)。

画面1-7 ▶

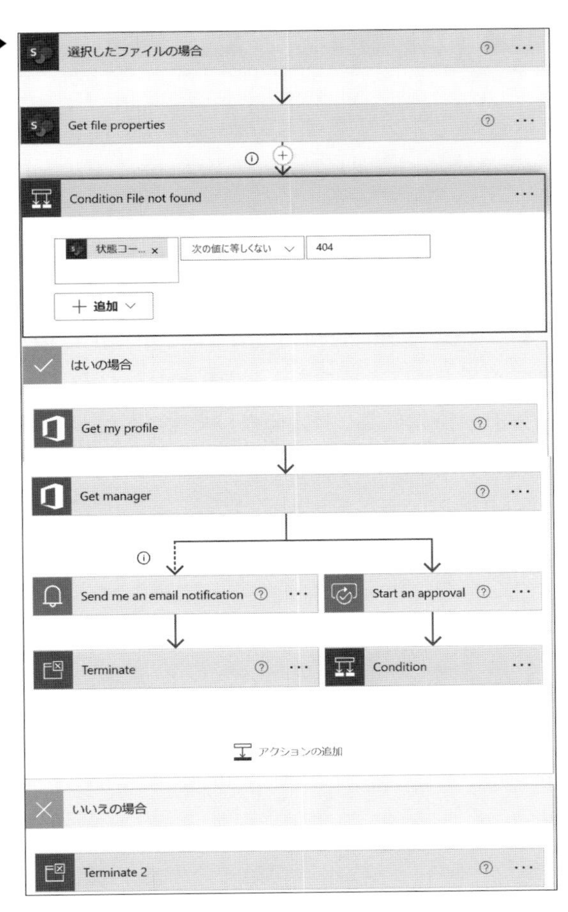

画面1-8 ▶

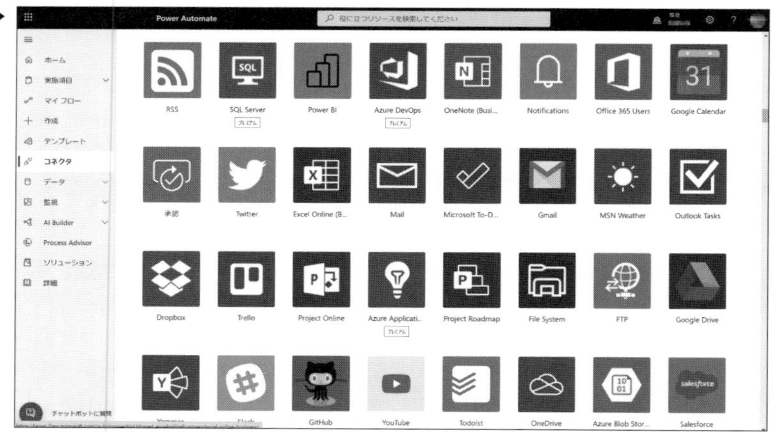

Power Automateでは自動化アプリをはじめから自分で作る方法のほか、Microsoftや技術者コミュニティが公開しているテンプレートを活用した開発アプローチがあります。

テンプレートは利用頻度の高いコネクタを中心に、Microsoftが作成したワークフローのひな形を提供するものです。テンプレートを使用することで、ゼロからワークフローを作るよりも、手軽に自動化を試すことができます（画面1-9）。テンプレートのカスタマイズ方法は、各コネクタの接続IDやパスワード、データの格納場所など環境固有の情報を差し替えるだけです。

画面1-9▶

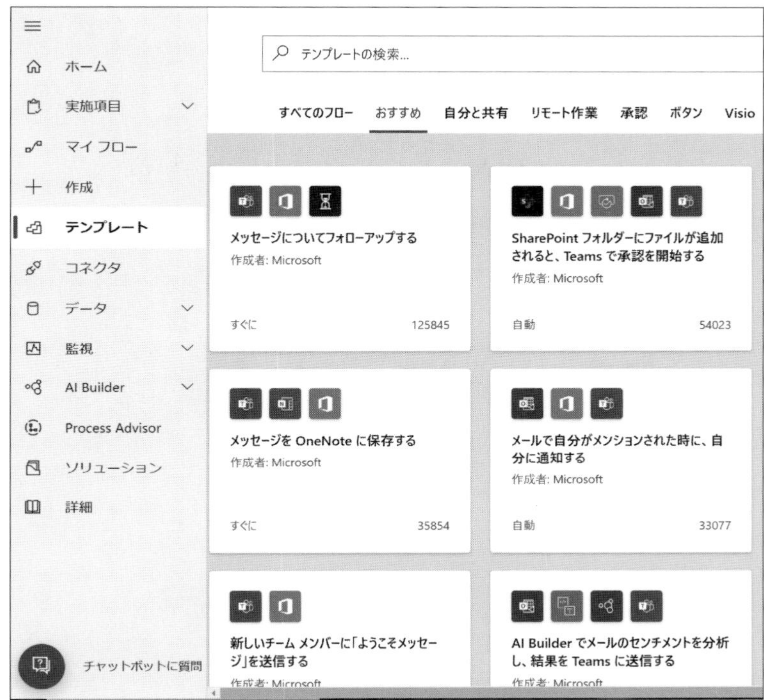

Power Automate for Desktop

パソコン上で行われる定型操作を、人の代わりにサービスに実行させることで自動化・省力化するアプリが開発できます。

パソコン上で操作するメモ帳ソフト、独自ソフトウェアなどの操作を自動化する、またはPower Automateがまだサポートしていないサービスのコネクタがあれば、サービスへの接続、データ取得などを記録するカスタムコネクタとして利用することができます。

クラウドサービス上のオンライン操作はPower Automateで自動化、パソコン上のオフライン操作やカスタムコネクタによる操作はPower Automate for Desktopで自動化します。この2つを組み合わせることで、オンライン、オフラインすべての定型業務作業を一気通貫して自動化することができます。

本書では、クラウド版のPower Automateを活用した自動化アプリ開発方法を紹介します。

Power BI

企業が蓄積しているさまざまなデータを収集、変換／整形、可視化し、リアルタイム分析をサポートするサービスです(画面1-10)。

画面1-10▶

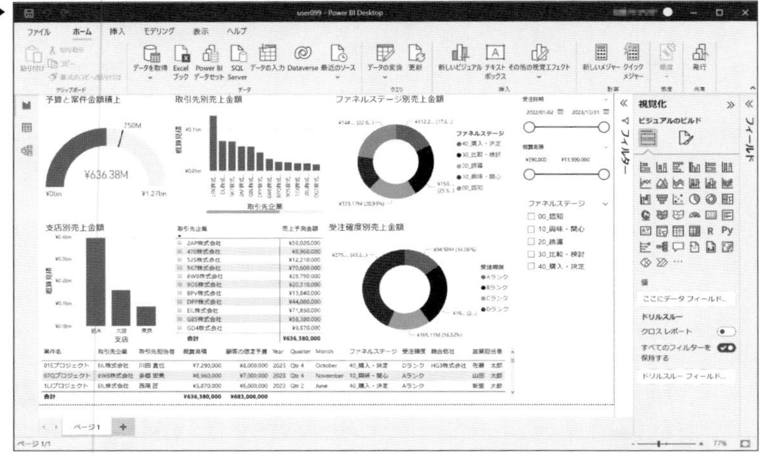

リアルタイム分析のサポート機能の1つに、クロスフィルターと呼ばれる機能があります。クロスフィルターでは、該当グラフをクリックするだけで、他のグラフの関連データがリアルタイムで連動するため、分析軸をその場で変更でき、意思決定のスピードを加速させることができます。

また、レポート作成をサポートする運用機能が充実しており、レポート作成過程で発生する事前作業(集計、整形、可視化)の自動化機能が用意されています。自動化機能で一度収集対象データの設定、データ整形のルール、可視化範囲を定めてしまえば、2回目以降は事前作業をスキップして、分析する時間に集中できます。

レポートで使用できるデータは、Excelのみでなく、自社運用しているシステム・アプリのデータや、各ファイル(CSV、Excel、PDF)、統計を公開しているWebサイト、オンラインサービスのGoogle、Amazon、Microsoftのクラウドサービスなど幅広くさまざまなデータがサポートされています。

作成したレポートは、スマートフォン、タブレット、パソコン、さまざまなデバイスから閲覧可能で、時間と場所を選ばず分析を始めることができます。

Power Virtual Agents

専門的な知識がなくても、ノーコードでチャットボットを開発・運用ができるサービスです(画面1-11)。

画面1-11 ▶

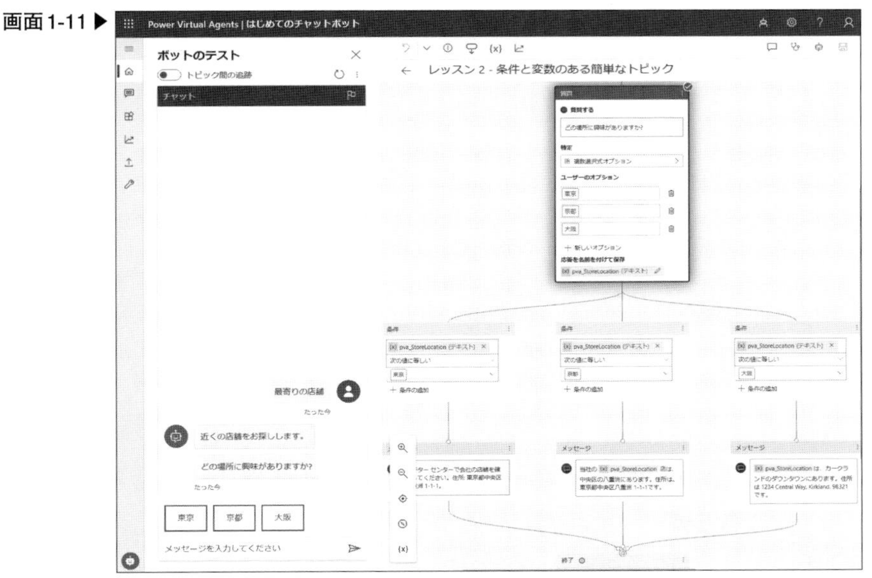

あらかじめ想定できる質疑応答をキーボード入力し定義するだけで、チャットボットを開発できます。チャットボットは、Webサイト、社内チーム連携サービスのTeams、Facebook、Power Appsポータルなどのチャネルに簡単に埋め込み可能です。チャットボットで得られた応答結果はPower Automateと双方向に連携でき、チャットの結果をもとに関係者にメール通知する、システムにデータ連携するなど、ネクストアクションを実行する仕組みに発展させることができます。

なお、本書ではPower Virtual Agentsは解説していません。

Dataverse

Power Platformの各サービスから特別な手順なくデータの保存領域として利用できるように構成されたデータベースです(画面1-12)。

画面1-12▶

Dataverseのデータを軸にしたアプリを開発すれば、Power Appsのビジネスアプリによる業務データの登録から、Power AutomateによるDataverseのデータ追加を軸にした業務処理の自動化、Power BIによるDataverseのデータ収集、変換、可視化まで、すべてのサービスで一気通貫した連携ができます。

また、Dataverseはデータ保存機能のほか、従来のアプリケーションが担っていた業務処理や制御といった管理機能も備えています。例えば、従来のアプリケーション開発では、画面入力する値の禁則文字、入力値の下限～上限値、入力値に基づく後続処理の制御などはアプリケーションが担うことが一般的でしたが、Dataverseではビジネスルールという機能を使用すれば、定義した条件に基づいた入力情報の制御および、後続処理の制御が行えます(画面1-13)。

このようにデータ保存領域のみでなく、従来のアプリケーションが担っていたような制御、管理機能を備えた万能なサービスがDataverseです。

画面1-13▶

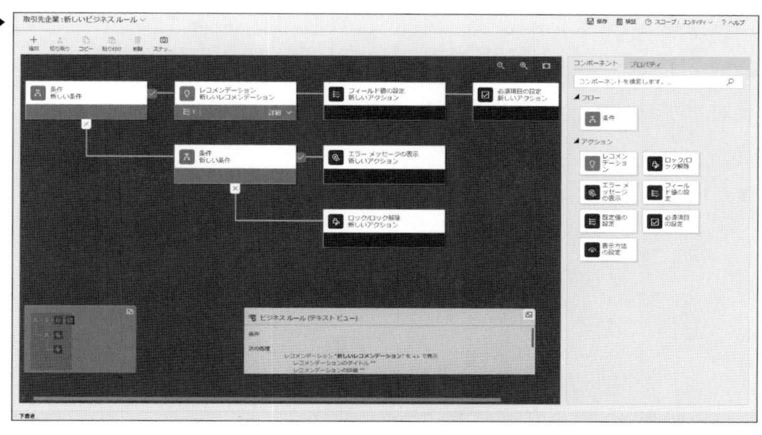

AI Builder

　従来必要であったプログラミングやデータサイエンスなどの専門的な知識がなくとも、すべての人がAIを利用できるようにしたAIサービスです。AI Builderには、画像データから物体検出するAI、画像内の情報抽出と分類分けを行うAI、帳票データを読み取り、テキストを抽出するOCRに相当するAIなどが提供されています(画面1-14)。

画面1-14▶

Power AppsやPower AutomateとAI Builderを連携させることで、人間では識別・判断できない動作をAIが代わりに実行してくれるため、より高度な自動化をアプリで行えるようになります(画面1-15)。

画面1-15 ▶

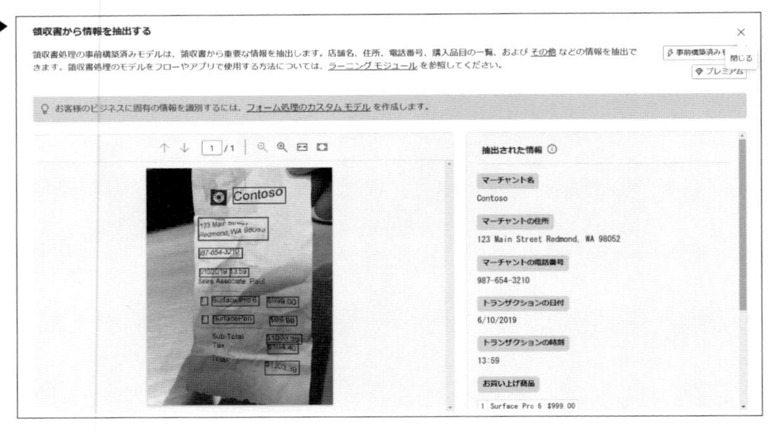

Chapter 2 アプリ開発環境の準備
環境を整えて開発の流れを理解する

本章ではアプリを開発する環境を整えるために、Power Platformの利用環境や開発の流れを説明します。Appendix 1と併せて確認してください。

2-1 Power Platformの利用環境

Power Platformを開始するには、Power Platformのサービスを一部包括しているOffice 365と呼ばれるクラウド型のOfficeサービスのプランや、Power Apps、Power Automateなどの各プランが必要です。

本書で紹介しているビジネスアプリの開発を体験するには、Office 365 E5プランおよび、Power Apps Per Userプランが必要です。Office 365 E5プランおよび、Power Apps Per Userプランが割り当て済みのユーザーIDを持っていない場合は、Appendix 1「アプリ開発環境の準備」(p.316)を参照して、各プランの試用版にサインアップのうえ、ユーザーIDを取得してください。

各プランのサインアップおよびアクティベートを行うと組織ごとに割り当てられるテナントという組織専用の環境が作られ、同時にAzure Active Directoryと呼ばれるMicrosoft Azureの統合ID管理サービスが自動的にセットアップされます。このAzure Active Directoryは、サインアップしたユーザーのID、パスワード、名前や所属部署などのプロファイル、保有しているプラン(ライセンス)、権限を管理するサービスです。

Microsoftのクラウドサービスにアクセスする際は、Azure Active Directoryによる認証・認可が行われ、認証・認可を経たユーザーIDは、割り当てされたプランと権限に基づいたサービスにアクセスできるようになります(図2-1)。Power Platformのほか、Office 365もAzure Active Directoryによる統合ID管理で管理されているため、異なるサービス間でもシングルサインオンでシームレスに相互アクセスできます。また、サービスへのアクセスは、スマートフォン、タブレット、パソコンなど、どのデバイスでも共通したアクセス方法で提

▼図2-1：Power Platformの利用環境

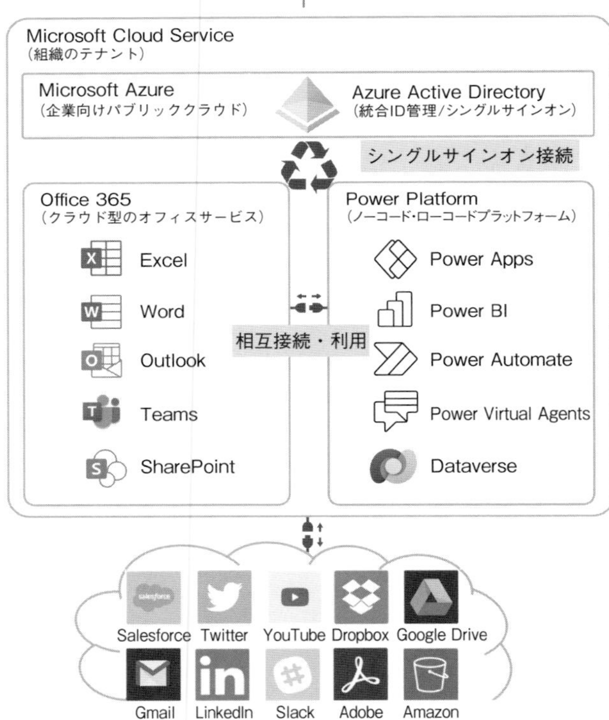

供されています。

2-2 ビジネスアプリ開発の流れ

Power Platformの中でもビジネスアプリ開発の象徴的なサービスであるPower

Appsのキャンバスアプリは、白紙のキャンバスに思いつくまま絵を描くように部品を配置して画面を作ります。その場で動かしながら開発・テストして何か問題があれば、都度手直しするサイクルを繰り返してビジネスアプリを作るアプローチもとれます。

このようにイメージを素早く形にできることもPower Platformの良さではありますが、思いつくままにビジネスアプリ開発を進めると、次のようなことが起こります。

「楽しくなっていろいろ作ってたけど、やりたいことってなんだったっけ」
「よくよく考えたらこのアプリ、自分自身だけ利用するならいいけど、チームメンバーにとっては使い勝手が悪いな、作り直さなきゃ」
「業務データのサイズを考慮したら、今の保存先だと足りない。でも保存先を変えたら手戻りがでてしまう」

このようなことが起きないように、やりたいこと、アプリの利用シーン、扱うデータの把握などは、事前に検討・整理してから開発することをおすすめします(図2-2)。しかし、最初から精緻な整理を目指すと思考が停止してしまい、アプリ開発の第一歩が踏み出せなくなるので、現時点では参考程度に捉えてください。

事前に整理しても後になって変更を加えたい場面が出てくることもありますが、Power Platformはいろいろなアレンジが効くので安心してください。その都度開発の流れを思い出してカスタマイズしたいところを整理して内容をアップデートしましょう。

データソース

今回のビジネスアプリ開発の流れでは、ビジネスアプリの軸となるデータソースとして、代表的なデータソースであるExcel、SharePointリスト、Dataverseを例にデータの保存先を紹介しましたが、自社運用システムなどで数多く採用されてきた商用データベースのSQL Server、Oracle Databaseなどさまざまなサービスを Power Platformではデータソースとして使用できます。

▼図2-2：ビジネスアプリ開発の流れ

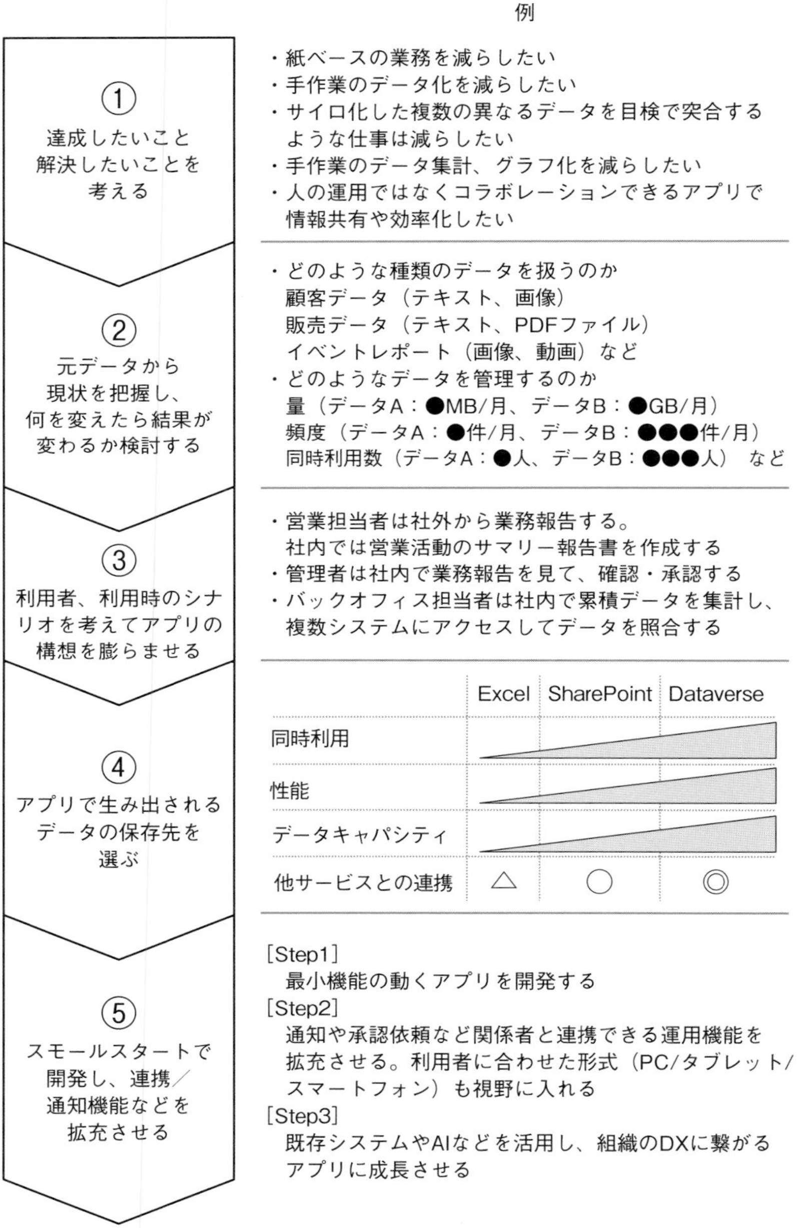

例

①
達成したいこと
解決したいことを
考える

- 紙ベースの業務を減らしたい
- 手作業のデータ化を減らしたい
- サイロ化した複数の異なるデータを目検で突合するような仕事は減らしたい
- 手作業のデータ集計、グラフ化を減らしたい
- 人の運用ではなくコラボレーションできるアプリで情報共有や効率化したい

②
元データから
現状を把握し、
何を変えたら結果が
変わるか検討する

- どのような種類のデータを扱うのか
  顧客データ（テキスト、画像）
  販売データ（テキスト、PDFファイル）
  イベントレポート（画像、動画）など
- どのようなデータを管理するのか
  量（データA：●MB/月、データB：●GB/月）
  頻度（データA：●件/月、データB：●●●件/月）
  同時利用数（データA：●人、データB：●●●人） など

③
利用者、利用時のシナ
リオを考えてアプリの
構想を膨らませる

- 営業担当者は社外から業務報告する。
  社内では営業活動のサマリー報告書を作成する
- 管理者は社内で業務報告を見て、確認・承認する
- バックオフィス担当者は社内で累積データを集計し、複数システムにアクセスしてデータを照合する

④
アプリで生み出される
データの保存先を
選ぶ

	Excel	SharePoint	Dataverse
同時利用	(小)	→	(大)
性能	(小)	→	(大)
データキャパシティ	(小)	→	(大)
他サービスとの連携	△	○	◎

⑤
スモールスタートで
開発し、連携／
通知機能などを
拡充させる

[Step1]
最小機能の動くアプリを開発する
[Step2]
通知や承認依頼など関係者と連携できる運用機能を拡充させる。利用者に合わせた形式（PC/タブレット/スマートフォン）も視野に入れる
[Step3]
既存システムやAIなどを活用し、組織のDXに繋がるアプリに成長させる

自分が所属する組織で使用しているデータの保管場所もPower Platformでサポートされているかもしれません。執筆時点(2022年5月)では、使用できるコネクタ(データソース)が685個あります。探してみましょう。

- すべてのPower Appsのコネクタの一覧
  URL https://docs.microsoft.com/ja-jp/connectors/connector-reference/connector-reference-powerapps-connectors#list-of-all-power-apps-connectors

本書で紹介しているアプリでは、SharePointリスト、Dataverseをデータソースとして使用しています。

Chapter 3 キャンバスアプリ開発の基本

画面の作成からデータソース接続、アプリの共有方法まで

前章まででPower Platformの基本的なことやアプリ開発の流れを理解できたことでしょう。本章ではPower Appsでキャンバスアプリ開発の基礎を学んでいきましょう！

3-1 Power Appsを使うためには

Power Appsメーカーポータル

Power Appsのメイン画面であるPower Appsメーカーポータル（URL https://make.powerapps.com）にアクセスするためには、Office 365サイト（画面3-1、URL https://www.office.com/）にサインインします。Office 365サイトで[サインイン]するとサインイン要求が表示されるので、アカウントとパスワードを入力して進みます（画面3-2）。

画面3-1 ▶

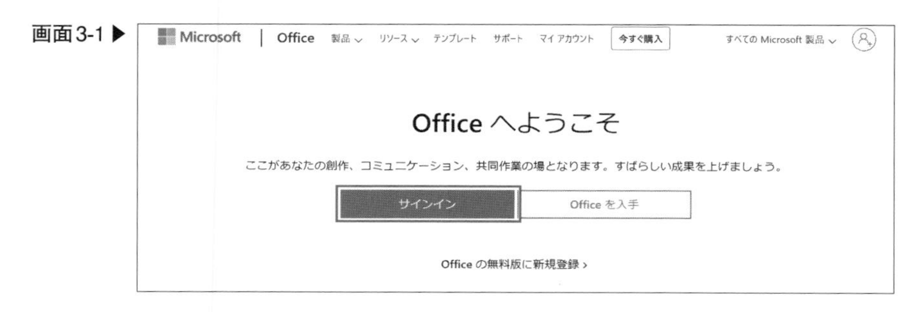

サインイン状態の維持確認画面で[はい]とすることで、同じブラウザ内で別サービスを起動する際、サインイン要求をスキップすることができます（画面3-3）。

表示されたOffice 365ホーム画面⇒[アプリ起動ツール]⇒[Power Apps]でPower Appsメーカーポータルに移動します（画面3-4）。

画面3-5でビジネスアプリで使用するデータ格納領域であるDataverseのテー

ブル作成、他社サービスとビジネスアプリを接続し、利用するためのコネクタを管理します。また、Power Platformの各サービス（Power Automate、Power Virtual Agents）も本画面のメニューから作成を開始できます。

画面3-2▶

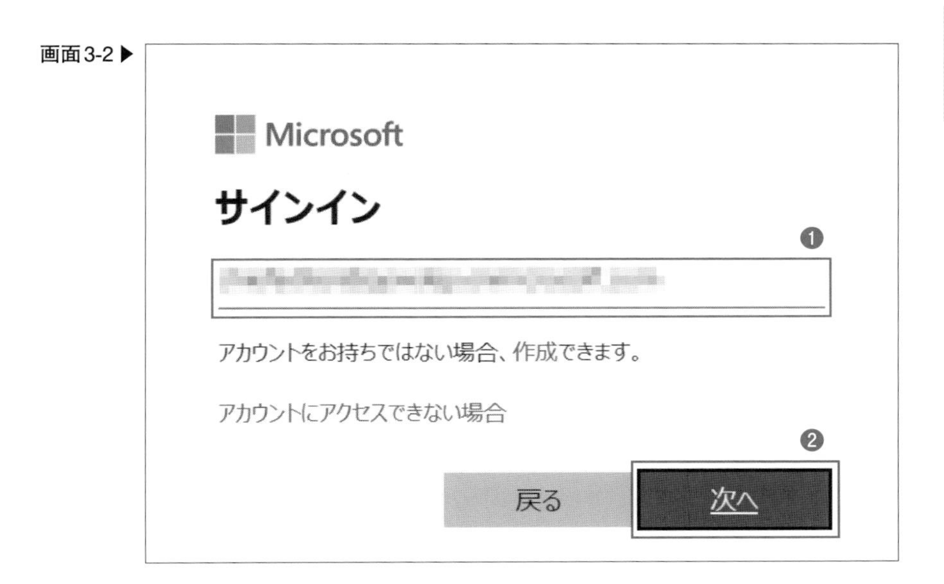

画面3-3▶

画面3-4 ▶

Office
検索
アプリ
Officeのインストール
Outlook
OneDrive
Word
Excel
PowerPoint
OneNote
SharePoint
Teams
Yammer
管理
Power Apps
Power BI
Power Autom...
すべてのアプリ
共有済み
お気に入り
ドキュメント
最近使用したコンテンツはありません
新しいドキュメントを作成するか、ドキュメントをアップロードすると、開始することができます。

画面3-5 ▶

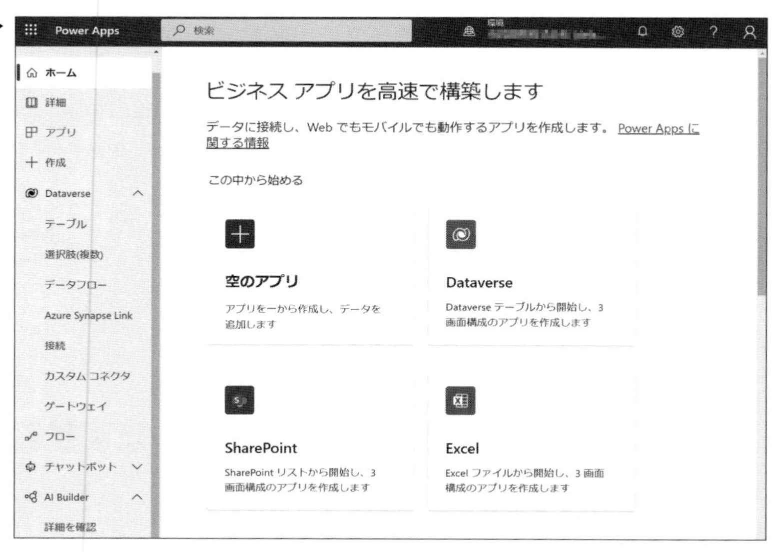
Power Apps
検索
ホーム
詳細
アプリ
作成
Dataverse
テーブル
選択肢(複数)
データフロー
Azure Synapse Link
接続
カスタムコネクタ
ゲートウェイ
フロー
チャットボット
AI Builder
詳細を確認
ビジネス アプリを高速で構築します
データに接続し、Web でもモバイルでも動作するアプリを作成します。 Power Apps に関する情報
この中から始める
空のアプリ
アプリを一から作成し、データを追加します
Dataverse
Dataverse テーブルから開始し、3 画面構成のアプリを作成します
SharePoint
SharePoint リストから開始し、3 画面構成のアプリを作成します
Excel
Excel ファイルから開始し、3 画面構成のアプリを作成します

各サービスを利用する手順

各サービスの利用開始は次のような手順です。すべて左ペインのメニューから開始できます。

- Dataverseテーブルの作成方法（画面3-6）

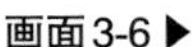
画面3-6▶

- コネクタの作成方法（画面3-7）
- Power Automateのフローの作成方法（画面3-8）
- Power Virtual Agentsのチャットボットの作成方法（画面3-9）
- AI Builderのモデル構築方法（画面3-10）

このようにPower Platformの各サービスは、Power Appsメーカーポータルからすべて管理できます。さまざまなサービスがあって、どこの画面からビジネスアプリ開発を始めたらよいのかわからなくなってしまったときは、Power Appsメーカーポータルにアクセスして始めるようにしてください。

画面3-7 ▶

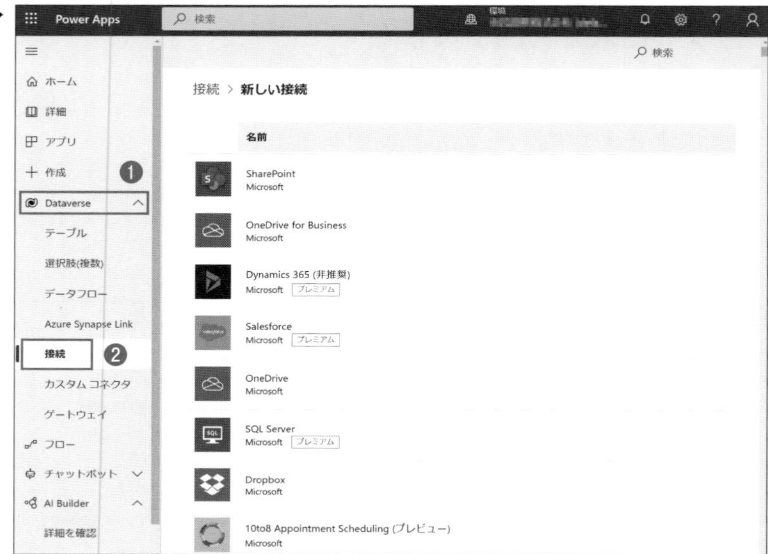
Power Apps
検索
ホーム
詳細
アプリ
作成
Dataverse
テーブル
選択肢(複数)
データフロー
Azure Synapse Link
接続
カスタム コネクタ
ゲートウェイ
フロー
チャットボット
AI Builder
詳細を確認
接続 > 新しい接続
名前
SharePoint
Microsoft
OneDrive for Business
Microsoft
Dynamics 365 (非推奨)
Microsoft プレミアム
Salesforce
Microsoft プレミアム
OneDrive
Microsoft
SQL Server
Microsoft プレミアム
Dropbox
Microsoft
10to8 Appointment Scheduling (プレビュー)
Microsoft

画面3-8 ▶

Power Apps
検索
新しいフロー
ホーム
詳細
アプリ
作成
Dataverse
フロー
チャットボット
AI Builder
詳細を確認
モデル
ソリューション
テンプレートから始める
テンプレート
一から独自に構築する
自動化したクラウド フロー
インスタント クラウド フロー
スケジュール済みクラウド フロー
デスクトップ フロー
ビジネス プロセス フロー
ネス プロセス フロー
共有アイテム
フローがありません
お勧めの PowerAppsMaker テンプレート
Power Apps のボタン
作成者: Microsoft
すぐに
473383
SharePoint にアイテムを追加して
メールを送信する
作成者: Microsoft
すぐに
56717
Power Apps から新しいイシューを
JIRA に作成する
作成者: Microsoft Power Automate
コミュニティ
すぐに
710

画面3-9▶

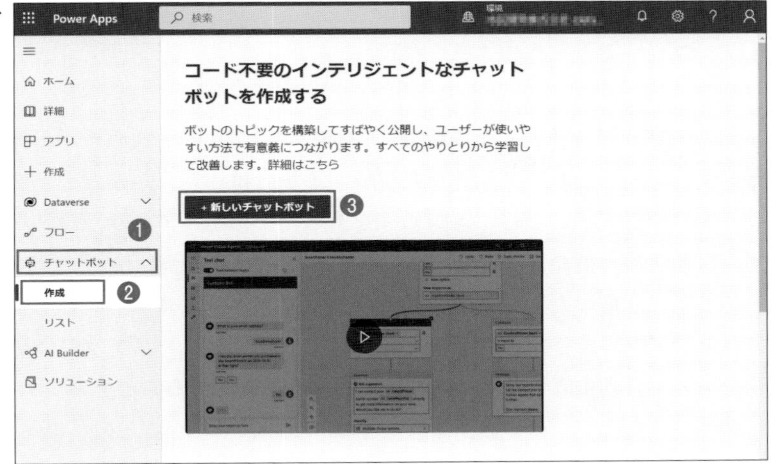

画面3-10▶

3-2　キャンバスアプリ開発の基本的な流れ

　Power Appsで白紙のキャンバスに絵を描くようにビジネスアプリが開発できるキャンバスアプリでアプリを作成してみましょう。キャンバスアプリの作成方法は、大きく分けて3つあります。

- 空のアプリから作成する

- データからアプリを自動生成する
- テンプレートから作成する

空のアプリから作成する場合は、ビジネスアプリの画面を一からデザインできます。データからアプリを自動生成する場合は、読み込んだデータをもとにデータの一覧表示、登録、編集機能を有したモバイルアプリが自動生成されます。自動生成されたアプリには、基本となる表示、登録、変更、削除機能が組み込まれた状態のため、任意の箇所を少しカスタマイズするだけですぐに業務に役立つアプリを手に入れることができます。キャンバスアプリ開発を深く学びたい方は自動生成されたアプリの定義内容を確認することをおすすめします。自動生成されたアプリの画面を構成するパーツ、パーツごとのプロパティ設定、関数の利用方法などを参考にすることでベストプラクティスの理解に役立ちます。

空のアプリを作成する

本章では、楽しみながらキャンバスアプリ開発に慣れるために、空のアプリからアプリを作成し、キャンバスアプリの基礎を解説します。

Power Appsメーカーポータルの[＋作成]⇒[空のアプリ]をクリックし(画面3-11)、空のキャンバスアプリの[作成]をクリックします(画面3-12)。

画面3-11 ▶

画面3-12▶

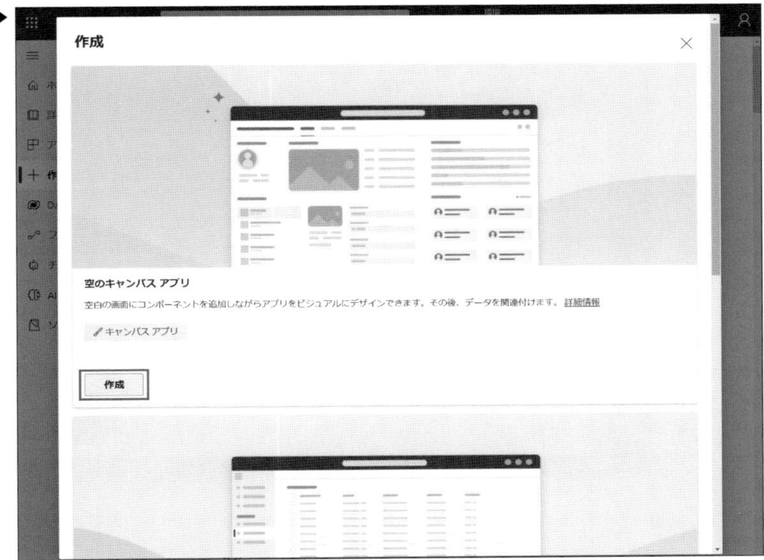

画面3-13でアプリに名前を付け、開発するアプリの形式を選択します。ここではアプリ名は「デモキャンバスアプリ」を入力し、[形式]は、「タブレット」を選択し[作成]します。

- タブレット形式
  タブレットやパソコン向けの横長画面アプリ
- 電話形式
  スマートフォンなどのモバイル向けの縦長画面アプリ

Power Apps Studioの画面構成

ここまで進めるとPower Appsのアプリ開発ツール「Power Apps Studio」(画面3-14)が表示されます。Power Apps Studioの画面の構成要素は表3-1のとおりです。

画面3-13▶

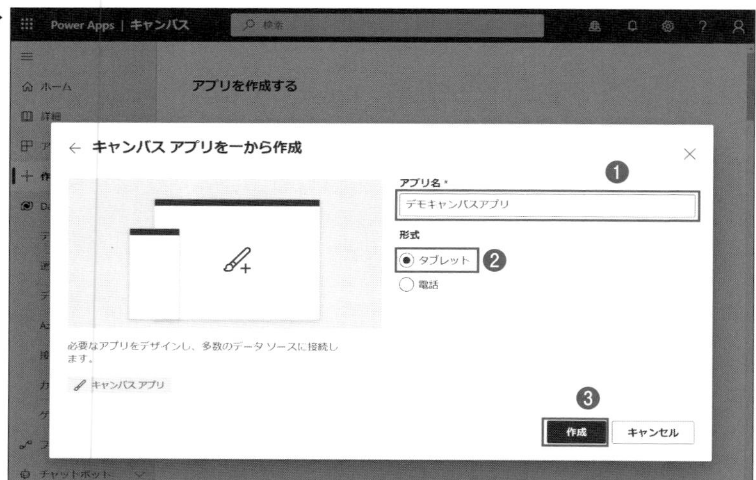
Power Apps | キャンバス
アプリを作成する
← キャンバス アプリを一から作成
アプリ名 *
デモキャンバスアプリ
形式
タブレット
電話
必要なアプリをデザインし、多数のデータ ソースに接続します。
キャンバスアプリ
作成
キャンセル

画面3-14▶

プロパティ選択
数式バー
OnSelect
NewForm(EditForm2);Navigate(ItemEntryScreen, Fade)
ツリービュー
在庫管理アプリ
FIXER
the Cloud native Company
キャンバス
プロパティ設定
Button19_1

▼表3-1：Power Apps Studio画面の構成要素

構成要素	内容
ツリービュー	アプリ内の画面および、画面内のコントロール（ボタンやラベルなどの部品の総称）が一覧表示される。開発したい画面を切り替えるときや、画面内のコントロールを選ぶ際に利用する
キャンバス	画面をデザインする作業領域。画面にコントロールを配置したり編集したりする
プロパティ設定	画面、またはコントロールの書式設定などのプロパティ設定が表示される。テキスト、フォント、塗りつぶしなどのほか、コントロールをクリックした際の動作設定などのアクションを設定する
プロパティ選択、数式バー	選択しているコントロールのプロパティ設定一覧と選択したプロパティに対する値、関数などを入力する

アプリの自動保存を設定する

アプリ開発を進める前に、最初に[保存]します。一度[保存]すれば、以降は2分おきにアプリに対する変更が自動保存されます。保存ができれば、誤ってブラウザを閉じた、PCのトラブルでブラウザが突然終了したなどトラブルがおきても作業内容を失わず、すぐに最新の状態から再開できます。

メニューバー[ファイル]⇒[名前を付けて保存]でアプリ名が「デモキャンバスアプリ」であることを確認して[保存]をクリックします。保存して戻る際は、ブラウザの[戻る]ではなく[←]をクリックします(画面3-15)。

画面3-15▶

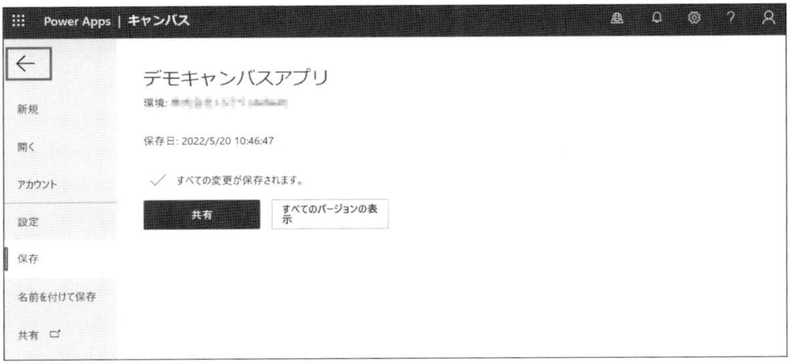

自動保存に失敗する（アプリが保存されていない）ときは、お使いのパソコンの時刻同期が有効で、最新時刻と同期されているか確認してください。パソコンの時刻同期と標準時刻がずれていると正常に保存されないケースがあります。

Windows 10の時刻の修正方法は、タスクバーの日時が表示されている部分を右クリック ⇒［日付と時刻の調整］⇒［今すぐ同期］です。

画面にコントロールを配置する

画面にコントロールを配置し、キャンバスアプリの画面作成をしていきます。

Power Apps Studio画面では、ボタンやラベルなどの部品を「コントロール」と呼んでいます。利用できるコントロールは数多くあり、メニューバーの［挿入］、または［挿入］ペインからコントロールを選択することで、キャンバスに配置できます。

挿入可能なコントロールは画面3-16があります。

画面3-16 ▶

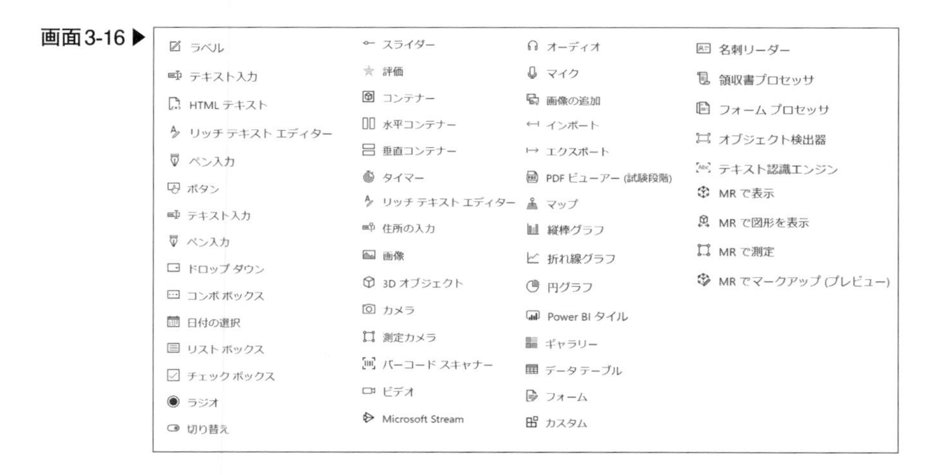

ここでは、よく使われるラベルとボタンコントロールを使ってコントロールの操作やプロパティ設定を説明します。

［挿入］⇒［ラベル］をクリックすると、キャンバスにラベルが配置されます（画

面3-17）。ラベルをドラッグ＆ドロップしてキャンバス内で移動、ラベルの幅や高さを調整できることを確認してください。

画面3-17 ▶

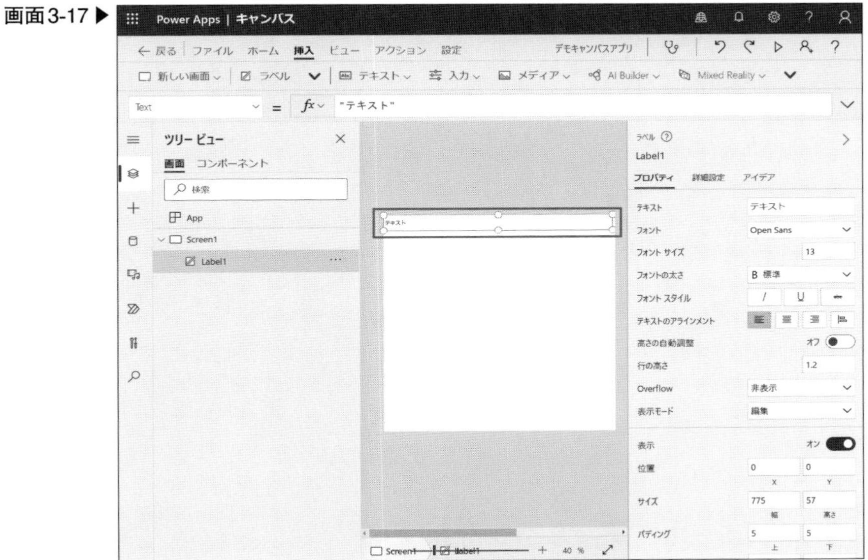

続いてラベルのプロパティ設定を変更し、フォントや塗りつぶしなどの見た目を変更します。キャンバスにある[ラベル]を選択し、[プロパティ設定]⇒[テキスト]に「デモキャンバスアプリ」と入力します。同じく[フォントサイズ]を「32」に、[色（ペンキマーク）]を「水色」に変更すると、画面3-18のように変更されたラベルが表示されます。

このように、キャンバスに絵を描くように自由にコントロールを配置し、変更を加えてアプリを作成できることからキャンバスアプリと呼ばれています。

画面3-18 ▶

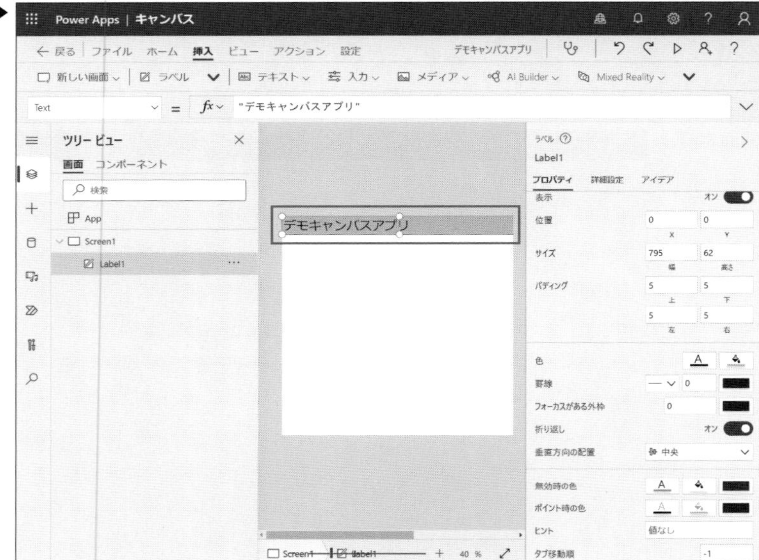

コントロールにアクションを加える

ボタンを挿入し、画面を移動するアクションを設定します。

移動する画面の作成

ボタンクリック時に移動する別画面を準備します。ツリービューの「Screen1」を選択して右クリック ⇒［画面の複製］をクリックし、「Screen1」の複製である「Screen1_1」という名前の画面を複製し、移動先の画面を作成します（画面3-19）。

現時点では、「Screen1」と「Screen1_1」はまったく同じコントロールであるため見分けがつかないので、「Screen1_1」の画面名と画面内のラベルのテキスト、塗りつぶしの色を修正します。

ツリービューの「Screen1_1」を右クリック ⇒［名前の変更］で画面名を「Screen2」にします。続けて「Screen2」の［ラベル］⇒［プロパティ設定］⇒［テキスト］に「画面移動に成功」と入力し、［塗りつぶし］で別の色を選択します。これで「Screen1」と「Screen2」で画面の区別がつくようになりました（画面3-20）。

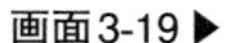
画面3-19 ▶

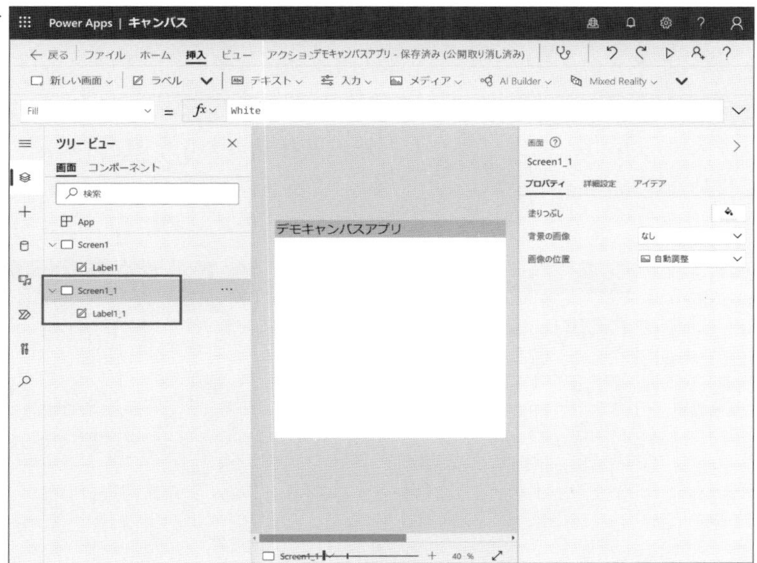

Power Apps | キャンバス
戻る
ファイル
ホーム
挿入
ビュー
アクション
デモキャンバスアプリ - 保存済み (公開取り消し済み)
新しい画面
ラベル
テキスト
入力
メディア
AI Builder
Mixed Reality
Fill
White
ツリー ビュー
画面
コンポーネント
検索
App
Screen1
Label1
Screen1_1
Label1_1
デモキャンバスアプリ
画面
Screen1_1
プロパティ
詳細設定
アイデア
塗りつぶし
背景の画像
なし
画像の位置
自動調整
40 %

画面3-20 ▶

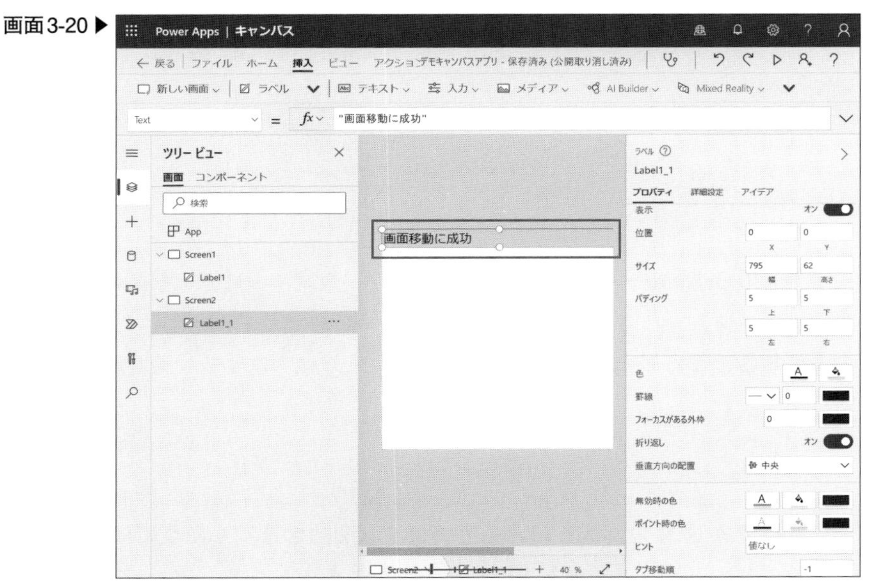

Power Apps | キャンバス
戻る
ファイル
ホーム
挿入
ビュー
アクション
デモキャンバスアプリ - 保存済み (公開取り消し済み)
新しい画面
ラベル
テキスト
入力
メディア
AI Builder
Mixed Reality
Text
"画面移動に成功"
ツリー ビュー
画面
コンポーネント
検索
App
Screen1
Label1
Screen2
Label1_1
画面移動に成功
ラベル
Label1_1
プロパティ
詳細設定
アイデア
表示
オン
位置
サイズ
795
62
パディング
色
罫線
フォーカスがある外枠
折り返し
垂直方向の配置
中央
無効時の色
ポイント時の色
ヒント
値なし
タブ移動順
-1
40 %

画面を移動するアクション(Screen1)

次にボタンをクリックしたときに画面を移動するアクションを設定します。

ボタンをScreen1のキャンバスに挿入するには、ツリービューの「Screen1」⇒[挿入]⇒[ボタン]をクリックし、挿入されたボタンを選択 ⇒[アクション]⇒[移動]⇒「Screen2」をクリックします(画面3-21)。

画面3-21 ▶

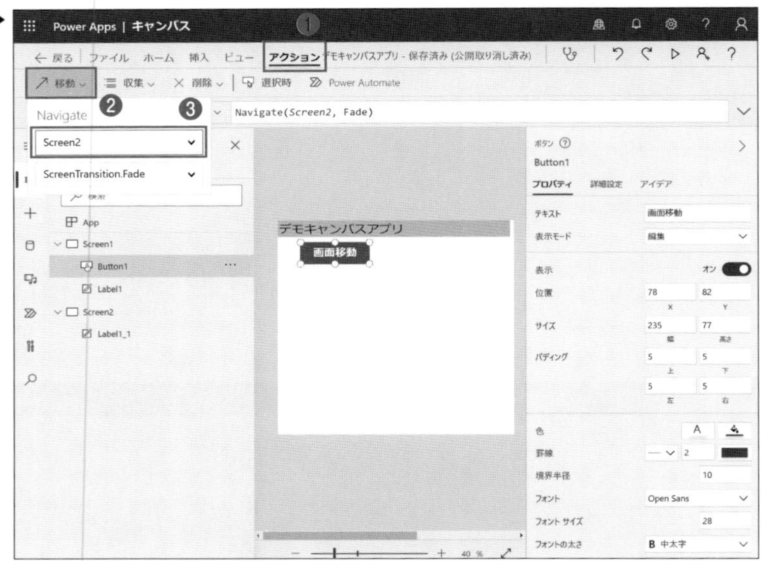

ボタンのOnSelectプロパティを確認すると、数式バーに画面移動のNavigate関数が自動挿入されています。このように、Power Appsの関数を数式バーに手入力することなく、GUI上の操作でコントロールにアクション設定をすることも可能です。

本書では 多くの関数を紹介しています。関数を正しく使うには、関数ごとに決められた書き方のルール(構文)があります。また、関数の後に続く括弧内では複数の情報(引数(ひきすう))があります。

・Navigate関数の構文
Navigate(移動先の画面名称, [画面遷移時の効果])

引数のうち大括弧([])で囲まれているものは省略可能です。任意の引数を省略した場合、デフォルト(既定値)が自動的に指定されます。

画面を移動するアクション(Screen2)

続けて、Screen2からScreen1に画面移動する(戻る)アクションを設定します。ツリービューの「Screen2」⇒[挿入]⇒[ボタン]をクリックし、挿入されたボタンを選択 ⇒[アクション]⇒[移動]⇒「Screen1」をクリックします。また、わかりやすいように[テキスト]に「戻る」と入力します(画面3-22)。

画面3-22 ▶

動作確認

設定した2つの画面で双方向に移動できるか確認してみましょう。作成したアプリをすぐ確認できるプレビュー機能を使います。ツリービューの「Screen1」を選択して、画面右上にある[プレビュー]をクリックします(画面3-23)。

画面3-23 ▶

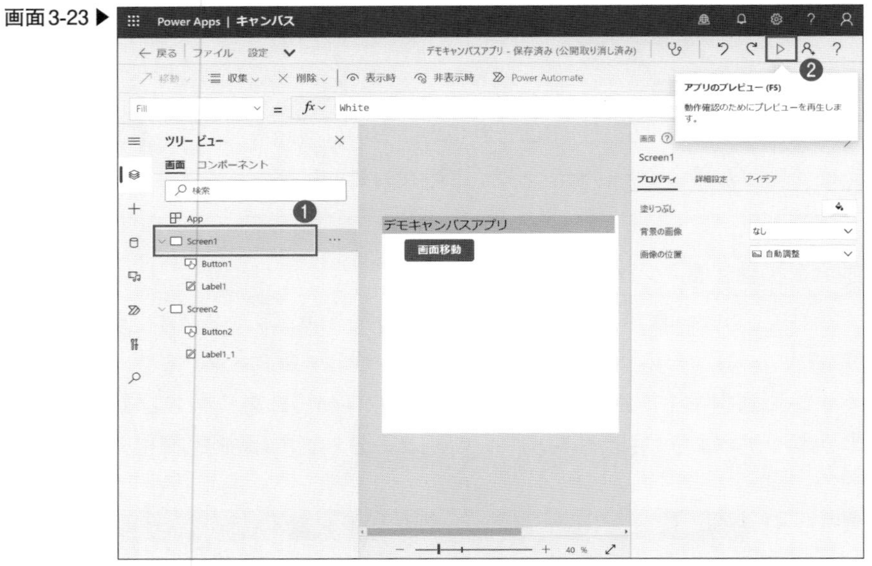

Screen1のボタンをクリックしてScreen2を表示し、Screen2のボタンをクリックしてScreen1が表示されるのを確認してください。なお、プレビューを終了する場合は、画面右上の[×]をクリックします(画面3-24)。ブラウザの[×]をクリックしないように注意しましょう。

画面3-24 ▶

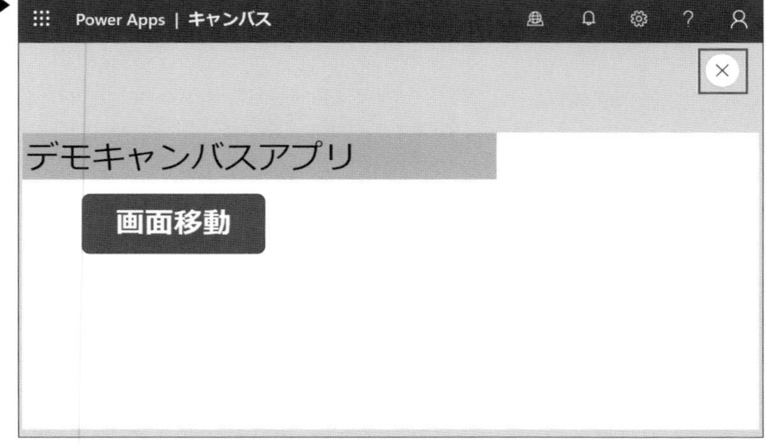

このように画面を複数作成し、各画面のキャンバスにコントロールを挿入し、見た目を整えるプロパティ設定や画面移動などのアクションを設定して、ビジネスアプリを作成していくアプローチがキャンバスアプリの基本です。

ここで使用したラベルやボタン以外のコントロールも実際に触ってプロパティ設定や動きの確認をしてみましょう。

3-3 データの接続と利用

続いて、キャンバスアプリが扱うデータの保存領域を作成／接続し、利用してみましょう。

Power Appsでは、データの保存領域を「データソース」と呼びます。サポートされているデータソースは数多くあり、「Excel」とファイル共有・情報共有サービスの「SharePointリスト」、商用データベースの「SQL Server」、Power Platformの標準データ保存領域である「Dataverse」までさまざまです。

各データソースに接続する際は、キャンバスアプリに「コネクタ」という別サービスを呼び出すモノをセットし、接続に必要なURLやID、パスワードなどを設定してアクセスします。

本章ではSharePointリストと、Dataverseを使ったデータソース作成・接続手順を例に説明します。

SharePointリストの場合

SharePointサイト作成とタイムゾーンの初期設定

まずはデータソースの接続先(SharePointサイト)を作成します。SharePointサイトが作成できれば、そのサイト内でドキュメントやSharePointリストを作成できるようになり、それらをキャンバスアプリのデータソースとして接続して利用することができます。

Office 365サイトにサインインして、[アプリ起動ツール]⇒[SharePoint](画面3-25)⇒[＋サイトの作成](画面3-26)をクリックします。

画面3-25▶

画面3-26▶

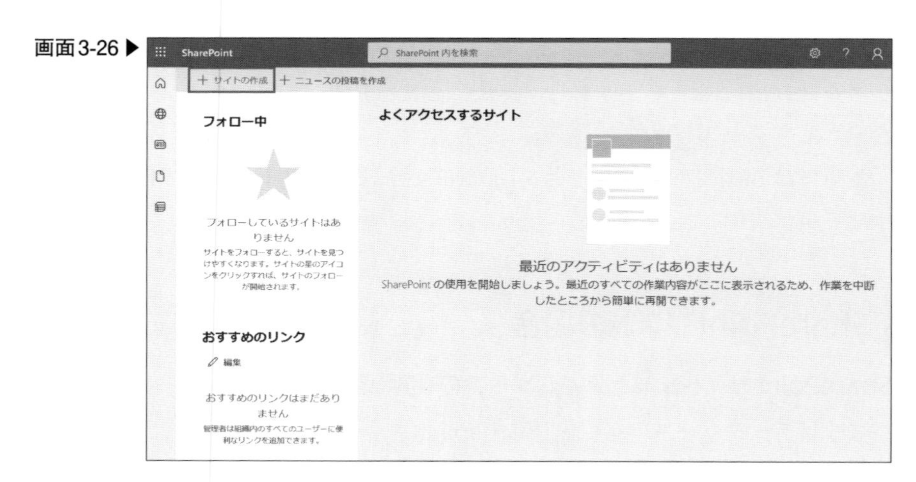

今回は組織内やチーム内で利用する前提のため「チーム サイト」で新しいサイトを作成します（画面3-27）。

次の内容を入力／設定して［次へ］で進みます（画面3-28）。

- サイト名：Training
- サイトの説明：（任意入力）
- プライバシーの設定：パブリック
- 言語の設定：日本語

画面3-27 ▶

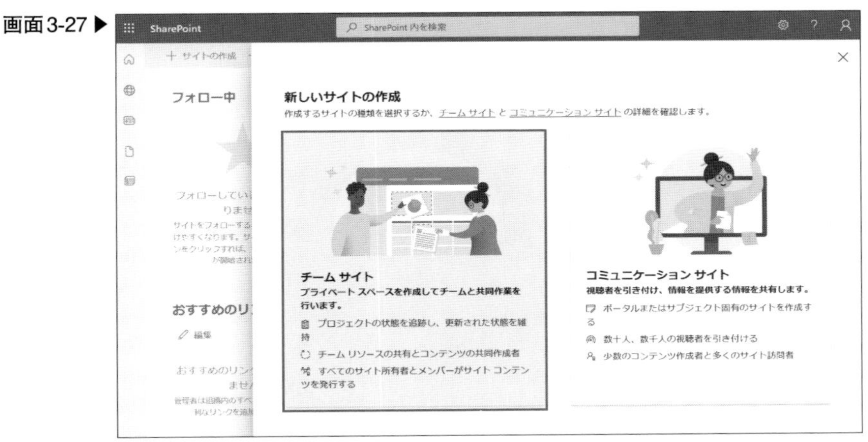

画面3-28 ▶

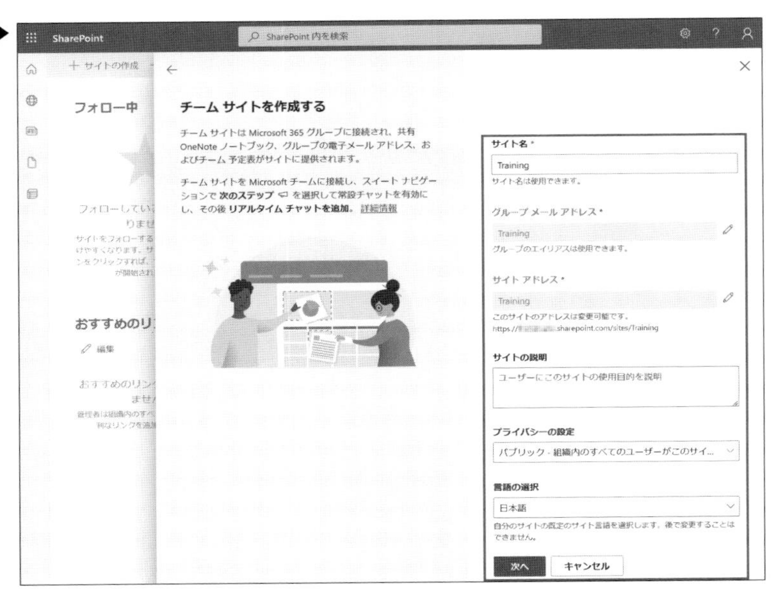

作成するサイト（オンラインストレージ）へのアクセスを許可するメンバーを追加できます。ここではスキップして［完了］します（画面3-29）。

画面3-29▶

SharePointサイトのタイムゾーンはデフォルトが「（UTC − 8:00）太平洋標準時間」であるため、日本時間に変更します。［設定］（右上の歯車アイコン）⇒［サイト情報］⇒［すべてのサイト設定を表示］⇒［地域の設定］で、［タイムゾーン］を「（UTC + 9:00）大阪、札幌、東京」に設定し、（画面の最下部にある）［OK］で設定を反映させます（画面3-30）。

画面3-30▶

SharePoint
サイトの設定 › 地域の設定
ホーム
スレッド
ドキュメント
ノートブック
ページ
サイト コンテンツ
ごみ箱
リンクの編集
タイム ゾーン
タイム ゾーン
タイム ゾーンを指定します。
タイム ゾーン:
(UTC+09:00) 大阪、札幌、東京
地域
ロケール
サイトでの日付、数値、および時間の表示方法を指定するため、リストからロケールを選択します。
ロケール:
日本語
並べ替え順序
並べ替えの順序を指定します。
並べ替え順序:
日本語
カレンダーの設定
カレンダーの種類を指定します。
カレンダー:
グレゴリオ暦
日付ナビゲーターに週番号を表示する

データソース(SharePointリスト)の新規作成

ここではSharePointリストと呼ばれるデータ保存領域を表3-2のような構成で作成します。SharePointリストはExcelに似たオンラインの表形式データイメージです。

▼表3-2：WorkCompletionReport

列名	データ型
件名	テキスト
実施概要	複数行テキスト
来場者数	数値
詳細、その他連絡事項	複数行テキスト

SharePointサイトの[サイトコンテンツ]⇒[＋新規]⇒[リスト](画面3-31)で、[＋空白のリスト]をクリックします(画面3-32)。

ここからは表3-2に沿って設定します。リストの名前は「WorkCompletionReport」として保存します(画面3-33)。サイトナビゲーションは、SharePointサイトの左ペインによく使うリストとしてピン止めしておく場合にチェックします(作成後でもピン止め解除はできます)。

画面3-31▶

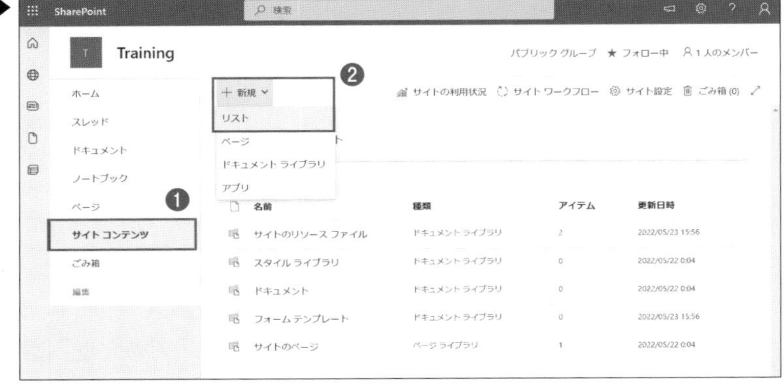

画面3-32▶

画面3-33▶

作成直後のリストには、1列しか定義されていないため列を追加していきます。リストの1列目は、テキスト型で必須入力の列を定義する必要があります。管理するデータの中でも目的などを表す列を設定しましょう。

1列目の[タイトル]を右クリック ⇒[列の設定]⇒[名前の変更](画面3-34)⇒[名前]に[件名]を入力して[保存](画面3-35)をクリックします。

画面3-34 ▶

画面3-35 ▶

続けて2列目を作成します。2列以降は、追加する列の種類(文字列、選択肢、数値、日付など)を選択して、列名を指定していきます。表3-2の「実施概要」列を追加するため、[+列の追加]⇒[複数行テキスト]を選択し(画面3-36)、[名前]に「実施概要」と入力して[保存]します(画面3-37)。

表3-2の3列目と4列目も同様に追加していきます。3列目の「来場者数」は「数値」、4列目の「詳細、その他連絡事項」は「複数行テキスト」です。

SharePointリストで管理する情報を増やす場合は、同様の手順で列を追加します。列の種類ごとに設定できる項目も数多くあるので、いろいろと試してみるとよいでしょう。

画面3-36 ▶

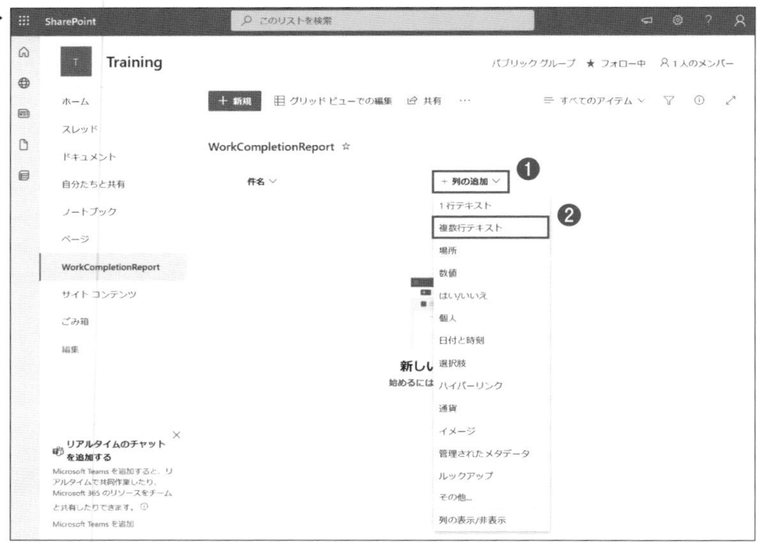
SharePoint
このリストを検索
Training
パブリック グループ
フォロー中
1 人のメンバー
ホーム
スレッド
ドキュメント
自分たちと共有
ノートブック
ページ
WorkCompletionReport
サイト コンテンツ
ごみ箱
編集
+ 新規
グリッド ビューでの編集
共有
すべてのアイテム
件名
+ 列の追加
1
1 行テキスト
複数行テキスト
2
場所
数値
はい/いいえ
個人
日付と時刻
選択肢
ハイパーリンク
通貨
イメージ
管理されたメタデータ
ルックアップ
その他...
列の表示/非表示
リアルタイムのチャットを追加する
Microsoft Teams を追加すると、リアルタイムで共同作業したり、Microsoft 365 のリソースをチームと共有したりできます。
Microsoft Teams を追加

画面3-37 ▶

SharePoint
このリストを検索
Training
ホーム
スレッド
ドキュメント
自分たちと共有
ノートブック
ページ
WorkCompletionReport
サイト コンテンツ
ごみ箱
編集
+ 新規
グリッド ビューでの編集
共有
件名
+ 列の追加
新しいリストへようこそ
始めるには [新規] ボタンを選択しま
リアルタイムのチャットを追加する
Microsoft Teams を追加すると、リアルタイムで共同作業したり、Microsoft 365 のリソースをチームと共有したりできます。
Microsoft Teams を追加
従来の SharePoint の表示に戻す
列の作成
列の作成についての詳細を確認してください。
1
名前 *
実施概要
説明
種類
複数行テキスト
既定値
既定値の入力
計算済みの値を使用
その他のオプション
2
保存
キャンセル

データ登録の確認

作成したSharePointリストにデータが登録できるか確認します。

画面3-38 ▶

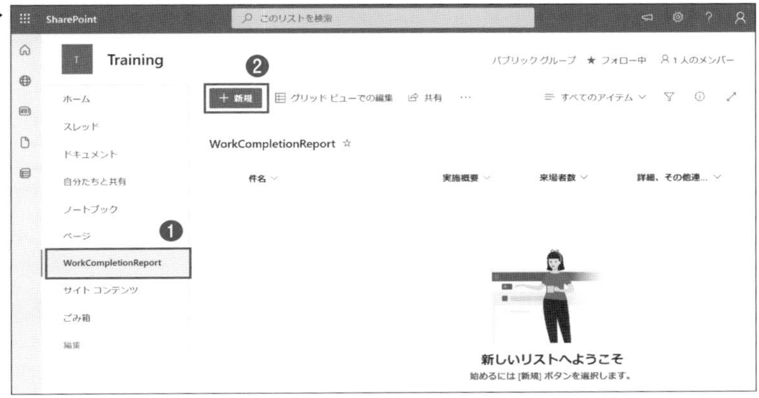

画面3-38で[＋新規]をクリックし、次のような内容を入力して[保存]します。SharePointリストには添付ファイルが入力できる列が標準で用意されています。報告に適した画像イメージを添付してみましょう。

- 件名：DX人材育成EXPO実施報告
- 実施概要：(任意)
- 来場者数：123456
- 詳細、その他連絡事項：(任意)
- 添付ファイル：(任意)

リストの一覧に追加登録したデータが表示されました(画面3-39)。表示されたデータをクリックすると詳細を確認できます。

キャンバスアプリに接続

作成したSharePointリストをデータソースとしてキャンバスアプリに接続します。Power Appsメーカーポータルの[アプリ]⇒[デモキャンバスアプリ]⇒[…]⇒[編集]をクリックします(画面3-40)。

画面3-39▶

画面3-40▶

デモキャンバスアプリにデータソースを接続します。[データ]⇒[＋データの追加]を選択し、[データソースの選択]に「SharePoint」を入力して、絞り込み表示された「SharePoint」を選択します(画面3-41)。

SharePointリストに接続する方式は[直接接続(クラウドサービス)]を選択して[接続]します(画面3-42)。

接続先のSharePointサイト(Training)を選択します。サイトが表示されない場合は、SharePointサイトのURLを直接入力して[接続]します(画面3-43)。

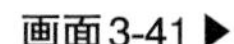

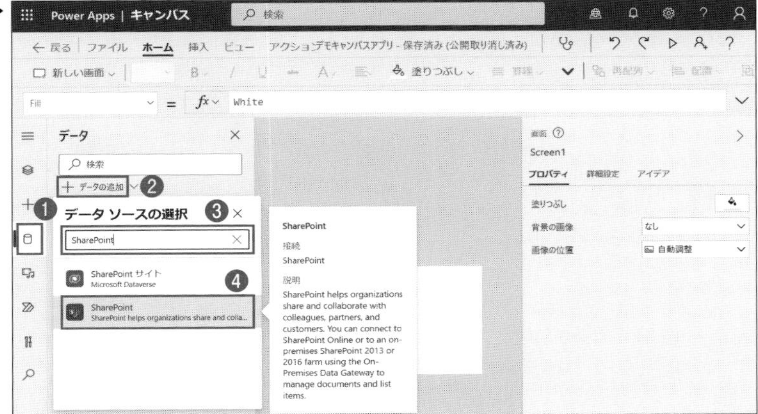

画面3-42 ▶

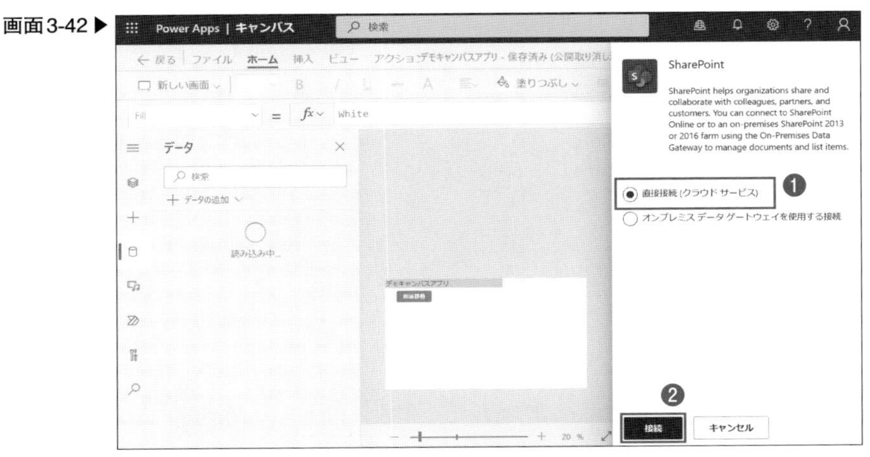

接続したSharePointサイト内にあるSharePointリストが表示されるので、「WorkCompletionReport」をチェックして［接続］します（**画面3-44**）。SharePointリストをデータソースとしてキャンバスアプリに接続できました。

SharePointリストのデータをキャンバスアプリで利用してみます。データテーブルというコントロールを配置して、データソースの一覧表示をします。

［＋（挿入）］⇒［レイアウト］⇒［データテーブル（プレビュー）］を選択するとデータテーブルがキャンバスアプリに配置されます（**画面3-45**）。データテーブルで表示するデータソースの指定は、［プロパティ］⇒［データソース］を選択し、表

画面3-43 ▶

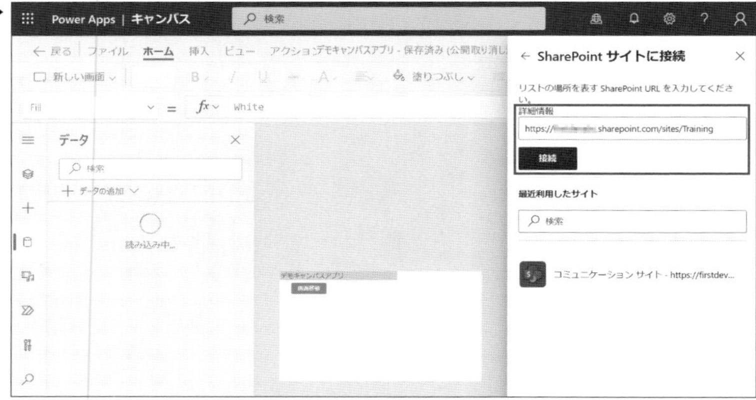

画面3-44 ▶

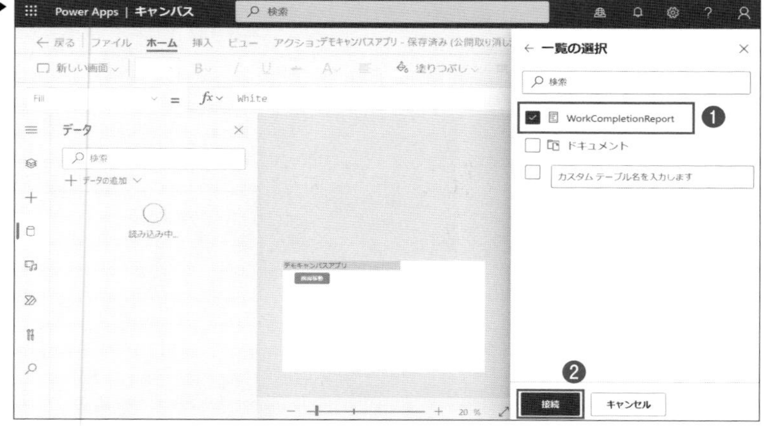

示された接続一覧から「WorkCompletionReport」を選択します。

データソースからデータを取得し、データテーブルコントロールにデータが表示されました(画面3-46)。

最後に忘れずに[ファイル]⇒[保存]で変更内容を上書きしてください。数手順の簡単な操作で、キャンバスアプリにデータソースを接続し、データの利用を開始することができました。以降、同じ種類のデータソース(SharePointリスト)に接続する際は、初回接続で登録した情報を使用してアクセスできるようになるため、接続までの手順がさらに少なくなります。

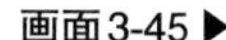
画面3-45 ▶

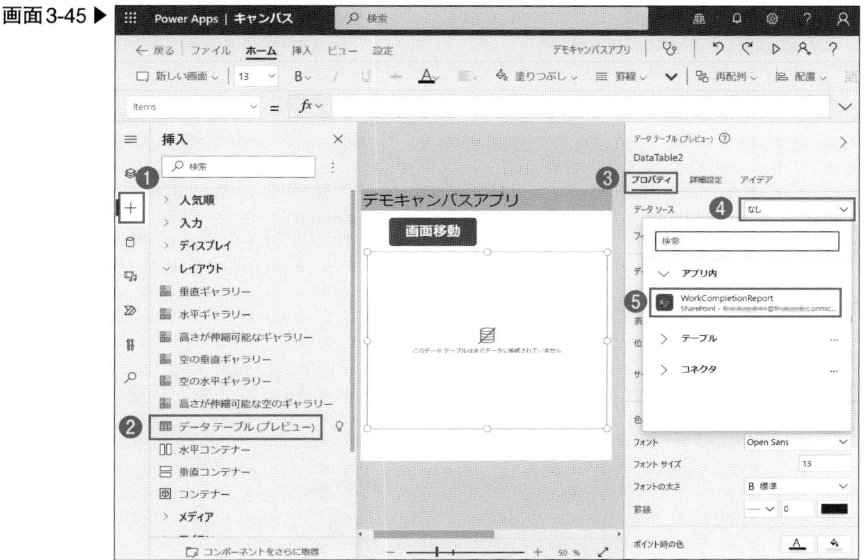
Power Apps | キャンバス
検索
戻る
ファイル
ホーム
挿入
ビュー
設定
デモキャンバスアプリ
新しい画面
塗りつぶし
罫線
再配列
配置
Items
挿入
人気順
入力
ディスプレイ
レイアウト
垂直ギャラリー
水平ギャラリー
高さが伸縮可能なギャラリー
空の垂直ギャラリー
空の水平ギャラリー
高さが伸縮可能な空のギャラリー
データ テーブル (プレビュー)
水平コンテナー
垂直コンテナー
コンテナー
メディア
コンポーネントをさらに取得
デモキャンバスアプリ
画面移動
データ テーブル (プレビュー)
DataTable2
プロパティ
詳細設定
アイデア
データ ソース
なし
検索
アプリ内
WorkCompletionReport
テーブル
コネクタ
フォント
Open Sans
フォント サイズ
フォントの太さ
B 標準
罫線
ポイント時の色
1
2
3
4
5

画面3-46 ▶

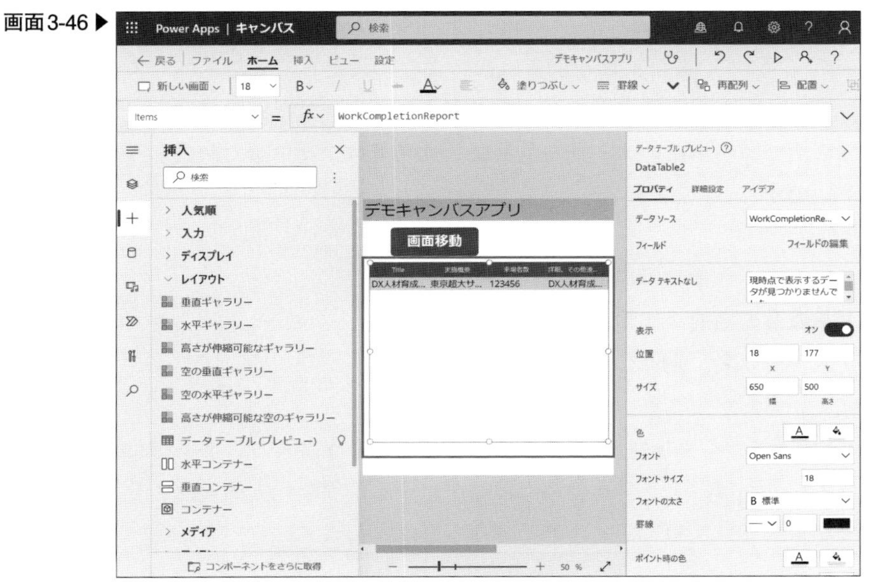
Power Apps | キャンバス
検索
戻る
ファイル
ホーム
挿入
ビュー
設定
デモキャンバスアプリ
新しい画面
塗りつぶし
罫線
再配列
配置
Items
WorkCompletionReport
挿入
人気順
入力
ディスプレイ
レイアウト
垂直ギャラリー
水平ギャラリー
高さが伸縮可能なギャラリー
空の垂直ギャラリー
空の水平ギャラリー
高さが伸縮可能な空のギャラリー
データ テーブル (プレビュー)
水平コンテナー
垂直コンテナー
コンテナー
メディア
コンポーネントをさらに取得
デモキャンバスアプリ
画面移動
DX人材育成...
東京超大サ...
123456
DX人材育成...
データ テーブル (プレビュー)
DataTable2
プロパティ
詳細設定
アイデア
データ ソース
WorkCompletionRe...
フィールド
フィールドの編集
データ テキストなし
現時点で表示するデータが見つかりませんで
表示
オン
位置
18
177
サイズ
650
500
色
フォント
Open Sans
フォント サイズ
18
フォントの太さ
B 標準
罫線
ポイント時の色

Dataverseの場合

続いて、Power Platformの標準データ保存領域のDataverseをデータソースとして接続／利用する手順を説明します。Dataverseの基本操作や管理方法を覚えるとPower Platformで作れるビジネスアプリの幅が格段に広がります。

また、Power Platformとの親和性が高いDataverseはコネクタ設定を作成することなく利用できます。

テーブルの作成

Dataverseでは、データソースとして「テーブル」というデータ保存領域を作成し利用します。保存領域の呼称が異なるだけで、Excelと似たオンラインの表形式データイメージと考えても現時点では大丈夫です。

ここで作成するDataverseのテーブルは、前節のSharePointリストと同じ列構造で作成します。SharePointリストとDataverseはまったく異なるデータソースですが、同様の手順でデータソースが作成できます。

Power Appsメーカーポータルの左ペイン[Dataverse]⇒[テーブル]⇒[＋新しいテーブル]で画面3-47を開き、次のように設定してください。スキーマ名は[高度なオプション]をクリックして表示します。スキーマ名はテーブル名の英語表記で、日本語のテーブル名と同じ意味を持つ英単語で命名すると管理しやすいです。

- 表示名：作業完了レポート
- 複数形の名前：作業完了レポート
- スキーマ名：workCompletionReport

次に[プライマリ列]タブをクリックし次のように入力します（画面3-48）。プライマリ列は、テーブルの利用用途がわかるような代表的な列名を指定することが推奨されています。入力できたら[保存]します。

- 表示名：件名
- スキーマ名：title

画面3-47 ▶

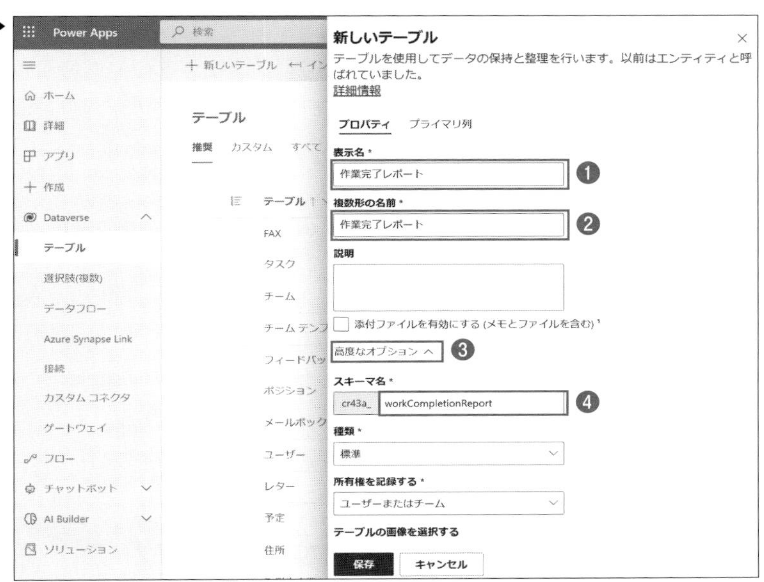

Power Apps
検索
ホーム
詳細
アプリ
作成
Dataverse
テーブル
選択肢(複数)
データフロー
Azure Synapse Link
接続
カスタム コネクタ
ゲートウェイ
フロー
チャットボット
AI Builder
ソリューション
新しいテーブル
テーブル
推奨
カスタム
すべて
FAX
タスク
チーム
メールボック
ユーザー
レター
予定
住所
新しいテーブル
テーブルを使用してデータの保持と整理を行います。以前はエンティティと呼ばれていました。
詳細情報
プロパティ
プライマリ列
表示名 *
作業完了レポート
複数形の名前 *
作業完了レポート
説明
添付ファイルを有効にする (メモとファイルを含む)
高度なオプション
スキーマ名 *
cr43a_
workCompletionReport
種類 *
標準
所有権を記録する *
ユーザーまたはチーム
テーブルの画像を選択する
保存
キャンセル

画面3-48 ▶

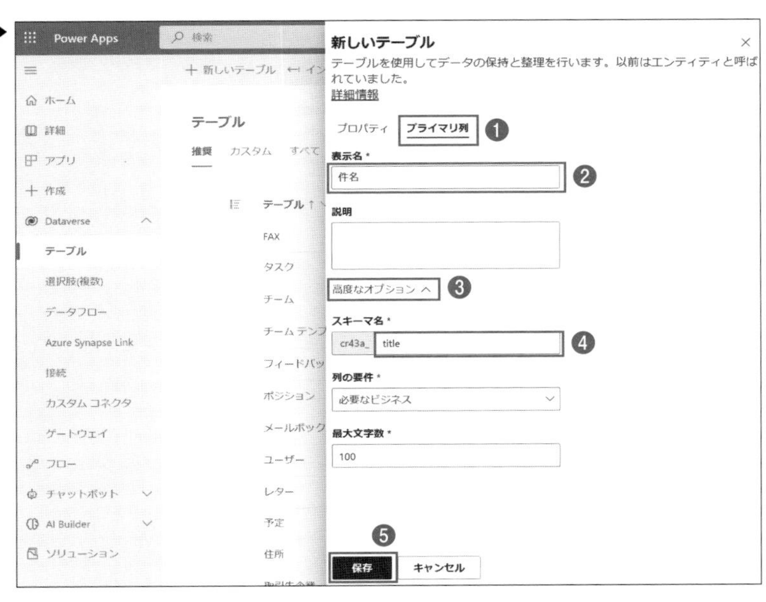

Power Apps
検索
新しいテーブル
テーブルを使用してデータの保持と整理を行います。以前はエンティティと呼ばれていました。
詳細情報
プロパティ
プライマリ列
表示名 *
件名
説明
高度なオプション
スキーマ名 *
cr43a_
title
列の要件 *
必要なビジネス
最大文字数 *
100
保存
キャンセル

列の追加

表3-3の内容を2列目「実施概要」から4列目「詳細、その他連絡事項」まで追加していきます。追加方法は[＋新規]⇒[列]⇒[新しい列]です(画面3-49、3-50)。

▼表3-3：workCompletionReportテーブルの列

表示名	データの種類	書式	必須	スキーマ名
件名（プライマリ列）	テキスト	なし	必要なビジネス	title
実施概要	複数行テキスト	テキスト	任意	implementationOutline
来場者数	整数	なし	任意	visitors
詳細、その他連絡事項	複数行テキスト	テキスト	任意	other

画面3-49 ▶

画面3-50 ▶

ここまでの手順でテーブル作成と列定義が完了しました。

サンプルデータの登録

作成したテーブルにデータを登録できるか試してみましょう(サンプルデータは本書サポートページ注1に掲載しています)。

[編集]⇒[Excelでデータを編集]でExcelファイルのダウンロードが始まります(画面3-51)。ダウンロードされたファイル(下部に表示)の[開く]をクリックします(画面3-52)。

Excelファイルで Dataverse のテーブル情報が表示されました。右側の[サインイン]をクリックし、ユーザーID・パスワードを入力してアドオンを有効化します(画面3-53)。

サインインするとアドオンの表示が変わり、取得元テーブルのスキーマ名が表示されます。サンプルデータを入力し、アドオンの[公開]をクリックすると、データがアドオンを通じてDataverseに登録されます。[公開に成功しました]と表示されたことを確認します(画面3-54)。

注1) URL https://gihyo.jp/book/2022/978-4-297-13004-6/support

画面3-51 ▶

Power Apps
検索
新規
編集
アプリの作成
このテーブルを使用
インポート
ホーム
詳細
アプリ
作成
Dataverse
テーブル
選択肢(複数)
データフロー
Azure Synapse Link
接続
カスタム コネクタ
編集
新しいタブで編集する
Excel でデータを編集
テーブル
プロパティ
ツール
名前
プライマリ列
説明
作業完了レポート
件名
種類
最終変更日
Standard
18 分前
スキーマ
列
リレーションシップ
キー

画面3-52 ▶

Power Apps
検索
新規
編集
アプリの作成
このテーブルを使用
インポート
ホーム
詳細
アプリ
作成
Dataverse
テーブル
選択肢(複数)
データフロー
Azure Synapse Link
接続
カスタム コネクタ
ゲートウェイ
フロー
チャットボット
AI Builder
ソリューション
テーブル > 作業完了レポート
テーブル プロパティ
プロパティ
ツール
名前
プライマリ列
説明
作業完了レポート
件名
種類
最終変更日
Standard
18 分前
スキーマ
列
リレーションシップ
キー
データ エクスペリエンス
開く
フォルダを開く
キャンセル
すべて表示

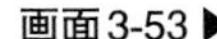

画面3-53▶

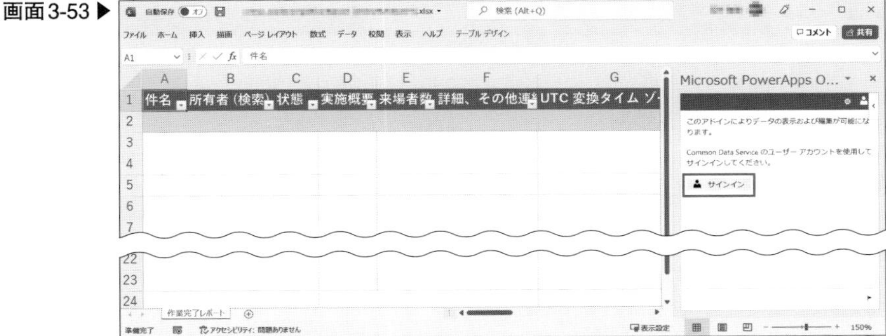

画面3-54▶

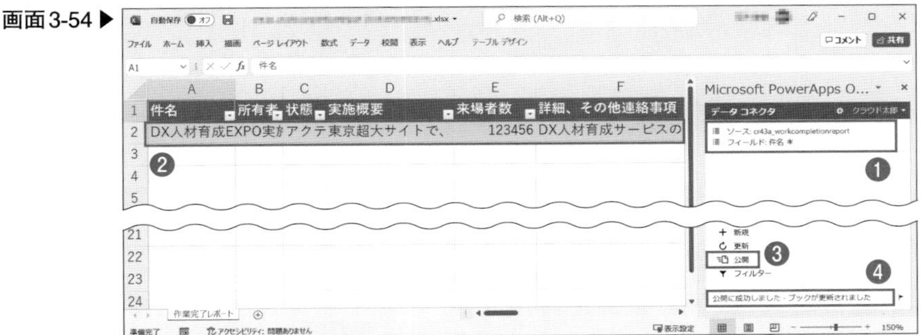

キャンバスアプリに接続

　ここではキャンバスアプリからDataverseのテーブルをデータソースとして接続します。

　[アプリ]⇒[デモキャンバスアプリ]⇒[…]⇒[編集]を選択します(画面3-55)。アクセス許可を促す画面が表示された場合は[許可]してください。

　デモキャンバスアプリにデータソースを接続します。[データ]⇒[＋データの追加]⇒[データソースの選択]の「作業完了レポート」をクリックします(画面3-56)。これでキャンバスアプリにDataverseのテーブルを接続できました。

　では、Dataverseのテーブルのデータがキャンバスアプリで利用できるか確認してみましょう。流れは前節(SharePointリスト)と同様にデータテーブルコントロールを配置して、データソースの一覧表示をしてみます。

　[＋(挿入)]⇒[レイアウト]⇒[データテーブル(プレビュー)]を選択して、キャンバスにデータテーブルを配置します。プロパティ設定の[データソース]を選

画面3-55 ▶

画面3-56 ▶

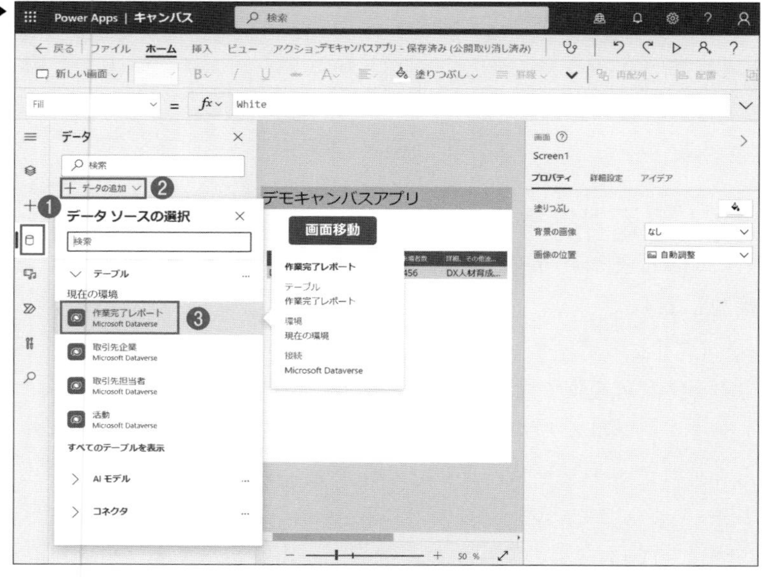

択し、表示された接続一覧から「作業完了レポート」をクリックします。データソースからデータを取得し、データテーブルコントロールにデータが表示されました。

ただ、Dataverseのテーブルから取得したデータテーブルでは、実施概要や来場者数列が表示されていません。このような場合は、データソースに含まれている列のうち、どれを表示／非表示するかを編集します。プロパティ設定から[フィールドの編集]⇒[＋フィールドの追加]をクリックします(画面3-57)。

画面3-57▶

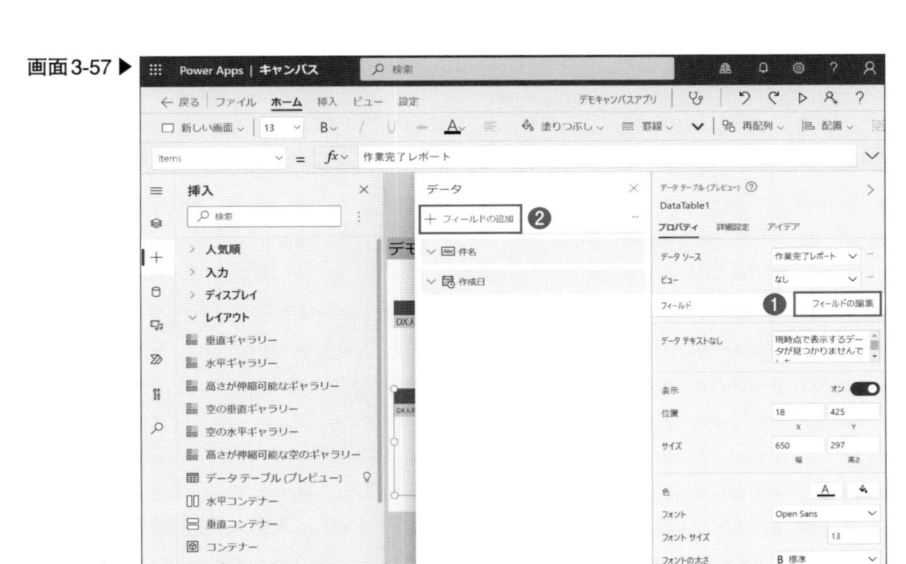

表示されたフィールド一覧から「実施概要」「来場者数」「詳細、その他連絡事項」をチェックして[追加]します(画面3-58)。これでDataverseのデータソース接続と利用も完了です。変更を保存するために[ファイル]⇒[保存]しておきましょう。

画面3-58 ▶

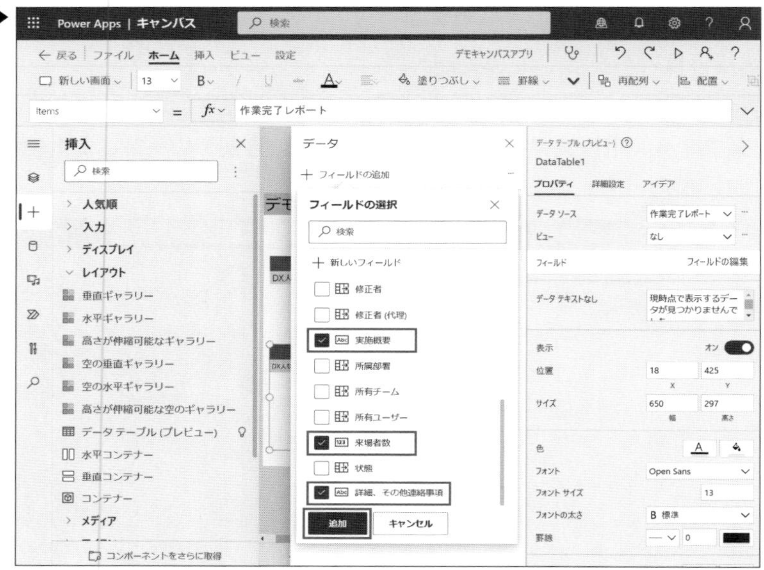

> フィールド一覧に「修正者」や「所属部署」などのシステム列や標準（既定）列があります。これらは変更や削除をすることができません。Dataverseがテーブルに対する修正者、修正日時を自動で記録してくれます。標準列を使用する場合は、該当フィールドを選択してドラッグ&ドロップで移動してください。

3-4 キャンバスアプリの公開と共有

ここまで作成してきたデモキャンバスアプリはクラウド上に保存されていますが、「公開」や「共有」をするまでは、Power Apps Studioの画面上で編集可能なアプリとして確認できるだけです。公開や共有をすることで、組織内の利用者に利用してもらえるようになります。

アプリの公開

Power Appsメーカーポータルで[アプリ]⇒[デモキャンバスアプリ]⇒[…]⇒[編集]に進み、[ファイル]⇒[保存]⇒[公開]し(画面3-59)、[このバージョンの公開]をクリックします(画面3-60)。

画面3-59▶

画面3-60▶

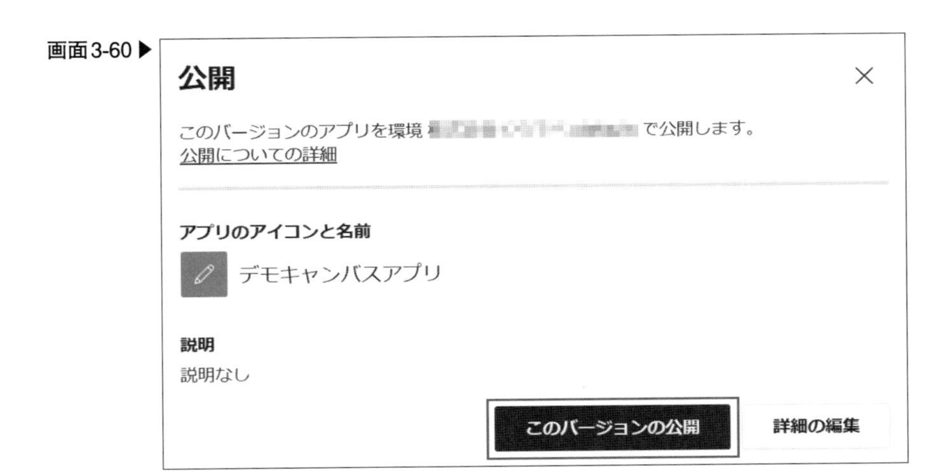

この操作でキャンバスアプリが組織内のアプリとして公開され、自分自身はどこからでも利用できるようになりました。

アプリの共有

Power Appsメーカーポータルの[アプリ]⇒[デモキャンバスアプリ]⇒[…]⇒[共有]で共有先を指定する画面を表示します(画面3-61)。なお、Power Apps Studioからも共有設定できます。

画面3-61でユーザー、またはグループ単位の共有範囲を指定することができます。

画面3-61 ▶

本書のAppendixで試用版ライセンスをサインアップした方は、初期状態では自分以外のユーザーはいないため、自分か組織しか選択できません。そのため、ここでは組織全体にアプリを共有する方法を例にします。検索バーに「everyone」を入力すると、候補が表示されて組織全体が選択できるので、表示された組織の項目をクリックします(画面3-62)。

共有オプション

共有オプションは次のとおりです(画面3-63)。

画面3-62▶

共有 デモキャンバスアプリ
ユーザーを、ユーザーまたは共同所有者としてアプリに追加します。データ接続がすべてのユーザーと共有されていることをご確認ください。
everyone
並べ替え 名前
所有者
共有
キャンセル

画面3-63▶

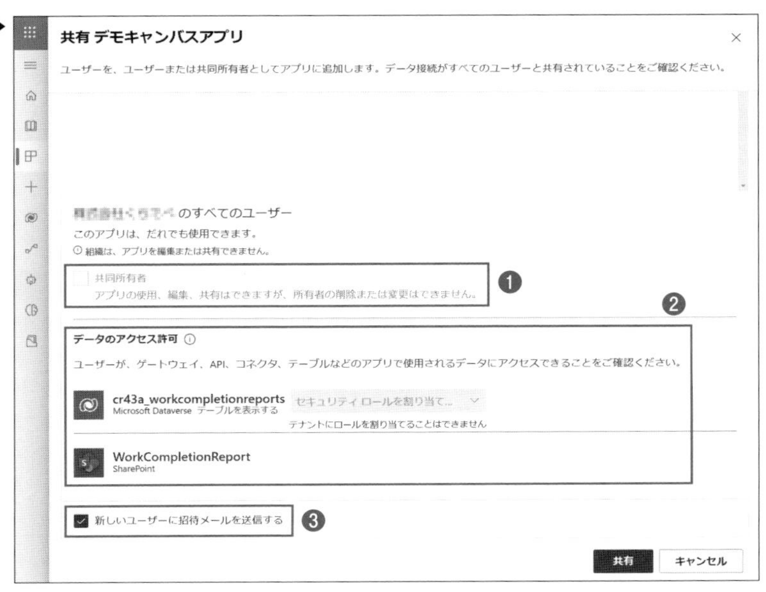

共有 デモキャンバスアプリ
ユーザーを、ユーザーまたは共同所有者としてアプリに追加します。データ接続がすべてのユーザーと共有されていることをご確認ください。
のすべてのユーザー
このアプリは、だれでも使用できます。
組織は、アプリを編集または共有できません。
共同所有者
アプリの使用、編集、共有はできますが、所有者の削除または変更はできません。
データのアクセス許可
ユーザーが、ゲートウェイ、API、コネクタ、テーブルなどのアプリで使用されるデータにアクセスできることをご確認ください。
cr43a_workcompletionreports
Microsoft Dataverse テーブルを表示する
セキュリティロールを割り当て...
テナントにロールを割り当てることはできません
WorkCompletionReport
SharePoint
新しいユーザーに招待メールを送信する
共有
キャンセル

- 共同所有者
  アプリの利用だけでなく、アプリを一緒に開発するメンバー（組織全体に共有する場合はチェックできない）
- データのアクセス許可
  キャンバスアプリ内で使用しているデータソースに対するアクセス制御（SharePointは選択できないが、Dataverseは読み取り／書き込みなど）
- 新しいユーザーに招待メールを通知する
  アプリが共有されたことを招待者に通知するオプション（チェックするとキャンバスアプリへのアクセスリンクがメールで送付される）

なお、組織全体にアプリを共有しても、有効なライセンスを保有しているユーザーのみの利用に限定されます。アプリの共有が完了したら右上の［×］をクリックします。

アプリへのアクセスリンクの確認方法

共有時に招待メール通知をオンにしていれば共有先にアプリへのアクセスリンクが送付されますが、事後に再確認する場合は、［アプリ］⇒［デモキャンバスアプリ］⇒［...］⇒［詳細］で表示された［Webリンク］のURLをコピーします（画面3-64）。

画面3-64 ▶

共有された利用者がPower Appsに初めてアクセスする場合は、ライセンスの同意や、言語の選択などの設定画面が表示される場合があります。URLを案内する際に補足しておくと、利用者も安心して利用できるでしょう。

Part 2

業務アプリのレシピ編

いよいよ業務アプリを作成していきます。分類や使用するサービスを参考にして、自分の手を動かしながら読み進めてください。なお、Part 1で作成したデータソースを利用するものもあるので注意してください。

Chapter 4

作業報告アプリ

分類 自分の業務を便利にするアプリ

使用するサービス [Power Apps キャンバス アプリ] [SharePoint (Training)]

スマホから写真付きの作業報告を送付するアプリです。送付した内容はデータソースに蓄積できます。これだけの機能をもったアプリでも簡単に作成できます！

4-1 作成するアプリの概要

本章ではモバイル端末で作業報告できるアプリを作成します。**画面4-1**は登録画面で、**画面4-2**は一覧表示画面です。このアプリはアイデア次第で、設備点検、検温報告などいろいろな用途に利用できます。

画面4-1 ▶

× WorkCompletionReport ✓

* Title

DX自走応援セミナー

実施概要

ユマニテクプラザにて登壇

来場数

12345

詳細、その他連絡事項

引き合い100名。見積提示を行う。

添付ファイル

2D2A03EE-8C91-4B0C-801... ··· ×

ファイルを添付

画面4-2 ▶

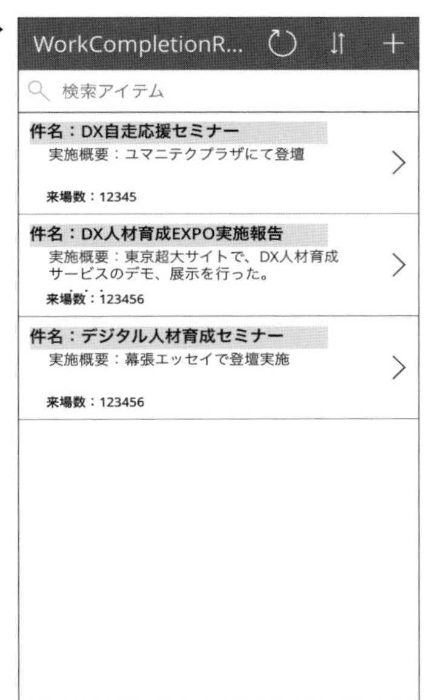

利用するSharePointサイトおよびデータは、Chapter 3-3「データの接続と利用」－「SharePointリストの場合」(p.39) で作成したものを利用します。

4-2　データからアプリを自動生成する

Power Appsメーカーポータルの[＋作成]⇒[SharePoint]を選択します（画面4-3）。

初めてSharePointリストを使ったPower Appsアプリを自動生成する際は、コネクタの接続設定が必要になります。コネクタ設定では[直接接続（クラウドサービス）]（クラウド間の接続）と、[オンプレミスデータゲートウェイを使用する接続]（クラウドからオンプレミス間の接続）のどちらかを選択することができます。ここでは、前者を選択して[作成]します（画面4-4）。

画面4-3▶

画面4-4▶

接続先の「Training」のSharePointサイトURLを入力して[移動]します(画面4-5)。「Training」のSharePointサイトに存在するリストが表示されるので、「WorkCompletionReport」を選択して[接続]します(画面4-6)。

画面4-5▶

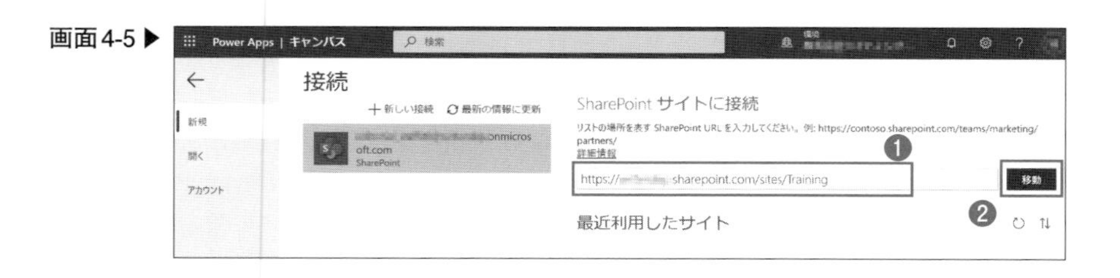

画面4-6▶

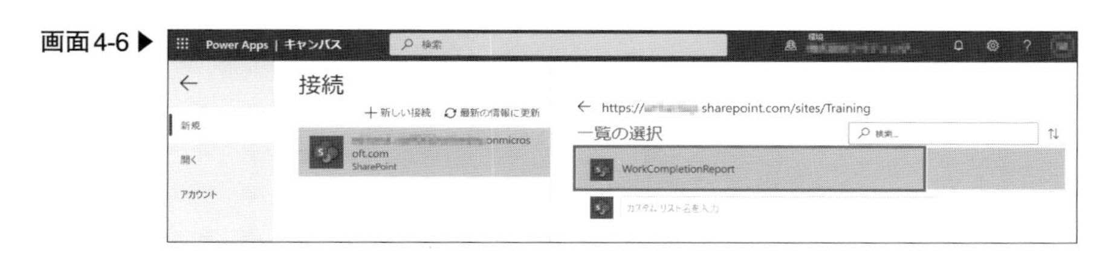

しばらくすると、指定されたリストの列定義情報をもとに、Power Appsのキャンバスアプリが自動生成されます。自動生成されたアプリは、一覧画面(画面4-7)、詳細画面(画面4-8)、登録・編集画面(画面4-9)の3画面で構成されています。実際に利用するには、列情報の表示/非表示や並び順などをカスタマイズする必要があります。

画面4-7▶

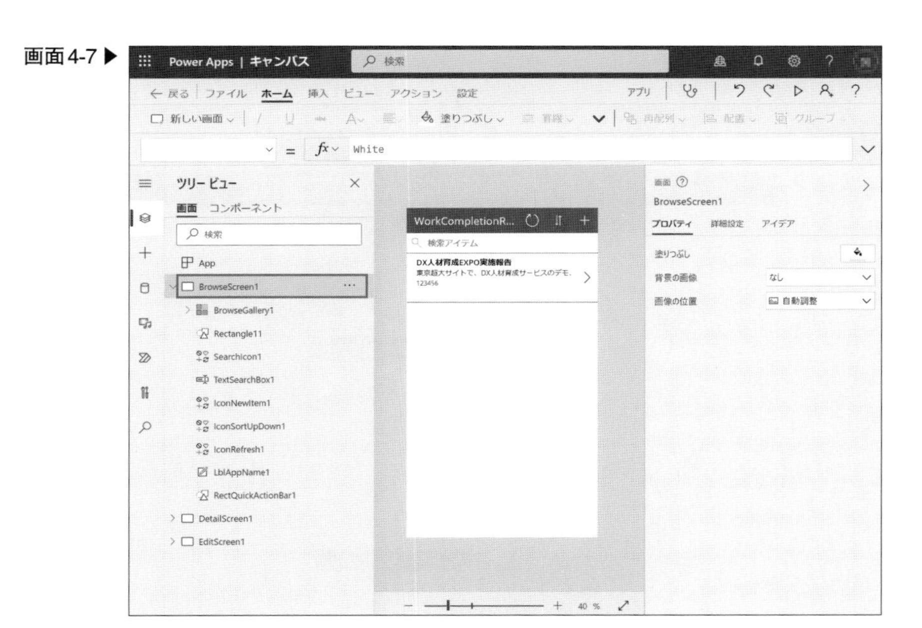

画面4-8 ▶

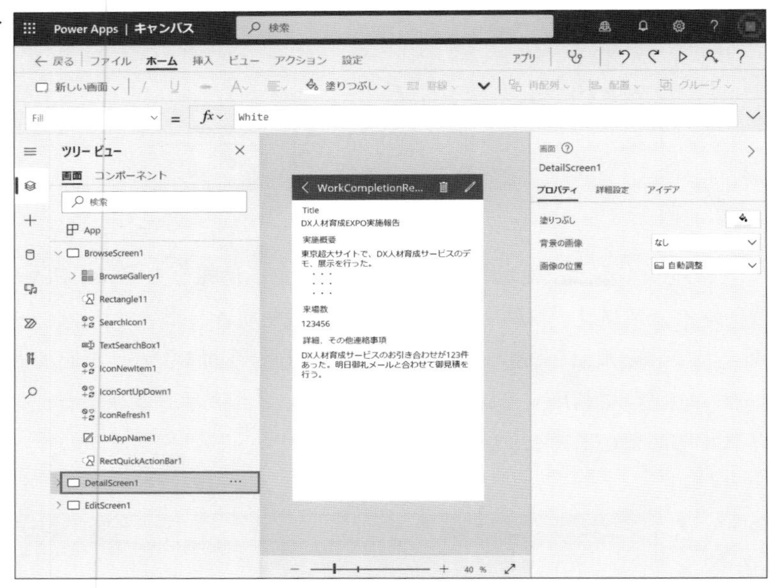

画面4-9 ▶

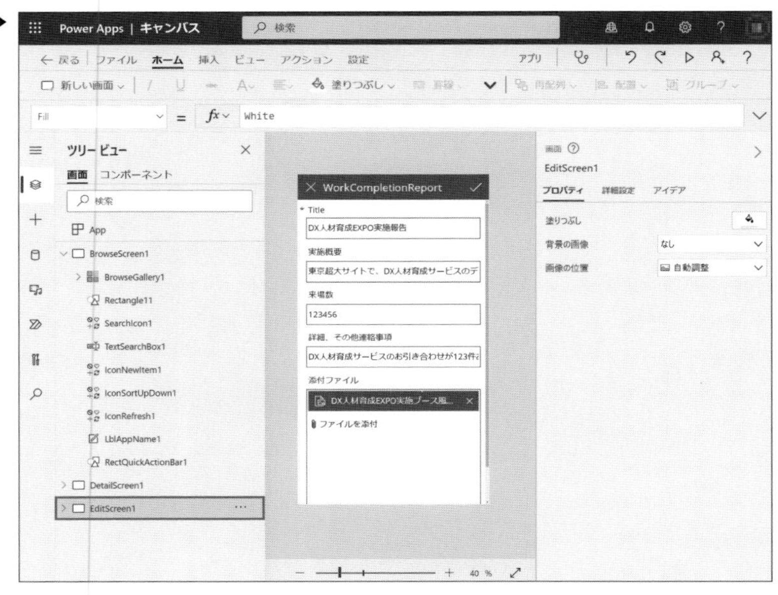

4-3 プレビューする

カスタマイズする前に、自動生成されたアプリを動かし、機能の確認をしてみます。右上の[▷](アプリのプレビュー)をクリックします(画面4-10)。

画面4-10 ▶

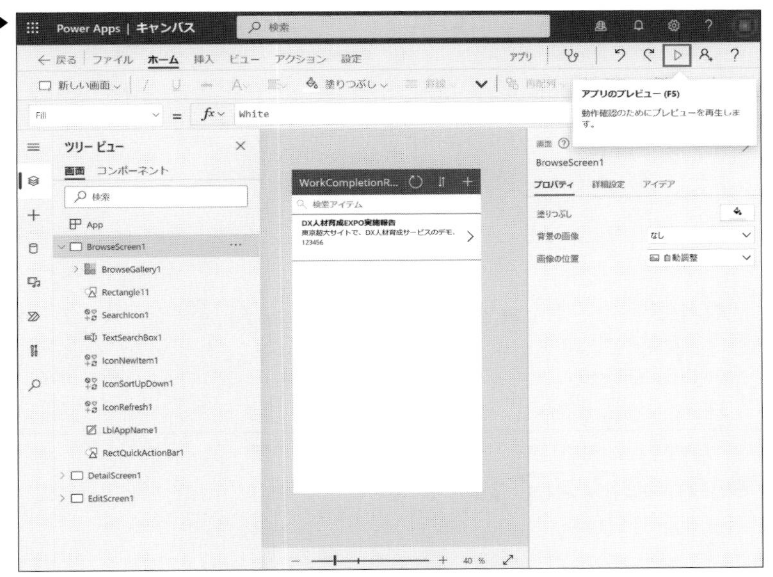

一覧画面(画面4-11)で[＋]ボタンをクリックし、表示された編集画面(画面4-12)で何かしらの内容を入力して[✓]をクリックします。一覧画面に戻った際には、登録した内容が反映されています。

画面4-11 ▶

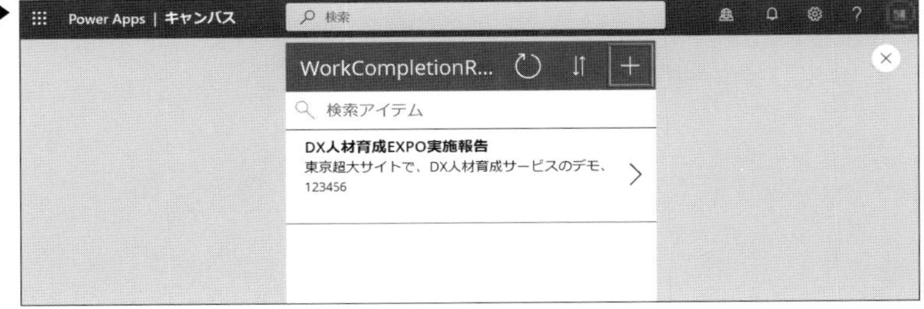

画面4-12▶

プレビューモードを終了するときは、Power Apps画面内にある[×]をクリックします。

4-4 カスタマイズする

一覧表示画面に項目名の表示を追加する

カスタマイズ前の画面(画面4-11)はデータのみ表示されています。表示されたデータがどのような情報を指しているのかわかりやすくするため、データに対し項目名の表示を追加してみます。

ツリービューの[BrowseScreen1]⇒[BrowseGallery1]⇒[Title1]を選択します(画面4-13)。

数式バーには「ThisItem.Title」と表示されていますが、「"件名："&ThisItem.Title」にします。「"」や「&」は半角文字で入力してください。すると一覧画面内のデータに「件名：」という項目名が付与されます(画面4-14)。

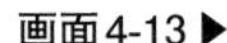

画面4-13▶

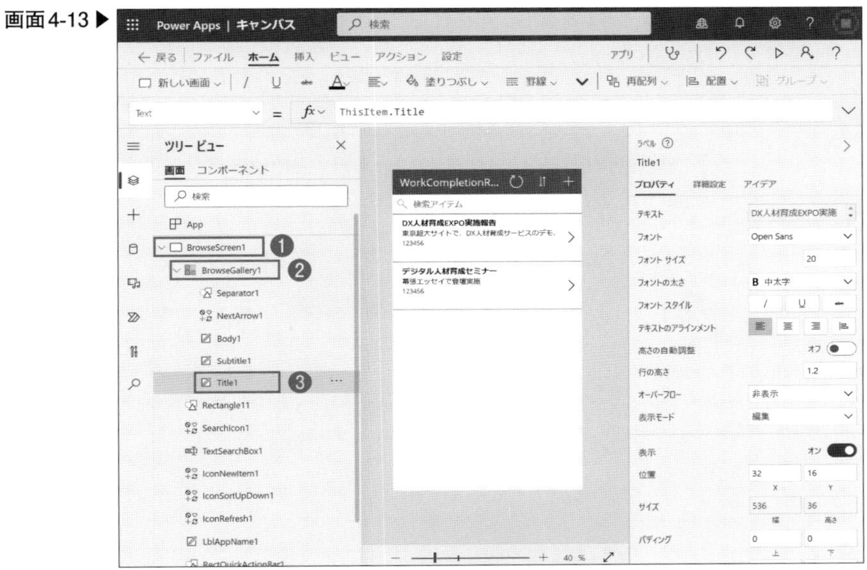

画面4-14▶

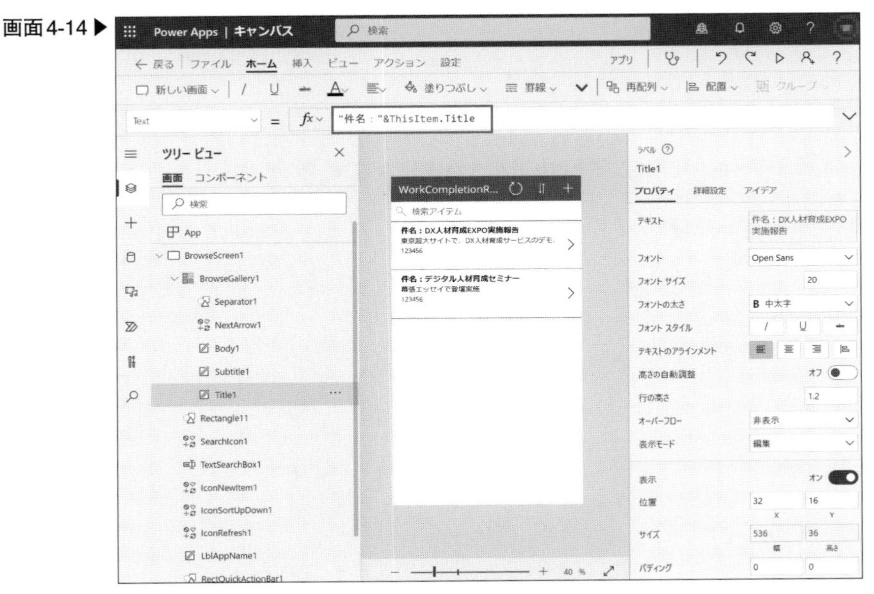

Chapter4

同様の手順で、「実際概要」(Subtitle1)と「来場者数」(Body1)にも項目名を付けてください(画面4-15)。

画面4-15 ▶

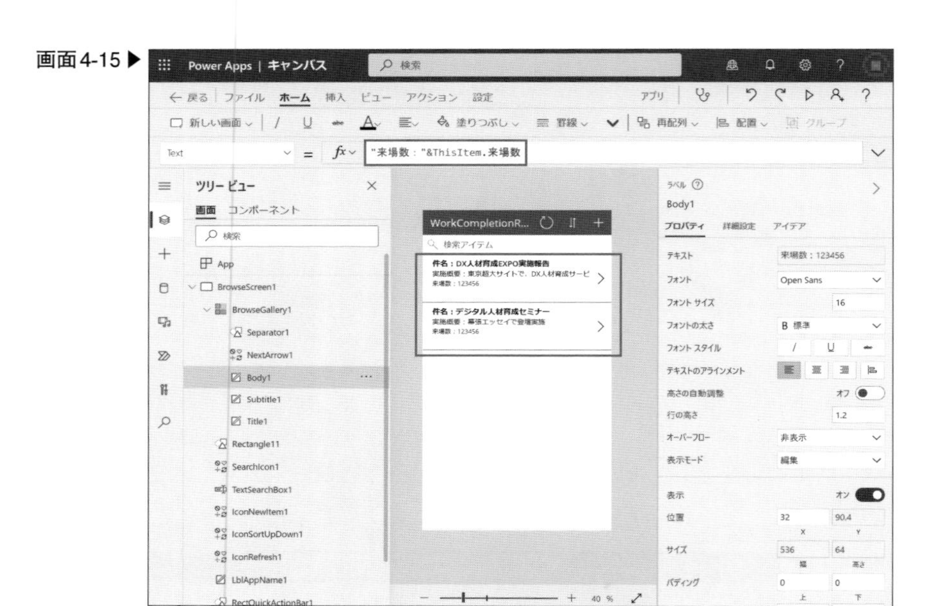

一覧データのタイトルをわかりやすくする

各項目はサイズ変更や装飾が可能です。項目を選択してドラッグ&ドロップで広げることもできます。お好みで調整してください。画面4-16は「Title1」を見やすくしています。

画面4-16 ▶

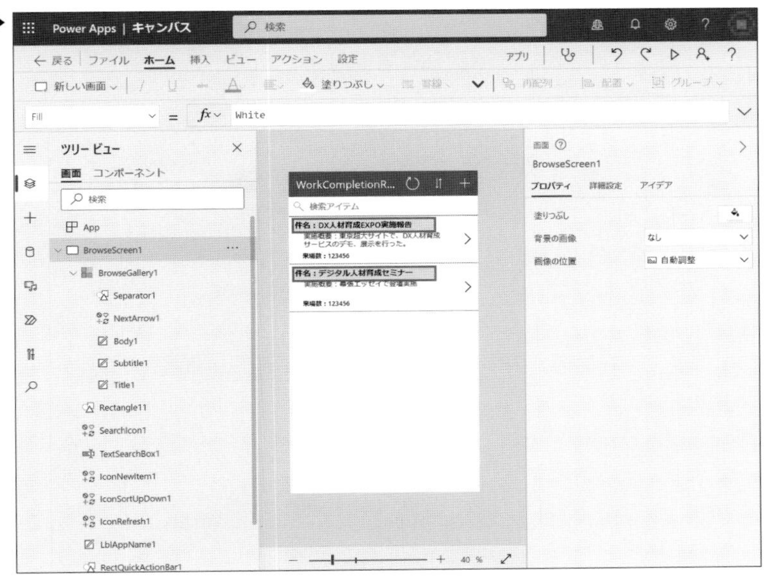

詳細画面に項目を追加する

自動生成された詳細画面(DetailScreen1)には添付ファイル項目が表示されていません。画面に表示されている各項目はすべてリストから列情報を取得しています。読み込み元であるリストから列情報を追加表示するには、[フィールドの編集]から列の取捨選択ができます。

ツリービューの[DetailScreen1]⇒[DetailForm1]⇒[プロパティ]⇒[フィールドの編集]⇒[＋フィールドの追加]⇒[添付ファイル]⇒[追加](画面4-17)すると、添付ファイルが追加されます(画面4-18)。[×]をクリックし、フィールドの編集を終了します。

画面4-17 ▶

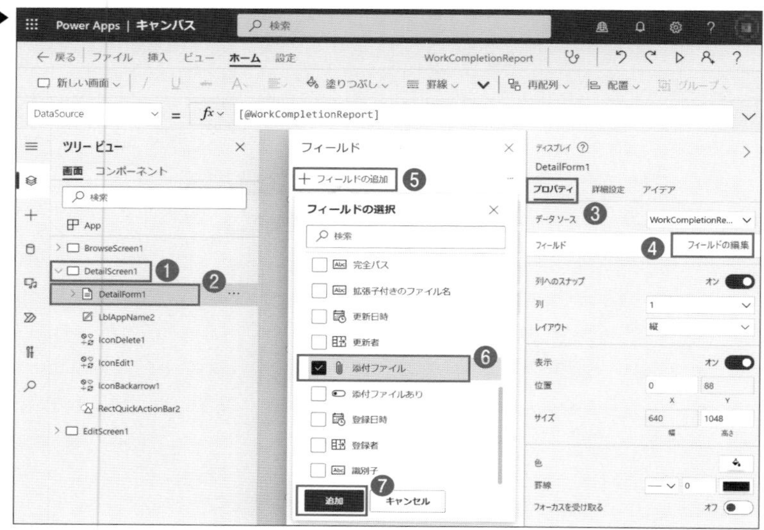

画面4-18 ▶

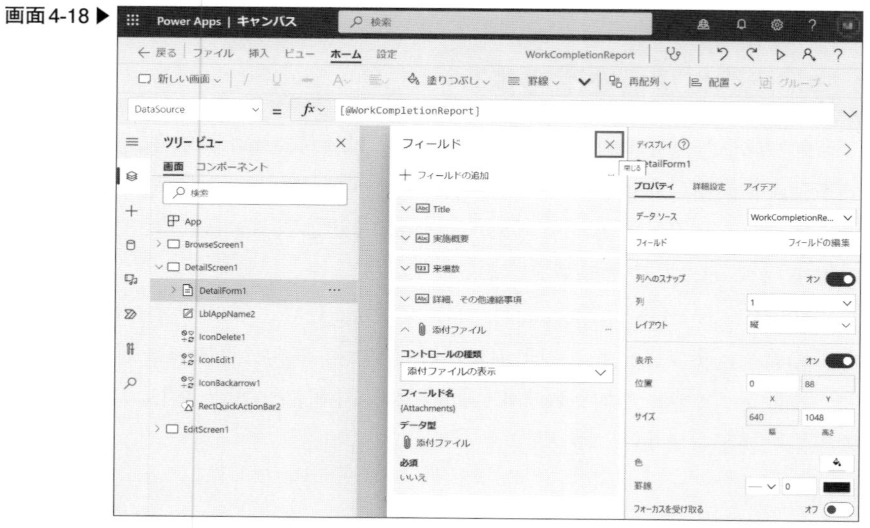

添付ファイル列が詳細画面に表示されました(画面4-19)。このようにリストで定義されている列は、フィールドの編集から簡単に出し入れできます。

画面4-19▶

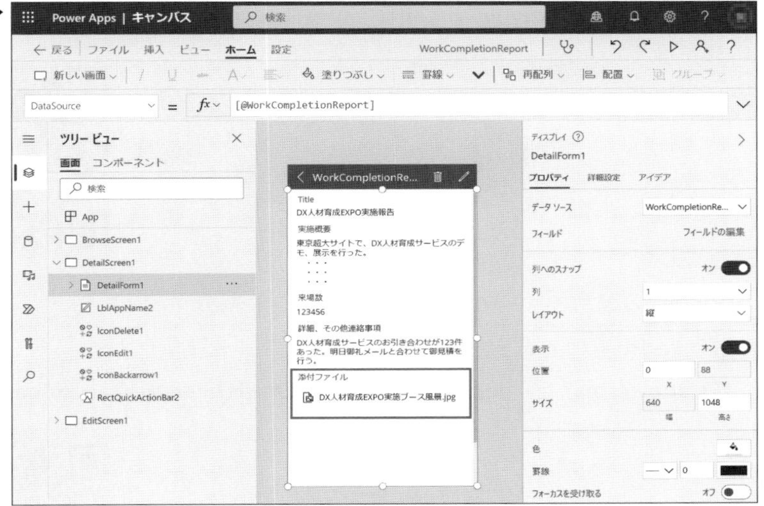

4-5　公開する

作成したアプリを公開して、スマートフォンのPower Apps Mobileアプリで使えるようにします。

アプリを公開する

アプリの公開手順は、Chapter 3-4「キャンバスアプリの公開と共有」(p.60)を参照してください。

スマホにPower Apps Mobileアプリをインストールする

Power Apps Mobileアプリは、iOSとAndroidデバイスをサポートしています。

iOS(iPadまたはiPhone)の場合

App Storeで「Power Apps Mobile」をインストールします。

URL https://itunes.apple.com/app/powerapps/id1047318566?mt=8

Androidの場合

Google Playで「Power Apps Mobile」をインストールします。

URL https://play.google.com/store/apps/details?id=com.microsoft.msapps

アプリを動かしてみる

インストールした「Power Apps Mobile」を起動してサインインします。ホーム画面で[すべてのアプリ]をタップすると(画面4-20)、作成した「Work CompletionReport」が使用できるようになっています(画面4-21)。

Power Apps Mobile上でアプリを動かすと「添付ファイル」の部分が、カメラによる撮影やライブラリから写真をアップロードする指示に変わっていることも確認してください。

画面4-20 ▶

Authenticator
ホーム
検索
お気に入り
お気に入りのアプリはありません
お気に入りのアプリがここに表示されます
最近使用したアプリ
最近開いたアプリはありません
最近開いたアプリがここに表示されます
ホーム
すべてのアプリ
すべて表示

画面4-21 ▶

Authenticator
すべてのアプリ
検索
WorkCompletionReport
(default)
ホーム
すべてのアプリ
すべて表示

Chapter 5 メールの添付ファイルを自動格納するアプリ

分類 自分の業務を便利にするアプリ

使用するサービス [Power Automate] [Outlook] [SharePoint(Training)]

指定した条件に適合するメールの添付ファイルを、指定した場所に格納するアプリです。本章では請求書を例にしていますが、条件を変更することで用途が広がるはずです。

5-1 作成するアプリの概要

本章では、指定したキーワードや条件に該当するメールの添付ファイルを、SharePointに自動的に格納し、関係者に通知するアプリを作成します。

添付ファイルの格納場所

Chapter 3-3「データの接続と利用」-「SharePointリストの場合」(p.39)で作成したTrainingサイトを利用します。また、添付ファイルの格納場所は本書サポートページ[注1]からダウンロードしたデータを展開し、SharePointサイトにアップロードした本章のフォルダになります。

5-2 トリガーとアクション

本章のアプリは「Power Automate」を使用して自動化を実現させます。Power Automateでは、アプリを起動させるきっかけのことを「トリガー」と呼び、実行する内容を「アクション」と呼びます。また、自動化するアプリのことを「フロー」と呼びます。

注1) URL https://gihyo.jp/book/2022/978-4-297-13004-6/support

トリガー

多くの起動条件が用意されていますが、代表的なトリガーは次の3つです。

- 自動化したクラウドフロー
  特定の条件を満たす場合に起動する
- インスタントクラウドフロー
  手動操作をきっかけに起動する
- スケジュール済みクラウドフロー
  定期スケジュールで起動する

アクション

Power Automateでは、実行する内容を1つずつ定義し、それらを繋げて一連の処理とします。アクションには、MicrosoftサービスのOffice 365サービスや企業向けパブリッククラウドのMicrosoft Azureを操作できるもののほか、Google、Salesforce、Amazonなどの他社サービス用のアクションもあり、幅広いアクションがサポートされているので、各サービスのハブとして活用できます。

5-3 Power Automateでフローを作成する

Office 365サイトにサインインして[アプリ起動ツール]⇒[Power Automate]でPower Automateに移動します(画面5-1)。

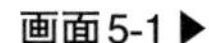
画面5-1 ▶

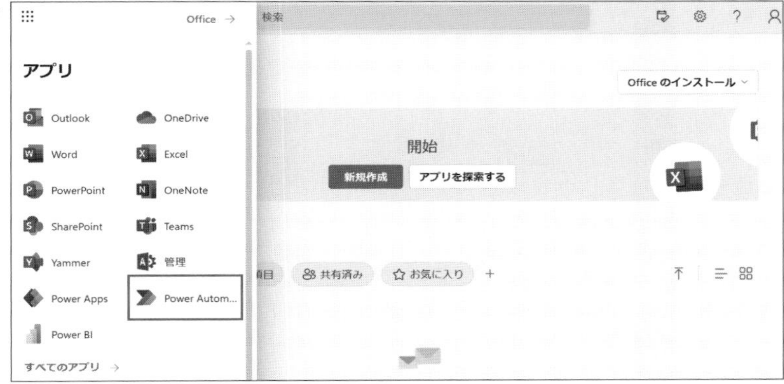

自動化したクラウドフロー

本章のアプリは、メールを受信するたびに動かすため「自動化したクラウドフロー」を使用します。[＋作成]⇒[自動化したクラウドフロー]です（画面5-2）。

画面5-2 ▶

フロー名とトリガーを指定します（画面5-3）。[フロー名]は「請求書のフォルダ格納と格納通知フロー」とします。トリガーは数多くあるため、検索バーにキーワードを入力して絞り込むと便利です。ここでは「Office 365 Outlook」と入力しています。表示されたトリガーから「新しいメールが届いたとき(V3)」を選択して[作成]します。

画面5-3 ▶

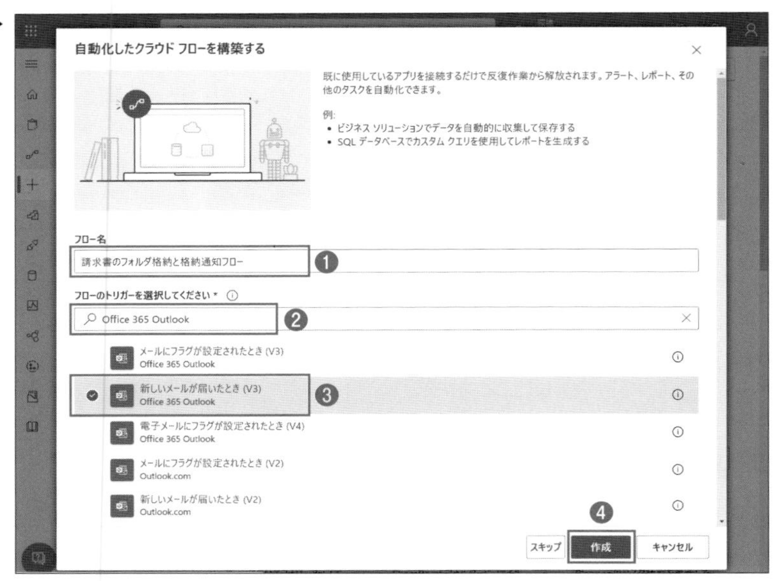

トリガー「新しいメールが届いたとき(V3)」の設定

画面5-4がPower Automateの自動化アプリを作成する画面です。Power Automateのアプリ作成は、必ずトリガーから始まります。

表示されている「新しいメールが届いたとき(V3)」の中にある［詳細オプションを表示する］をクリックします。

展開した詳細オプションは、メール受信時のトリガーの起動条件を絞り込みする際に利用します(画面5-5)。「宛先」や「差出人」などを指定できます。ここ

画面5-4 ▶

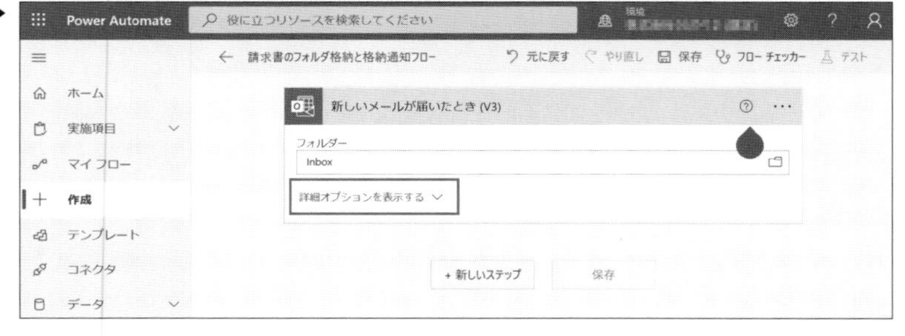

では、次の項目を設定します。設定内容は「件名に"請求書"が含まれて、かつ添付ファイルがあるメール」を意味します。

- [件名フィルター]：請求書
- [添付ファイル付きのみ]：はい

画面5-5▶

なお、「新しいメールが届いたとき(V3)」をクリックすると詳細画面を非表示にできます。

アクション「ファイルの作成」の設定

[＋新しいステップ]をクリックすると(画面5-6)、アクションを追加する画面が表示されます(画面5-7)。

画面5-6 ▶
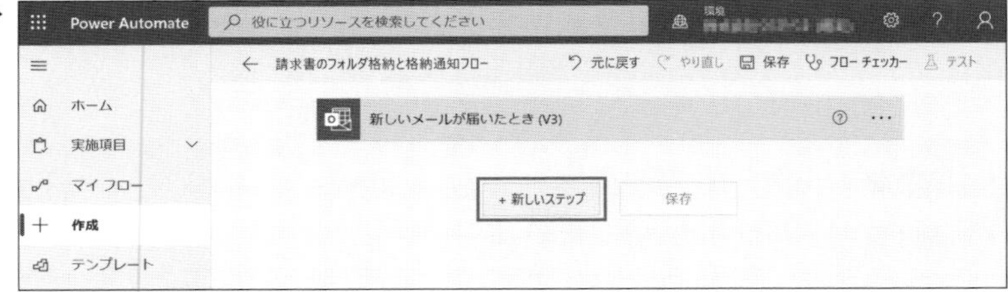

画面5-7 ▶

多くのサービスがあるので、検索バーに「ファイルの作成」と入力し、絞り込み表示されたアクション一覧から「ファイルの作成(SharePoint)」を選択し、表示されるアクション作成画面で実行する内容を設定していきます(画面5-8)。

画面5-8 ▶

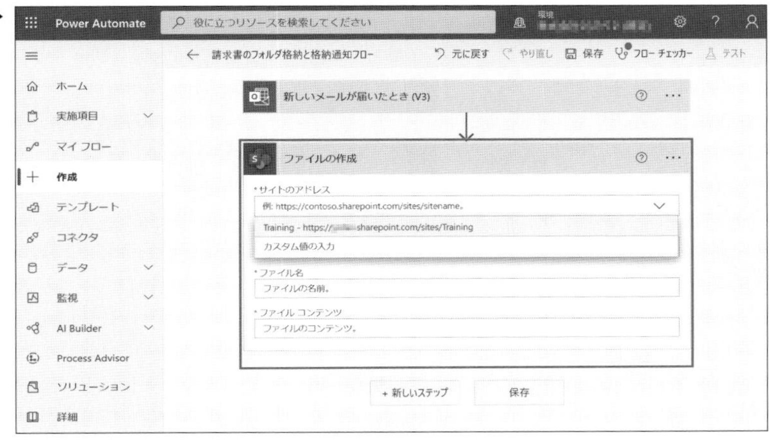

サイトのアドレス

Chapter 3-3「データの接続と利用」で作成したSharePointサイトのURL(p.48)を指定します。プルダウンで表示されるURLの一覧から[Training]を選択します(表示されない場合は[カスタム値の入力]で入力してください)。

フォルダのパス

「Shared Documents/Chapter05/作業場所/出力」を指定します。右側のフォルダアイコンをクリックして順に設定します。

ファイル名

入力欄をクリックすると[動的コンテンツ]画面が表示されるので、[新しいメールが届いたとき(V3)]⇒[添付ファイルの名前]を選択します。

Apply to each

[添付ファイルの名前]を指定すると、自動的に[Apply to each]というアクションが追加され、その中に[ファイルの作成]アクションが収納された形に変わります(画面5-9)。

画面5-9 ▶

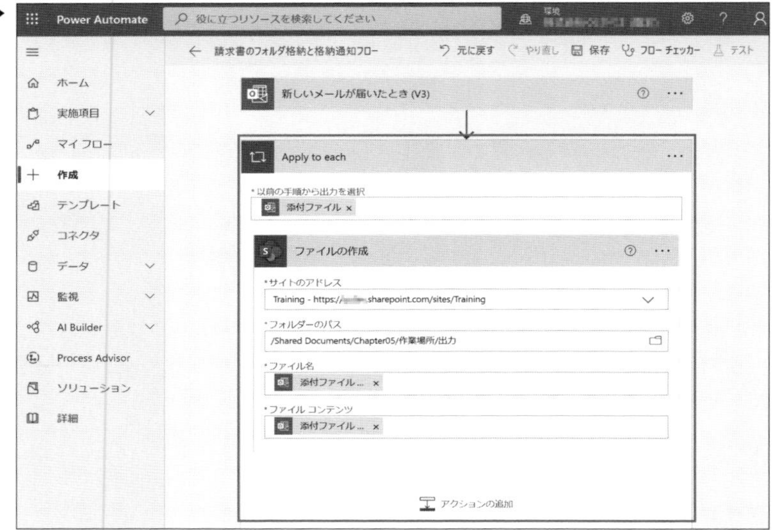

これは添付メールのファイル数は1個以上の可能性があるため、添付ファイルの数だけ[ファイルの作成]アクションを実行できるように、Apply to each(=指定したアクションを繰り返し実行する)というアクションを自動的に付けてくれた形です。ここで使用したアクション以外にも、入力値が複数想定される場合は自動的にApply to eachアクションが付けられます。

ファイルのコンテンツ

[ファイルの作成]アクションを再度展開し、編集を続けます。[ファイルコンテンツ]は、入力欄をクリック ⇒[動的コンテンツ]画面 ⇒[新しいメールが届いたとき(V3)]⇒[添付ファイルコンテンツ]を挿入します。

アクション「メールの送信」の設定

ファイルを格納したことをメールで通知するアクションを追加します。Apply to eachアクション内で[アクションの追加]をクリックします。

検索バーに「メールの送信」と入力して絞り込み表示されたアクション一覧からOffice 365 Outlookの「メールの送信(V2)」を選択します(画面5-10)。各項目は次のように設定していきます(画面5-11)。

画面5-10 ▶

画面5-11 ▶

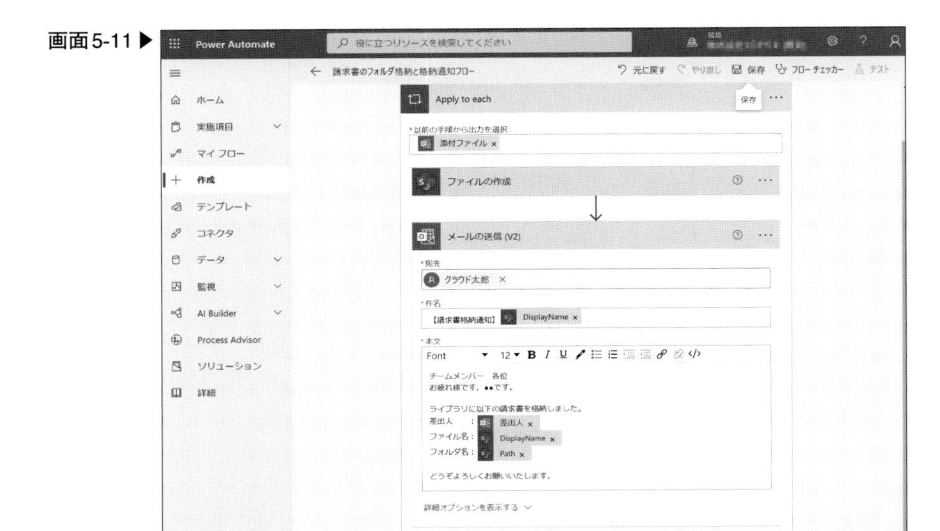

宛先

通知先はテスト用のため自分自身のメールアドレスを指定します。実際に業務で使用する場合は、通知対象の関係者の宛先を入力します。

件名

入力欄に「【請求書格納通知】」を入力して表示された[動的コンテンツ]画面 ⇒[ファイルの作成]⇒[DisplayName]（添付ファイル名）をクリックし挿入します。

本文

次のような内容を記述します。「差出人」「ファイル名」「フォルダ名」には[動的コンテンツ]から挿入します。

```
チームメンバー 各位
お疲れ様です。●●です。

ライブラリに以下の請求書を格納しました。
差出人　　：[新しいメールが届いたとき(V3)]⇒[差出人]
ファイル名：[ファイルの作成]⇒[DisplayName]
フォルダ名：[ファイルの作成]⇒[Path]
```

5-4　エラーチェックと動作確認

ここまでの手順でトリガーとアクションの定義が完了しました。最後に保存と潜在的なエラーチェックを実行して、問題なければ実行可能状態（有効化）にします。

フローチェッカー

フローチェッカーはフローに潜在的な問題や警告が含まれていないかチェックしてくれるツールです。保存後は必ずフローチェッカーをクリックし、問題や警告が0件であることを確認しましょう。[保存]⇒[フローチェッカー]の順にクリックし結果が0件であることを確認して[×]で編集画面に戻ります(画面5-12)。

画面5-12▶

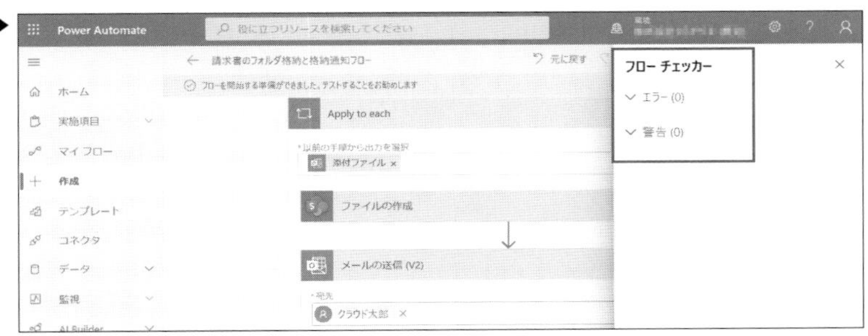

Chapter 5

フローの有効化

[テスト]⇒[手動]⇒[テスト]でフローを有効化します。これでフローが実行可能な状態になりました。

画面5-13▶

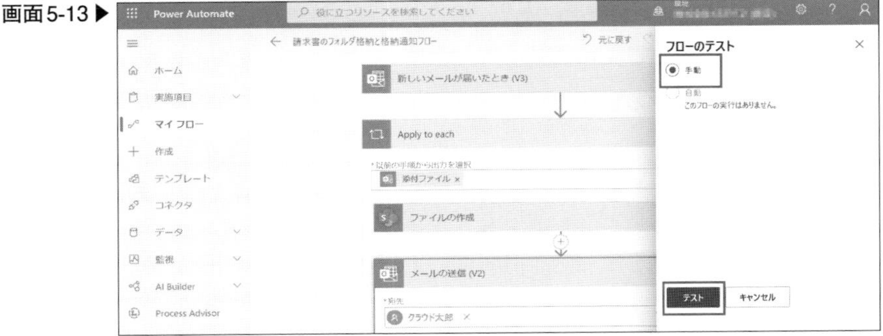

動作確認

実際に添付ファイル付きのメールを送信し、SharePointサイトの指定フォルダにデータが自動格納されるか動作確認をしましょう。

Outlookでメール送付

［アプリ起動ツール］⇒［Outlook］⇒［新しいメッセージ］でメールを作成して［送信］します（画面5-14）。トリガーの起動条件を満たすように、メールの件名には「請求書」を入力し、「添付ファイル」にはファイルを1つ以上添付してください。

画面5-14 ▶

Power Automateで実行確認

別タブで開いているPower Automateの画面に戻ります（画面5-15）。Power Automateでは、トリガーとアクションがどのように動いたのかなど、実行内容の詳細を確認できます。作成したフローが正常に完了すると、「ご利用のフローが正常に実行されました。」と表示されます。

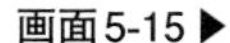

画面5-15▶

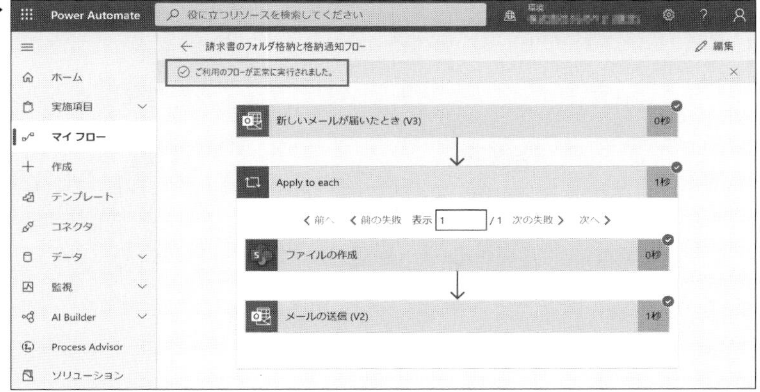

添付ファイルの格納確認

［アプリ起動ツール］⇒［SharePoint］⇒［Trainingサイト］の格納フォルダを開き、メールの添付ファイルがあることを確認します（画面5-16）。

画面5-16▶

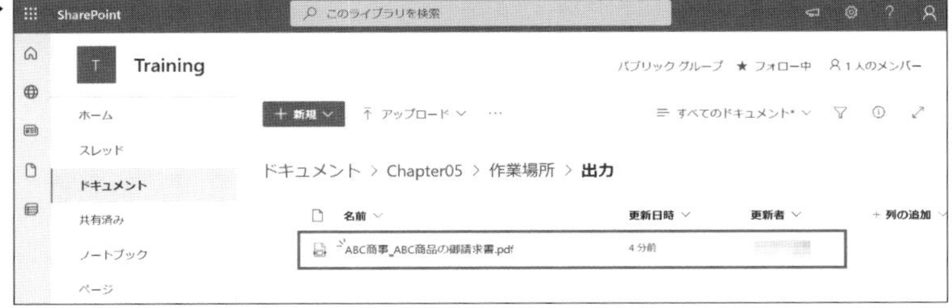

5-5　業務で利用するには

本章で紹介したフローを業務で利用する場合は、以下の簡単なカスタマイズが必要になります。受信するメールや添付ファイルなどの業務利用状況を踏まえた対応が必要です。

ファイル名の命名や制限

すでに存在するファイル名と同じ名前のファイルを作成しようとすると、フロー実行時にエラーが発生します。そのため、同じ名前のファイルを受信する可能性がある場合は、「ファイルの作成」アクションの「ファイル名」に受信した年月日を追記するなど、ファイル名を一意な名称にする対応が必要です。また、ファイル名は400文字以内とし、SharePointで禁則文字に指定されている「" * : < > ? / \ |」などはファイル名に指定しないようにしてください。

添付ファイルの振分フォルダを複数定義

メール受信時の添付ファイルの振分けフォルダを複数用意する場合は、本フローを名前を付けて保存し、複製して別フォルダを設定します。または、[新しいメールが届いたとき(V3)]の動的コンテンツにある差出人をもとにスイッチと呼ばれる分岐アクションを用いて、差出人の評価と、差出人に基づくフォルダの振分けを行うなどカスタマイズが必要です。

Chapter 6 データ情報集約・可視化アプリ

分類 自分の業務を便利にするアプリ

使用するサービス [Power BI] [Excel] [SharePoint]

売上や費用のデータを集計・可視化することは、消費者動向や経費削減ポイントを探るうえで非常に重要ですが、複数にわたる拠点からそれらを集めて最新の状態に更新していくのは大変です。本章ですべて自動化してしまいましょう。

6-1 作成するアプリの概要

本章では、複数の営業拠点からSharePointに保存されたExcelファイルに売上・費用などの収益に関するデータを書き込み、その内容を全店舗分集約し可視化させ、さらに任意の頻度で自動更新するアプリを作成します（図6-1）。複数の営業拠点からデータを集めて手作業で結合をしている方や、データが更新されるたびに新しいレポートなどを作成している方におすすめです。

Power BI

本章のアプリでは、Power BIを使用します。Power BIはPower PlatformのBIツールで、「Power BI Desktop」「Power BI Service」「Power BI モバイル」の3つから構成されています。

Power BI Desktop

PCに無料でダウンロードして使用できるサービスです。Office 365やDynamics 365などのMicrosoft製品はもちろんのこと、他社の製品も合わせて数百ものデータソースにアクセスできます。また、「Power Queryエディター」を使ってデータの取り込みから変換、結合、強化までを行うことができます。そのため、レポートの作成を始める際は、まずPower BI Desktopを開いて作業を開始するケースが多いです。

▼図6-1：データ情報集約・可視化アプリ

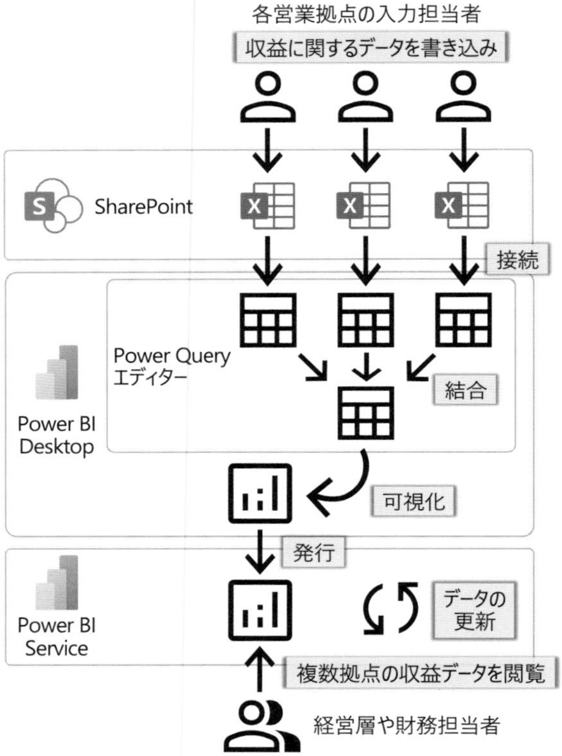

Power BI Service

Power BIのクラウドサービスです。変換などの手を入れる必要のないデータを用いたレポートの作成やダッシュボードの作成が可能です。もっとも重要なのは、レポートやダッシュボードを他者と共有することができる機能です。ワークスペースと呼ばれるグループを作成して、必要なメンバーに権限を割り振り、協働を促進します。

例えば、営業部門ワークスペースと管理部門ワークスペースを作成し、それぞれで異なるメンバーを招待、必要な情報のみが入ったレポートを共有することで、情報の管理を強化できます。同じ会社内であっても、ワークスペースの一員でなければ、ワークスペース内のレポートなどを閲覧することはできないためです。

注意が必要なのは、Power BI Serviceで他者とレポートなどを共有する場合、「Power BI Pro」と呼ばれる有料のライセンスが必要な点です（Appendixで解説するOffice 365試用版にPower BI Proが含まれています）。

Power BI モバイル

その名の通りAndroidやiOSに対応した無料アプリです。レポートやダッシュボードの閲覧に特化しており、外出先からでもタイムリーに情報を取得できます。Power BI Serviceでダッシュボードを作成する際は、モバイル用の見た目を作成することが可能です。

6-2 環境を準備する

使用するExcelファイル

架空の3店舗（港店、名古屋店、四日市店）の収支データ（Excelファイル）を使用します（**画面6-1**）。Excelファイルは本書サポートページ[注1]からダウンロードが可能です。Excelファイルは、簡易的に収支を記録したもので、項目を変更することも可能です。ただし、複数店舗のファイルを最終的に結合するため、すべての店舗の項目を統一する必要があります。

SharePointの準備

Excelファイルの保存先としてSharePointを使用します。新たにSharePointサイト「収益分析」を作成してください[注2]。このとき、グループメールアドレスとサイトアドレスは「revenue.analysis」とします。作成できたら「ドキュメント」の直下に3店舗分のExcelファイルを格納します（**画面6-2**）。これで参照するデー

注1）URL https://gihyo.jp/book/2022/978-4-297-13004-6/support
注2）SharePointサイトの作成方法はChapter 3-3「データの接続と利用」（p.39）を参照してください。

タの準備は完了です。

画面6-1▶

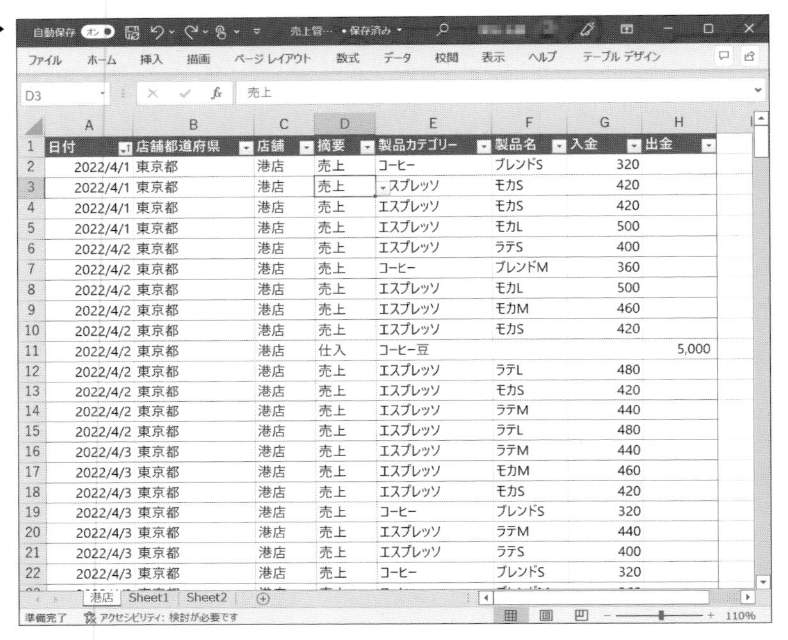

	日付	店舗都道府県	店舗	摘要	製品カテゴリー	製品名	入金	出金
2	2022/4/1	東京都	港店	売上	コーヒー	ブレンドS	320	
3	2022/4/1	東京都	港店	売上	エスプレッソ	モカS	420	
4	2022/4/1	東京都	港店	売上	エスプレッソ	モカS	420	
5	2022/4/1	東京都	港店	売上	エスプレッソ	モカL	500	
6	2022/4/2	東京都	港店	売上	エスプレッソ	ラテS	400	
7	2022/4/2	東京都	港店	売上	コーヒー	ブレンドM	360	
8	2022/4/2	東京都	港店	売上	エスプレッソ	モカL	500	
9	2022/4/2	東京都	港店	売上	エスプレッソ	モカM	460	
10	2022/4/2	東京都	港店	売上	エスプレッソ	モカS	420	
11	2022/4/2	東京都	港店	仕入	コーヒー豆			5,000
12	2022/4/2	東京都	港店	売上	エスプレッソ	ラテL	480	
13	2022/4/2	東京都	港店	売上	エスプレッソ	モカS	420	
14	2022/4/2	東京都	港店	売上	エスプレッソ	ラテM	440	
15	2022/4/2	東京都	港店	売上	エスプレッソ	ラテL	480	
16	2022/4/3	東京都	港店	売上	エスプレッソ	ラテM	440	
17	2022/4/3	東京都	港店	売上	エスプレッソ	モカM	460	
18	2022/4/3	東京都	港店	売上	エスプレッソ	モカS	420	
19	2022/4/3	東京都	港店	売上	コーヒー	ブレンドS	320	
20	2022/4/3	東京都	港店	売上	エスプレッソ	ラテM	440	
21	2022/4/3	東京都	港店	売上	エスプレッソ	ラテS	400	
22	2022/4/3	東京都	港店	売上	コーヒー	ブレンドS	320	

画面6-2▶

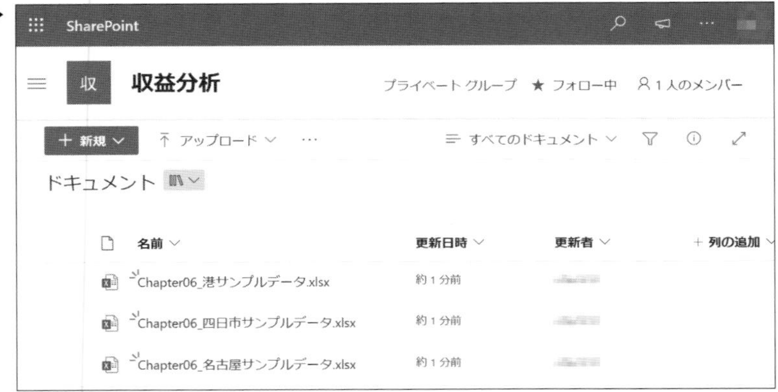

Power BI Desktopをセットアップする

ダウンロード

Power BI Desktopを実行するPCの要件は表6-1のとおりです。

▼表6-1：Power BI Desktopを実行するPCの要件

項目	要件
対象のOS	Windows 8.1以降（macOSは対象外）
メモリ（RAM）	2GB以上使用可能、4GB以上を推奨
ディスプレイ	1440×900以上または1600×900（16：9）が必要

要件の詳細やダウンロード手順は次のWebページを参照ください。

- Power BI Desktopの取得
  URL https://docs.microsoft.com/ja-jp/power-bi/fundamentals/desktop-get-the-desktop

Microsoft Storeからダウンロードする場合は、Microsoft Storeで「Power BI」を検索し、検索結果から「Power BI Desktop」を選択します（画面6-3）。[入手]でダウンロードを開始します。

ダウンロードが完了すると[入手]ボタンが[開く]に変わります。そこからPower BI Desktopを起動します（画面6-4）。

サインイン

ここでは、Appendix 1「アプリ開発環境の準備」で紹介したOffice 365試用版のメールアドレスとパスワードでPower BI Desktopにサインインしてください。以降のPower BI Serviceとの連携がスムーズに進みます。

Power BI Desktop画面の右上にある[サインイン]からOffice 365試用版のメールアドレスを入力して[続行]します。

使用しているPCで、すでに会社のOffice 365アカウントでサインインをしている場合は、[＋別のアカウントを使用する]で先に進みます。

画面6-3 ▶

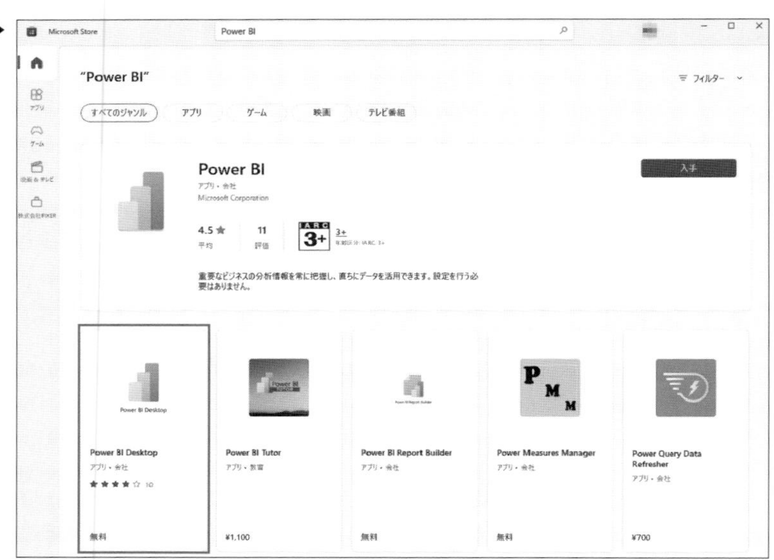

画面6-4 ▶

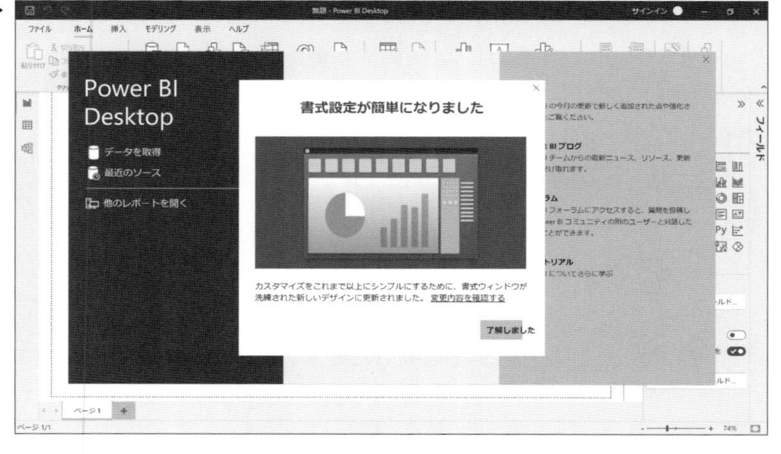

Power BI Serviceを設定する

Power BI Desktopで作成したレポートを共有するためのPower BI Serviceのワークスペースを作成します。Office 365の[アプリ起動ツール]⇒[すべてのアプリ]⇒[Power BI]をクリックして起動します(画面6-5、6-6)。

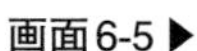
画面6-5 ▶

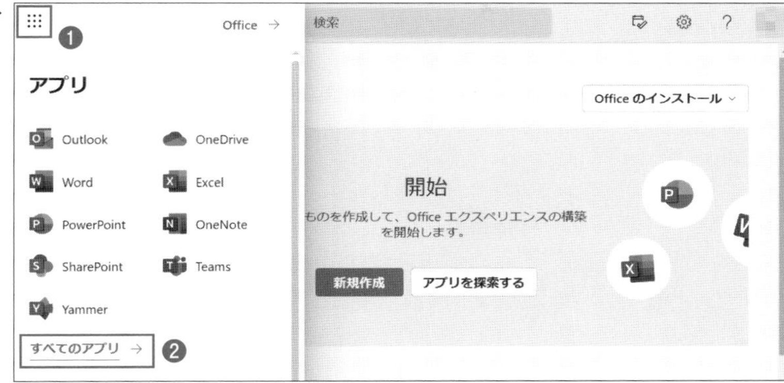

画面6-6 ▶

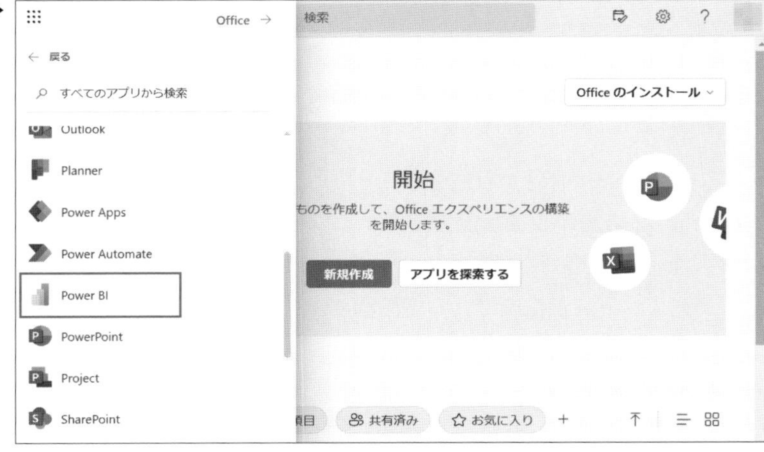

初めてPower BI Serviceを起動したときには、さまざまなポップアップが出る場合がありますが、すべて閉じてしまって問題ありません。

ワークスペースの作成

ワークスペースの作成は[ワークスペース]⇒[ワークスペースの作成]で進めます(画面6-7)。

画面6-7▶

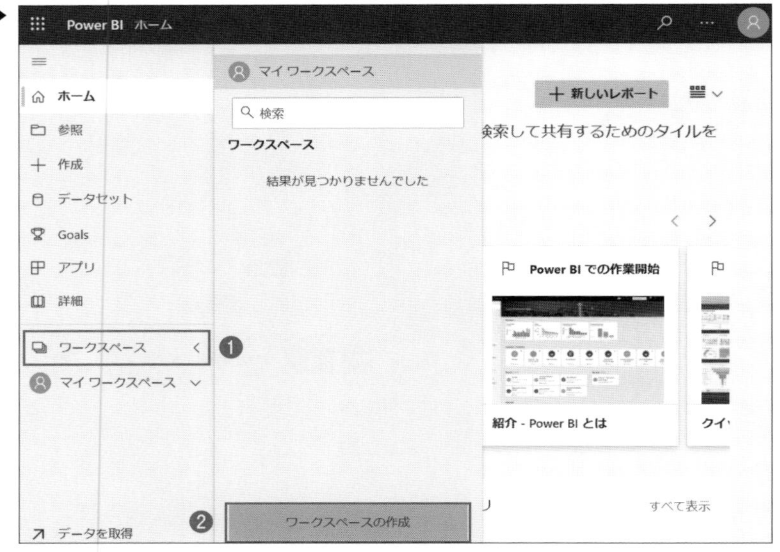

ワークスペースには次の内容を入力して[保存]してください(画面6-8)。

- 「ワークスペース名」：収益分析
- 「説明」：3店舗の収益状況を確認するワークスペースです。

ワークスペースが作成できると画面6-9のような画面になります。

アクセス権限の付与

このままだと作成したワークスペースは本人しか見ることができません。[アクセス]をクリックして必要なユーザーにアクセス権を付与してください。

ワークスペースのアクセス権限には、上位から順に「管理者」「メンバー」「共同作成者」「ビューワー」の4つの種類があります(表6-2)。

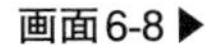
画面6-8 ▶

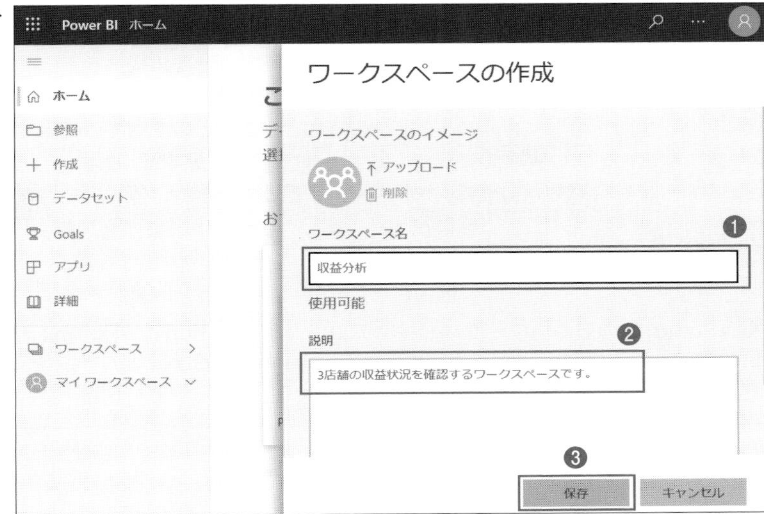

画面6-9 ▶

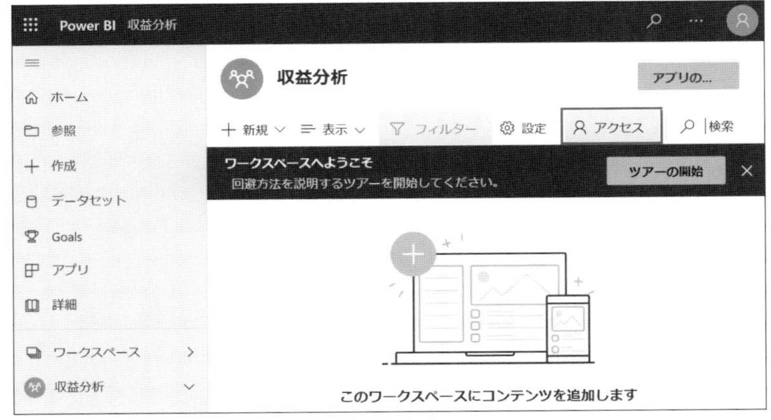

Chapter 6

▼表6-2：ワークスペースのアクセス権限

種類	権限（一部抜粋）
管理者	ワークスペース自体の更新や削除、管理者を含むすべてのユーザーの追加と削除などのすべての権限
メンバー	メンバー以下の権限を持つユーザーの追加、レポートやダッシュボードなどの共有
共同作成者	ワークスペースへのレポートの公開と削除、レポートのコピー
ビューワー	レポートやダッシュボードなどの表示と操作

※「Power BIの新しいワークスペースのロール」（URL https://docs.microsoft.com/ja-jp/power-bi/collaborate-share/service-roles-new-workspaces）

6-3 Excelのデータを取り込む

本節では「データ情報集約」の部分を進めていきます。Power BIを用いてデータを可視化するとき、もっとも重要なのが可視化するデータを整備するフェーズです。

Power BIとSharePointを接続する

先ほど結合するExcelファイル（3つ）をSharePointに格納しました。それらのExcelファイルとPower BIを接続します。

Power BI Desktopを起動して、［データを取得］⇒［詳細...］をクリックします（画面6-10）。

Power BIと接続できるさまざまなサービスが表示されるので、検索バーに「sharepoint」と入力して、絞り込まれた候補から［SharePoint フォルダー］⇒［接続］と進めます（画面6-11）。

次にSharePointのサイトURLを入力する必要があるので、ブラウザでSharePointサイト「収益分析」を開いてURLをコピーします。URLはChapter 6-2「環境を準備する」－「SharePointの準備」で設定した「https://サイト名*.sharepoint.com/sites/revenue.analysis*」です（画面6-12）。

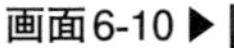
画面6-10 ▶

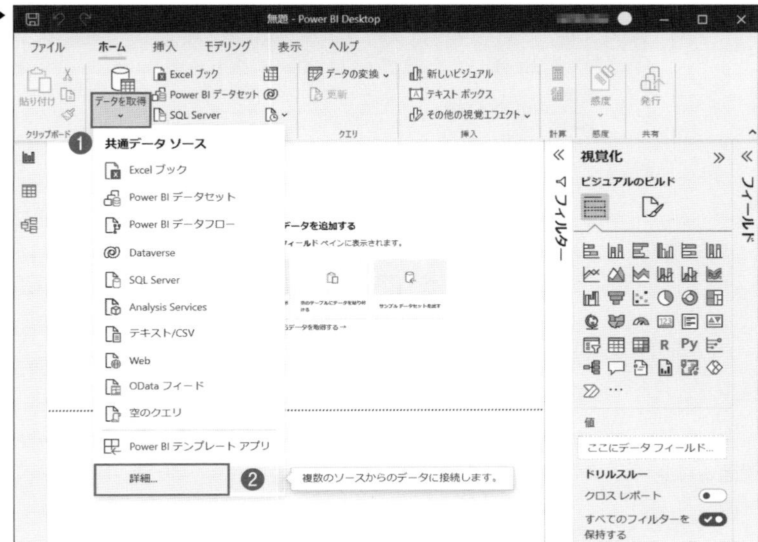
無題 - Power BI Desktop
ファイル
ホーム
挿入
モデリング
表示
ヘルプ
貼り付け
データを取得
Excel ブック
Power BI データセット
SQL Server
データの変換
更新
新しいビジュアル
テキスト ボックス
その他の視覚エフェクト
感度
発行
クリップボード
クエリ
挿入
計算
感度
共有
共通データ ソース
Excel ブック
Power BI データセット
Power BI データフロー
Dataverse
SQL Server
Analysis Services
テキスト/CSV
Web
OData フィード
空のクエリ
Power BI テンプレート アプリ
詳細...
複数のソースからのデータに接続します。
データを追加する
フィールド ペインに表示されます。
視覚化
ビジュアルのビルド
フィルター
フィールド
値
ここにデータ フィールド...
ドリルスルー
クロス レポート
すべてのフィルターを保持する

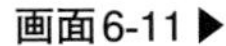
画面6-11 ▶

データを取得
sharepoint
すべて
ファイル
オンライン サービス
その他
すべて
SharePoint フォルダー
SharePoint Online リスト
SharePoint リスト
認定コネクタ
テンプレート アプリ
接続
キャンセル

画面6-12▶

Power BI Desktopに戻ってコピーしたURLを「サイトURL」に貼り付けて[OK]します（画面6-13）。

画面6-13▶

画面中央左のタブを[Microsoftアカウント]にして[サインイン]してください（画面6-14）。

画面6-14▶

サインインが完了すると「現在、サインインしています。」と表示されます（画面6-15）。該当するSharePointサイトのURLを選択して[接続]します。

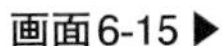
画面6-15▶

データを変換する

画面6-16でName列(左から2列目)が格納したファイル名であることを確認して[データの変換]をクリックします。

画面6-16▶

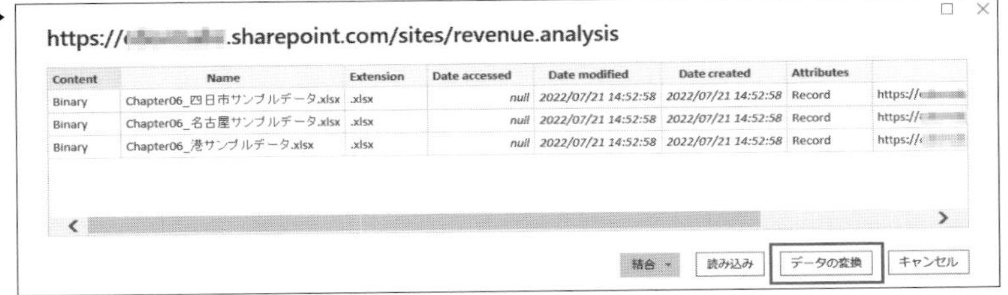

新しいウィンドウで「Power Queryエディター」が起動します。SharePointに使用するExcelファイルのみを格納している場合は3行表示されます(画面6-17)。Name列が「Chapter06_港サンプルデータ.xlsx」の[Binary]をクリックすると、画面6-18のような画面に切り替わります。

画面6-18にはExcelファイル内のすべてのシートとテーブルが表示されています。Kind列が「Sheet」になっているものがExcelのシートで、「Table」になっているものがテーブルです。使用するのはExcelのテーブルなので、Kind列が「Table」になっている行のData列の「Table」をクリックすると、画面6-19が表示されます。

画面6-17▶

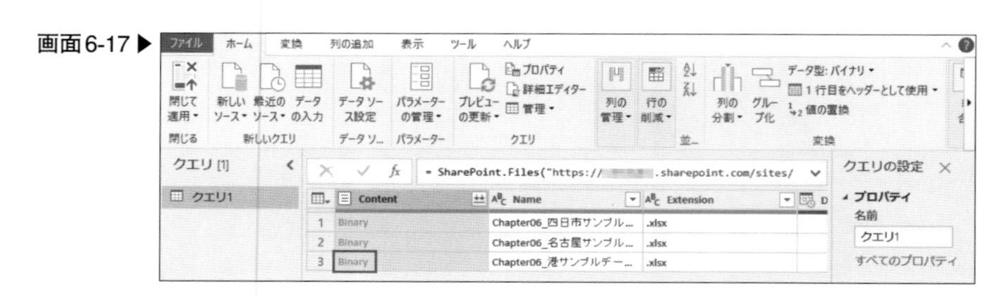

画面6-18▶

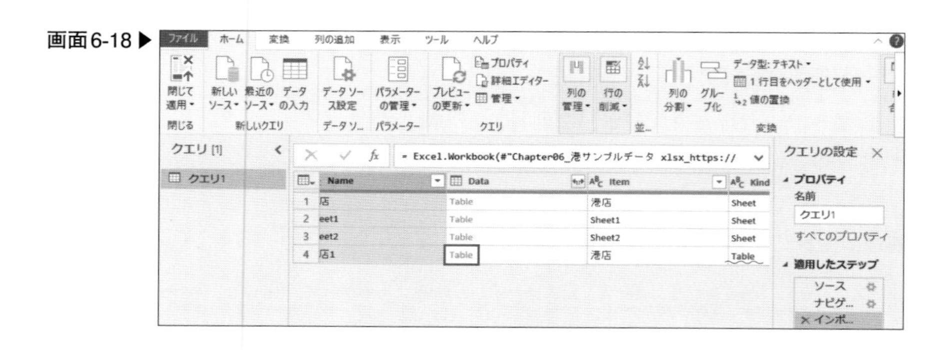

画面6-19▶

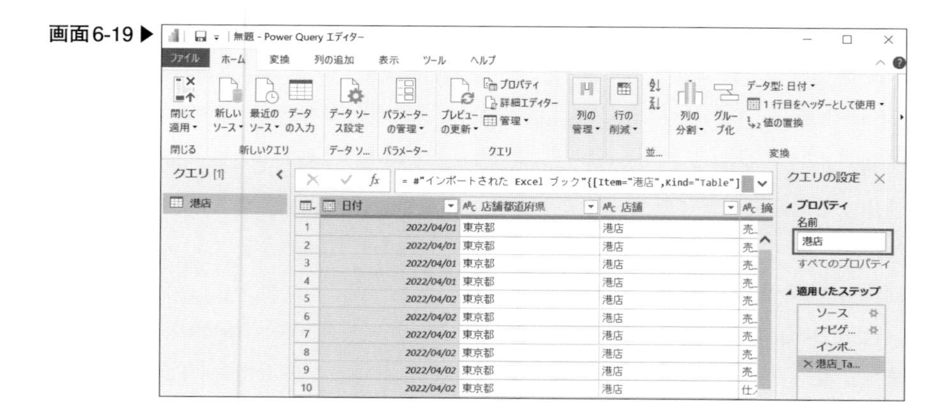

画面6-19の「クエリの設定」タブ内にある「名前」を任意の名前に変更します。ここでは「港店」に変更しました注3。1店舗分の接続はこれで完了です。

注3）この名前は、変更しなくても大きな問題にはなりませんが、今後Power BI Desktopでレポートを作成する際にテーブルの表示名となるため、わかりやすい名前に変更することをおすすめします。

残り2店舗のExcelデータの取り込み

残り2店舗分(四日市店、名古屋店)も同様に、Power BIと接続してデータを変換してください。なお、[最近のソース]⇒ SharePointサイト「収益分析」のURLをクリックすると、接続までの手順を一部省略できます(画面6-20)。画面6-16から画面6-19までの手順を残り2店舗分行ってください。

画面6-20 ▶

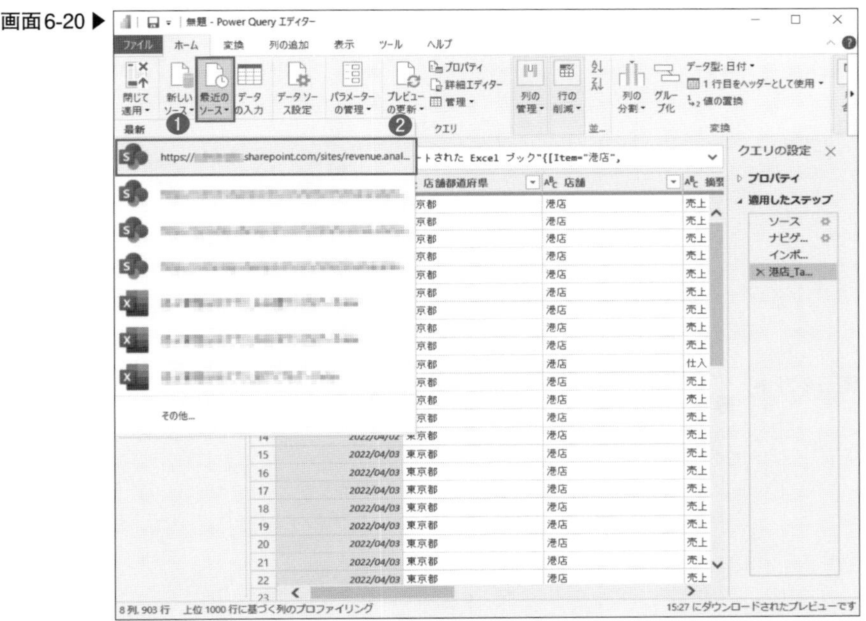

これで3店舗分のデータ接続が完了しました。次項でも引き続きPower Queryエディターを使用するので、画面はそのままで進めます。

複数の営業拠点のデータを結合する

接続した3つのテーブルを1つに結合します注4。[結合]⇒「クエリの追加」の右隣[▼]⇒[クエリを新規クエリとして追加]をクリックします(画面6-21)。

注4) 3つのテーブルをカスタマイズしている場合は、列が3店舗分とも同じであることを再度確認してください。列の構成が異なる場合、以降の手順でエラーが発生する場合があります。

［3つ以上のテーブル］を選択して「利用可能なテーブル」から各テーブルを選択して［追加］して［OK］します（画面6-22）。

新たなテーブル「追加1」が作成されるので、「クエリの設定」タブで任意の名前に変更します。ここでは「3店舗合計」に変更します（画面6-23）。

画面6-21▶

画面6-22▶

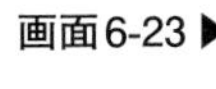

画面6-23▶

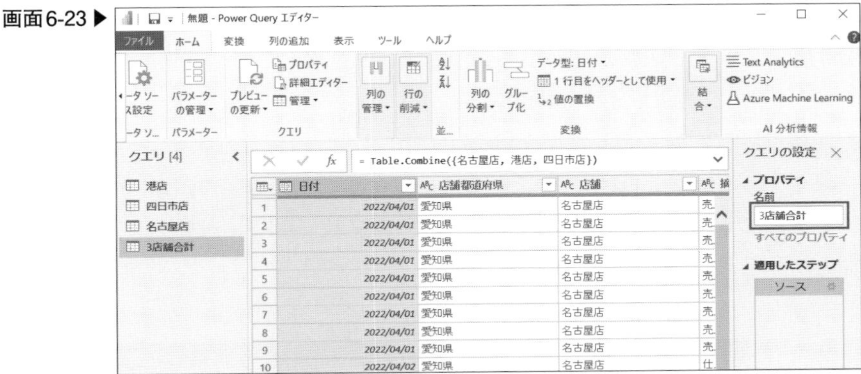

これでテーブルの結合は完了です。画面左上の[閉じて適用]⇒[閉じて適用]で変更内容をPower BI Desktopに反映するとともにPower Query エディターを閉じます。

データ型を定義する

さきほど結合したテーブル(3店舗合計)のうち「入金」と「出金」をお金(日本円)としてデータ型を定義します。

前項でPower Query エディターを[閉じて適用]した**画面6-24**の状態で、画面左端の[データ]をクリックします。

画面6-24▶

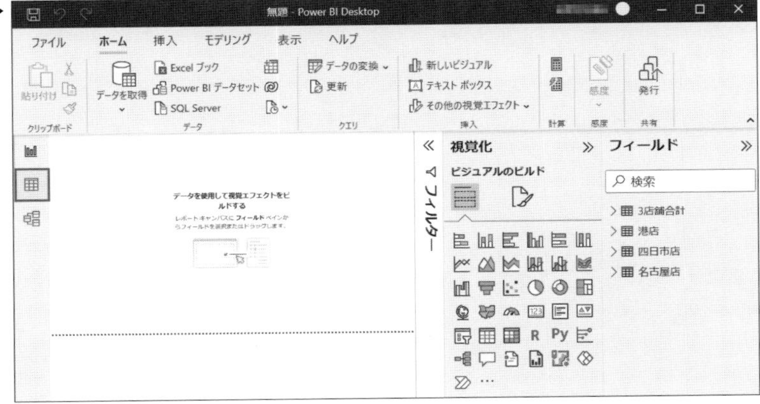

画面が切り替わるので、画面右の「フィールド」の[3店舗合計]をクリックして3店舗合計テーブルを表示します。「入金」列を選択して「＄」横の[v]⇒[¥ 日本語(日本)]を選択します(画面6-25)。

同様に「出金」列もデータ型を[¥ 日本語(日本)]に変更します。

終了すると画面6-26のように入金列・出金列ともに数字の頭に「¥」が付きます。次節でレポートの作成に入るため、画面左端[レポート]をクリックして画面を切り替えておきます。

画面6-25 ▶

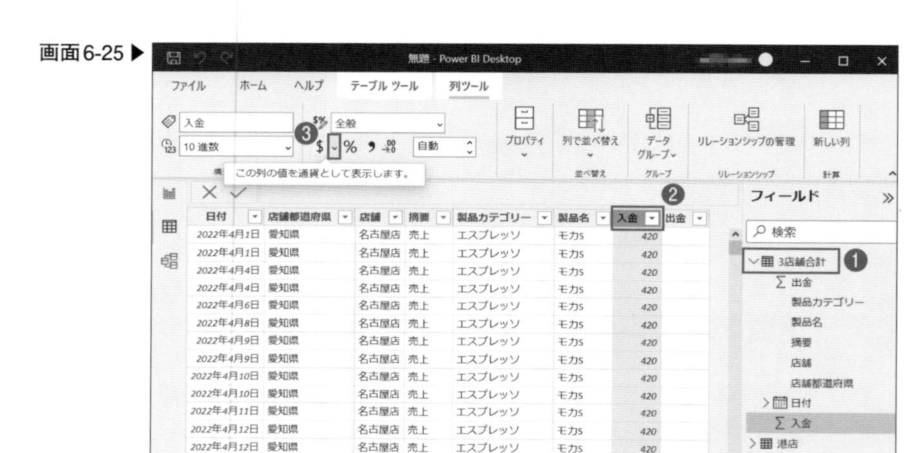

画面6-26 ▶

6-4 Power BIのレポートで可視化する

前節で取り込んで結合したテーブルをもとにレポートとして可視化します。

Power BI Desktopでレポートを作成する際に必要な操作部分を説明します。画面6-27と画面6-28の各項目を表6-3にまとめます。

画面6-27 ▶

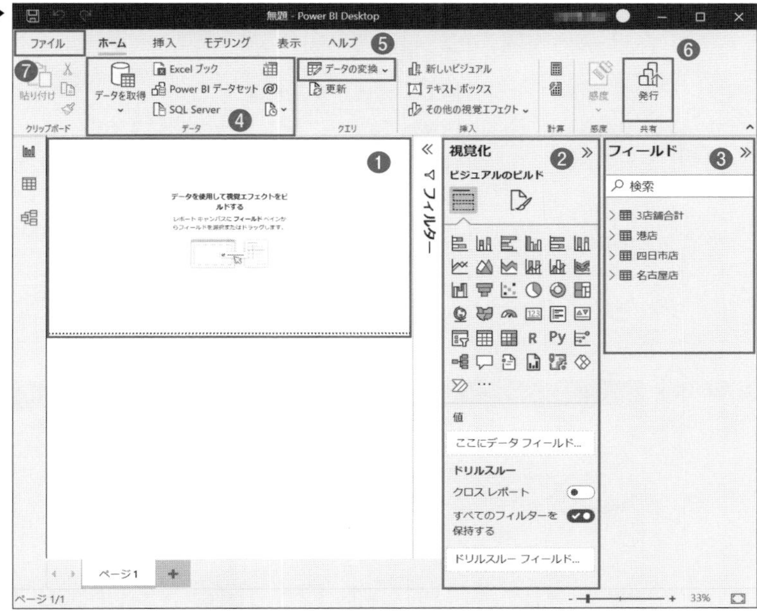

画面6-28 ▶

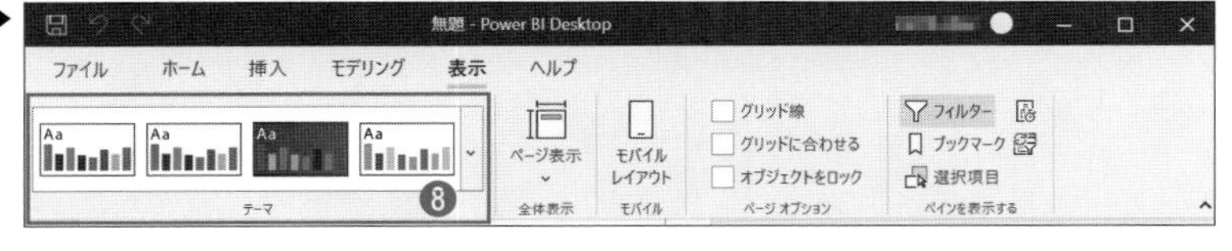

Power BI Desktopでは画面6-29のようなレポートを作成することができます。なお、画面6-29はあくまでレポートの一例であり、作成したレポートの見た目が違っても、以降の手順に影響はありません。

▼表6-3：Power BI Desktopの操作部分（画面6-27、画面6-28）

箇所	項目名	説明
①	レポートキャンバス	レポートの中で作成した表やグラフなど（ビジュアルと呼びます）が配置される。ドラッグ&ドロップで表やグラフを移動／サイズ変更できる
②	視覚化ペイン	表やグラフなどの種類を選択する。①レポートキャンバスで編集できるビジュアルの位置やサイズを数値で変更することもできる
③	フィールドペイン	接続をしたデータのテーブルが一覧として表示される。テーブル名をクリックすると、テーブル内の列一覧が展開される
④	データ	新しくデータを接続する
⑤	データの変換	Power Query エディターを起動する
⑥	発行	作成したレポートを、Power BI Serviceで社内やチームのメンバーに共有する
⑦	ファイルリボン	レポートを保存したり、Power BI Desktopの設定などが行えたりする
⑧	テーマ	レポート全体のテーマ色を変更する（画面6-27の［表示］をクリックして表示）

画面6-29▶

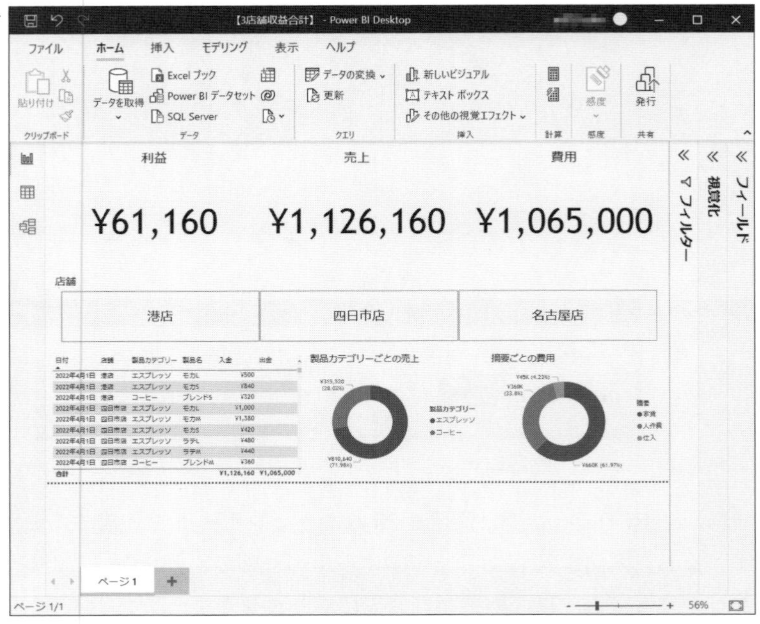

また、レポート作成においては、色味や細かい部分の図示などがあるとイメージがしやすいため、作成手順は本書サポートページ注5からダウンロードしてください。

6-5 Power BI Serviceで共有する

作成したレポートをチームメンバーと共有します。さらに、クラウド上にレポートをあげることで、同じくクラウドサービスであるSharePointとの接続の親和性が高まり、データの自動更新を設定できるようになります。

Power BI Serviceにレポートを共有する

作成したPower BI Serviceのワークスペースにレポートを共有します。Power BI Desktopの[ホーム]⇒[発行]をクリックします(上書き保存がまだの場合は「変更を保存しますか？」と表示されるので[保存]してください)。

「Power BIへ発行」が表示されたら、ワークスペース名[収益分析]を[選択]します(画面6-30)。

画面6-30 ▶

Power BI へ発行

宛先を選択してください

検索

マイワークスペース ❶

収益分析

❷ 選択 キャンセル

注5) URL https://gihyo.jp/book/2022/978-4-297-13004-6/support

多少時間を要する場合がありますが、発行が完了すると画面6-31が表示されます。[Power BIで'3店舗収益合計.pbix'を開く]をクリックすれば、Power BI Serviceに発行されたレポートを確認できます。

画面6-31 ▶

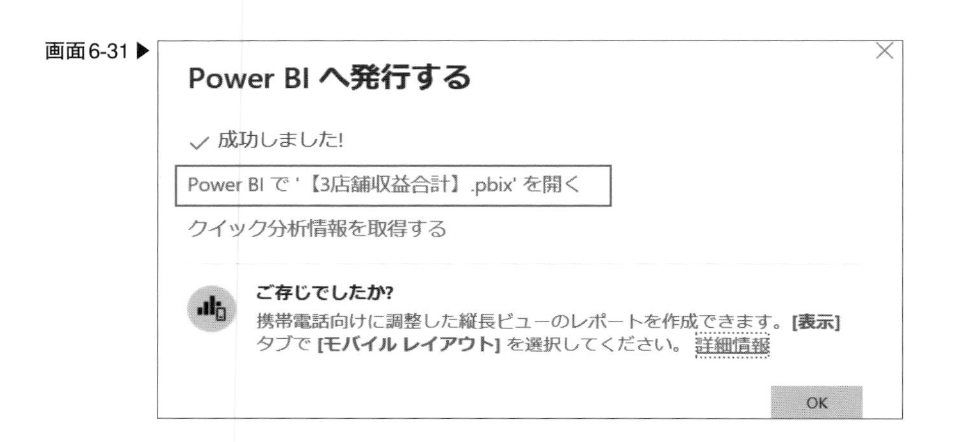

更新のスケジュールを設定する

最後に、Power BI Service上で更新のスケジュールを設定します。前項までの一連の手順により、各店舗の担当者がSharePoint上のExcelで売上や費用を入力し、それが結合されてデータが可視化されるまでに至りました。ただ、随時Excelを更新しても現状のままではPower BIのレポートには反映されないので、その部分を解決します。

Power BI Serviceトップ画面 ⇒[ワークスペース]⇒ワークスペース名[収益分析]をクリックします(画面6-32)。

画面6-32 ▶

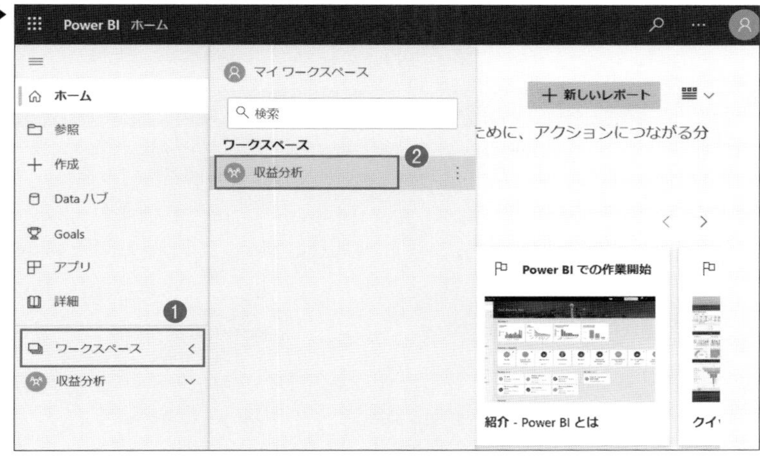

「3店舗収益合計」が2つあるので、オレンジ色の円柱型のマーク(型がデータセット)の[更新のスケジュール設定]をクリックします(画面6-33)。

画面6-33 ▶

さらに[スケジュールされている更新]をクリックします(画面6-34)。

画面6-34 ▶

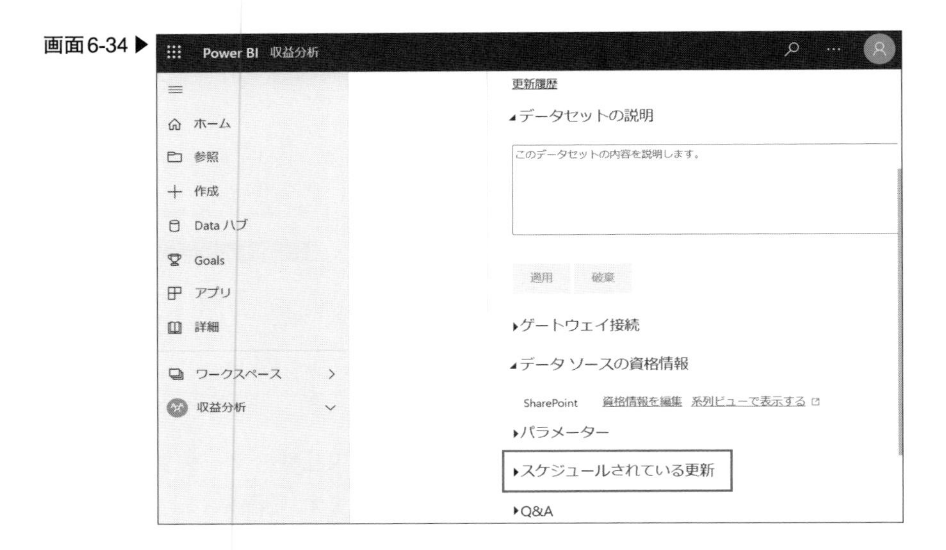

デフォルトではスケジュールされている更新はオフになっているため「オン」に変更します。更新の頻度は任意で設定し、タイムゾーンが「(UTC + 09:00) 大阪、札幌、東京」となっていることを確認します。時刻は[別の時刻を追加]をクリックし、12時間表示で、「時間・分・AMまたはPM」の順に任意で設定します。更新が失敗した場合の連絡先は、「更新失敗に関する通知の送信先」で設定できます。

たとえば、更新頻度「毎日」、時刻「5:00 AM」、[適用]で設定することも可能です(画面6-35)。

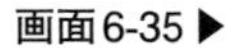
画面6-35▶

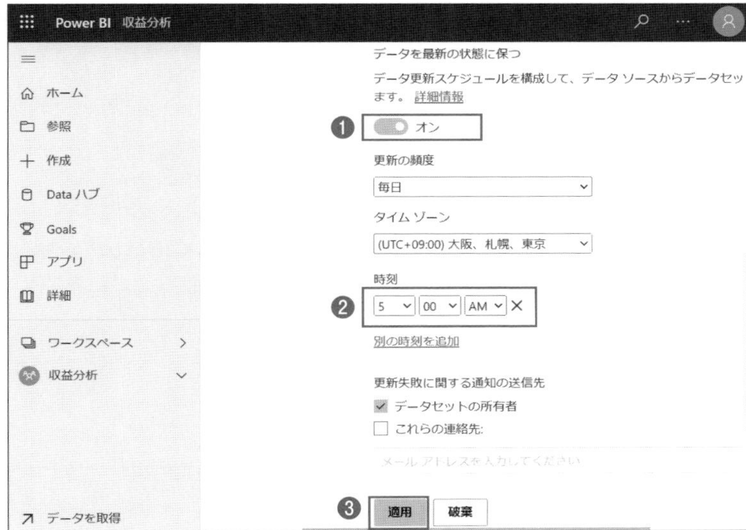

Chapter 6

Chapter 7 帳票出力アプリ

分類 自分の業務を便利にするアプリ

使用するサービス [Power Automate] [Word] [Excel] [SharePoint]

一つ一つデータを手入力して帳票を出力していくのは大変です。本章ではデータソースとして請求情報のExcelファイルを想定し、請求書PDFが自動で出力されるフローを組みます。

7-1 作成するアプリの概要

本章では、WordファイルとPower Automateのクラウドフローを用いて、さまざまなデータソースのデータをあらかじめ定めたフォーマット(ひな形)に転記し、転記した書類ファイルをSharePointに自動保存するアプリを作成します(図7-1)。ひな形はWordファイルから数ステップで作成できます。また、Power AutomateではDataverseやSharePointのリストなど多くのデータソースに対応していますが、本章ではExcelファイルのテーブルを使用します。

なお、本章で使うWordテンプレート(ひな形)は「クラウドフローから値が埋め込めるように加工したdocxファイル」という意味で使用しており、dotxファイル(Wordテンプレート)ではありません。

▼図7-1：帳票出力アプリ

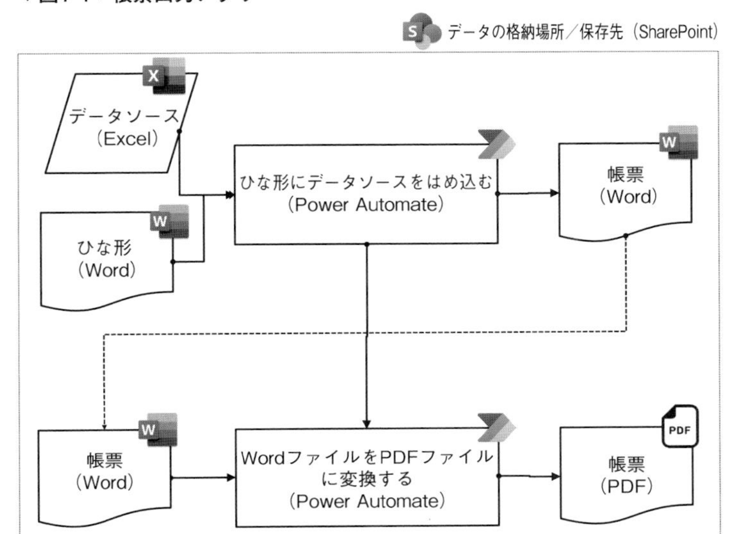

7-2　データソース(Excel)を用意する

データソースとなるExcelデータの事前準備をします。本書サポートページ[注1]から「Chapter07_サンプルデータ.xlsx」をダウンロードしてください(画面7-1)。

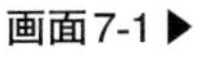
画面7-1 ▶

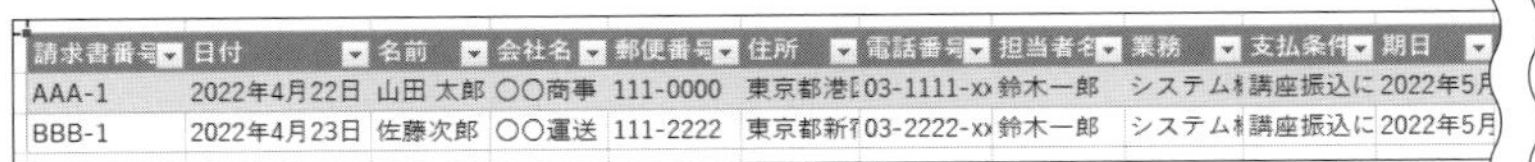

請求書番号	日付	名前	会社名	郵便番号	住所	電話番号	担当者名	業務	支払条件	期日
AAA-1	2022年4月22日	山田 太郎	○○商事	111-0000	東京都港[	03-1111-xx	鈴木一郎	システム林	講座振込に	2022年5月
BBB-1	2022年4月23日	佐藤次郎	○○運送	111-2222	東京都新	03-2222-xx	鈴木一郎	システム林	講座振込に	2022年5月

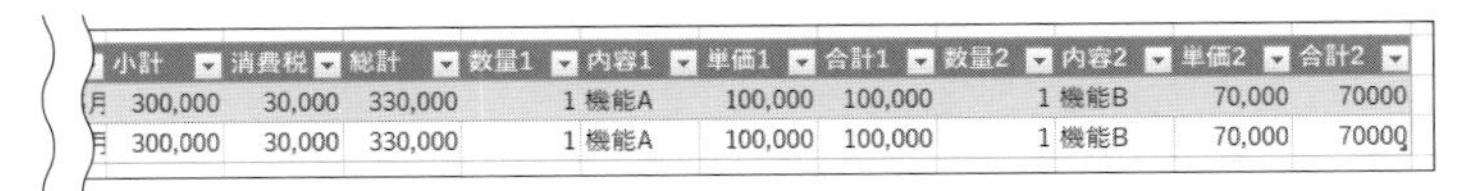

小計	消費税	総計	数量1	内容1	単価1	合計1	数量2	内容2	単価2	合計2
300,000	30,000	330,000	1	機能A	100,000	100,000	1	機能B	70,000	70000
300,000	30,000	330,000	1	機能A	100,000	100,000	1	機能B	70,000	70000

注1）URL https://gihyo.jp/book/2022/978-4-297-13004-6/support

Excelファイルを Power Automate で操作する際の注意

Excelファイルを Power Automate で読み込んで操作するには、Excelファイルにテーブル書式設定を行う必要があります。Excelファイルを開いてテーブルを挿入します。このとき、「先頭行をテーブルの見出しとして使用する」にチェックを入れてください(画面7-2)。Power Automate からこのテーブルを読み込むときに、ここで設定した見出しを使って値を割り当てていくことになります。

画面7-2 ▶

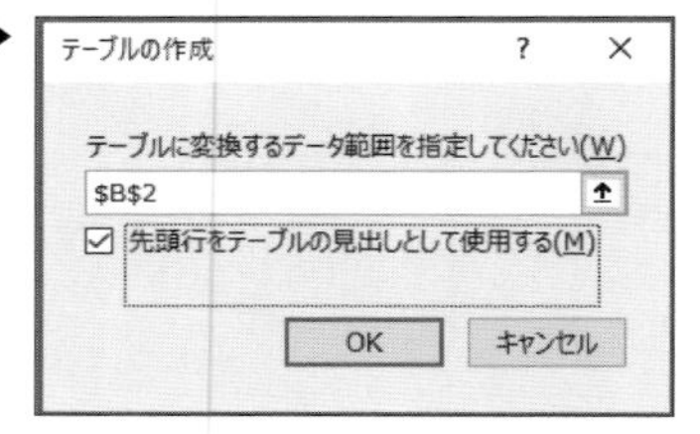

また、該当テーブルの名前を確認しておきます。クラウドフロー内で呼び出す際に必要になります。ここでは「テーブル1」となっています(画面7-3)。

画面7-3 ▶

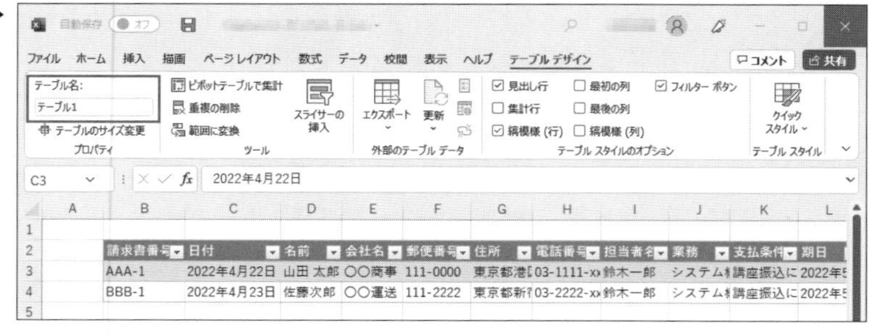

7-3　ひな形(Word)を作成する

Wordファイルにコンテンツコントロールを追加します。コンテンツコントロールとは、Wordファイル内の任意の場所に枠とラベルを作ることで決まったフォーマットで文章を作ることができる機能です。Power Automateのクラウドフローでは一部のコンテンツコントロールに対して値を挿入することが可能です。

コンテンツコントロールの編集にはデスクトップアプリ版のWordで編集する必要があります。ここでは、本書サポートページにある「Chapter07_ハンズオン用テンプレートファイル.docx」を編集していきます。

Wordに開発タブを表示する

コンテンツコントロールの設定には開発タブを使用します。通常、開発タブは表示されていないため次のように設定します。Wordのメニュー[ファイル]⇒(左下の)[その他]⇒[オプション]で画面7-4を開き、[リボンのユーザー設定]⇒(右側のメニュー)[開発]をチェックして[OK]します。

画面7-4 ▶

テキストコンテンツコントロールを設定する

コンテンツコントロールの中でも最も基本的なテキストコンテンツコントロールを設定します。本書サポートページからダウンロードした「Chapter07_ハンズオン用テンプレート.docx」を開いてください(画面7-5)。

画面7-5 ▶

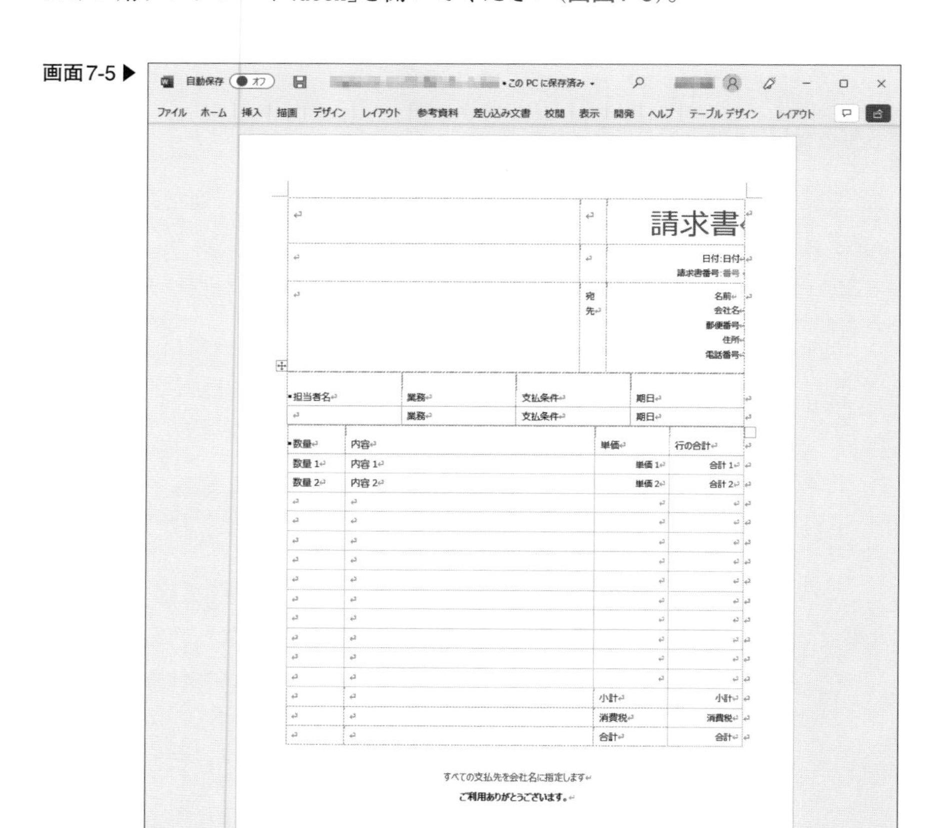

一例として、書類右上の「日付」欄にテキストコンテンツコントロールを挿入します。[開発]タブを開く ⇒ 挿入する箇所(文字)を選択 ⇒[コントロール]の[テキストコンテンツコントロール]をクリックすることで挿入できます(画面7-6)。

画面7-6▶

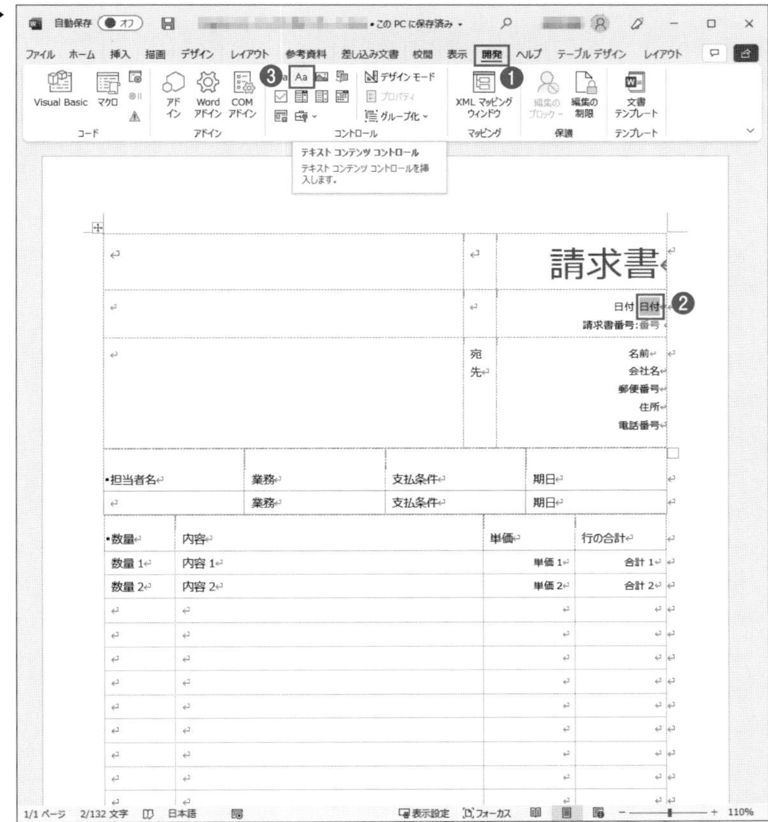

なお、「担当者名」欄には文字列が空白になっているので、文字を選択せずにテキストコンテンツコントロールを挿入して「担当者名」と入力してください。コンテンツコントロール内の文字列はクラウドフローの中で値を挿入する際の宛名になるため、わかりやすい名前を付けましょう。

デザインモード

［コントロール］グループの［デザインモード］をクリックすると、コンテンツコントロールをわかりやすく表示できます（画面7-7）。このときデザインが崩れることがありますが、実際に値を挿入されるときには元のサイズになります。

完成したファイルは、本書サポートページの「Chapter07_完成済テンプレート.docx」になります。

画面7-7 ▶

7-4　SharePointにファイルを配置する

本章ではChapter 3で作成したSharePointサイト「Training」(p.39)を利用します。フォルダ構造は本書サポートページからダウンロードした「作業所フォルダ」を参考にしてください。SharePointサイト内のアップロードボタン(またはドラッグ&ドロップ)で該当ファイルをアップロードしてください(画面7-8)。

画面7-8 ▶

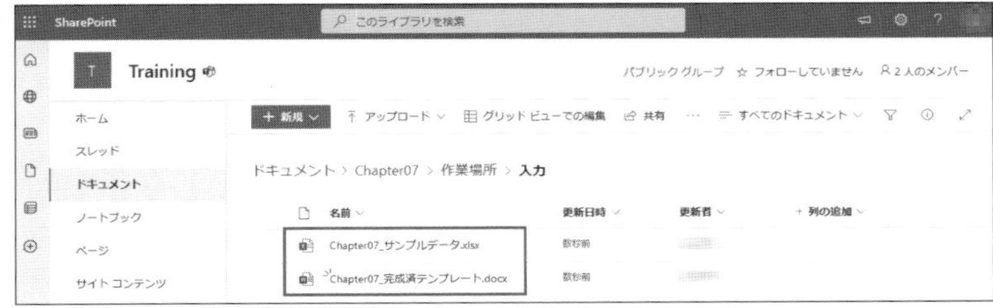

7-5 Power Automateでクラウドフローを作成する

ここでは手動でボタンを押したタイミングで起動するフロー(インスタントクラウドフロー)を作ります。

Power Automateのトップページの[作成]⇒[インスタントクラウドフロー]で画面7-9を開き、[フロー名]に「帳票出力クラウドフロー」(任意)を入力し、[手動でフローをトリガーします]にチェックを入れて[作成]します。

画面7-9 ▶

Excelコネクタでデータを取得する

データソースとしてExcelを使用するので、[＋新しいステップ]⇒[Excel Online(Business)]を選択し、アクションの中から[表内に存在する行を一覧表示]をクリックします(画面7-10)。ログインを求められた場合は、Excel Onlineが使用可能なアカウントでログインしてください。

画面7-10 ▶

追加されたアクションの中には4つの項目([場所][ドキュメントライブラリ][ファイル][テーブル])があるので設定します(画面7-11)。[テーブル]は画面

画面7-11 ▶

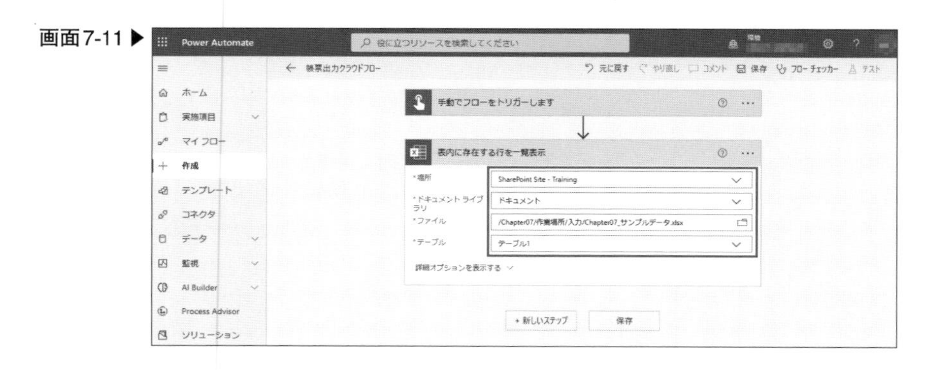

7-3で確認したテーブル名を選択します。

取得したデータを1行ずつWordファイルに書き出して保存する（繰り返し設定）

再び［＋新しいステップ］から追加メニューを開き、組み込みタブの中にある［コントロール］コネクタをクリックし、アクション一覧の中にある［Apply to each］を選択します（画面7-12）。

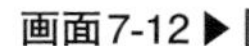
画面7-12▶

［以前の手順から出力を選択］には［表内に存在する行を一覧表示］⇒［value］を選択します（画面7-13）。ここで選択した［value］には1つ上の［表内に存在する行を一覧表示］で取得したデータが入っています。［value］の中はデータが1行ごとに区切られた形になっています。［Apply to each］では、区切りになっているデータを渡すことで、それぞれの区切りに対して同じ処理を繰り返すことができます。

画面7-13 ▶

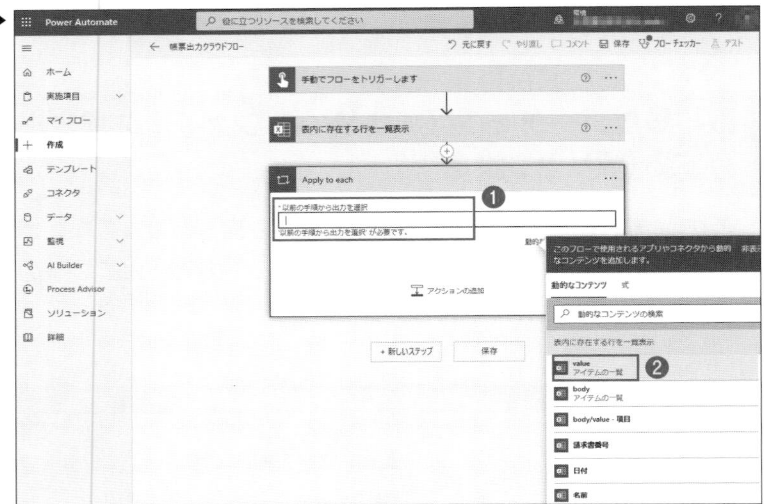

アクションの設定(その1)

[Apply to each]の中の[アクションを追加]⇒[Word Online(Business)]を選択します。「Word」でキーワード検索すると見つけやすいです(画面7-14)。

画面7-14 ▶

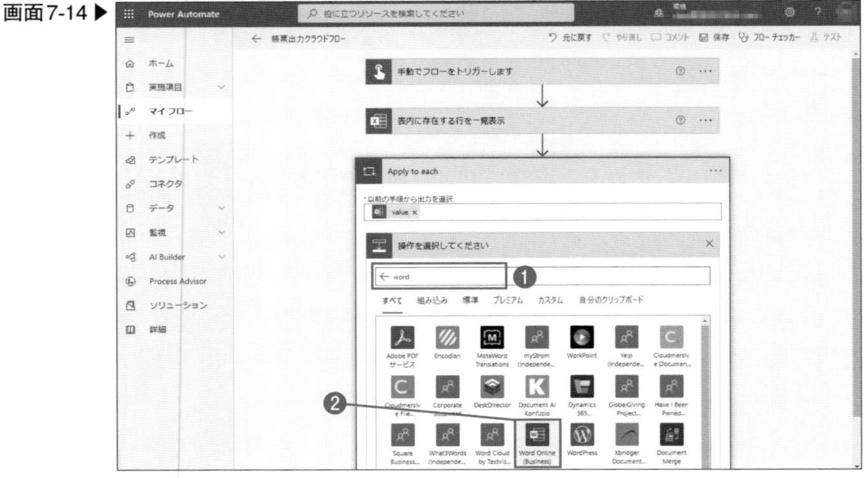

［Microsoft Wordテンプレートを事前設定します］アクションを設定します（画面7-15）。追加されたアクションの中には3つの項目（［場所］［ドキュメントライブラリ］［ファイル］）が表示されていて、作成したWordファイル（ひな形）を選択すると、Wordファイル内に設定したテキストコンテンツコントロールが表示されます（画面7-16）。

画面7-15 ▶

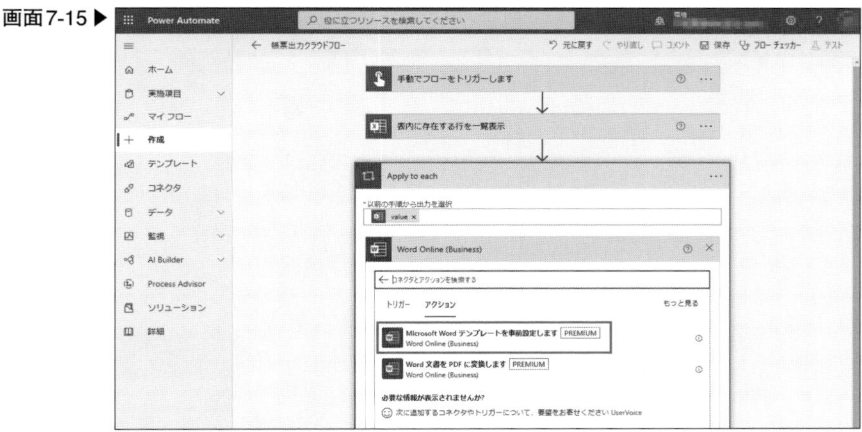

画面7-16 ▶

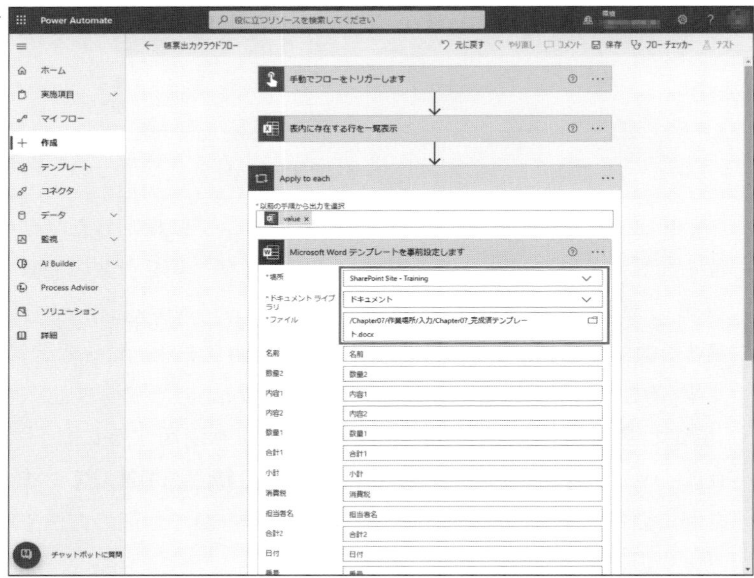

末尾にある[自分の会社名]は変わらない値(固定値)なので、ここでは「株式会社○○○○○」と入力します。

[日付]は発行した日が入るので日付関数を使用します。[式]⇒[日時]⇒[getFutureTime(interval,timeUnit,format?)]を選択し、挿入された関数の第1引数に「9」、第2引数に「'Hour'」、第3引数に「'yyyy年MM月dd日'」と入力して[OK]します(画面7-17)。

画面7-17▶

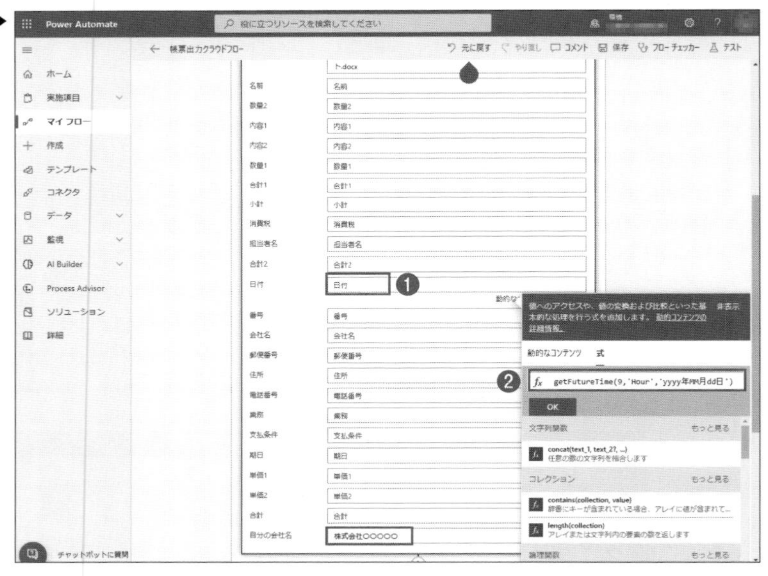

getFutureTime関数は、現在のタイムスタンプに指定した時刻単位を加算する関数です。第1引数に加算する値、第2引数に加算する値の単位(「Second」「Minute」「Hour」「Day」「Week」「Month」「Year」)、第3引数に書式フォーマット(ex. yyyy-MM-dd T HH:mm:ssなど)を指定します(第3引数は省略可能です)。Power Automateで取得した日時はUTC(協定世界時)となっているため、日本時間を使用するには日本標準時(UTC+9)に変換する必要があり、ここでは9時間を加算しています。日本時間に変換する方法はいくつかあり、Chapter 9では別の方法で行っておりますのでそちらもご参照ください。

残りの項目に[動的なコンテンツ]を適用していきます。ひな形で設定した[テキストコンテンツコントロール]の値が項目として表示されており、[Excelのテーブルの列名]が[動的なコンテンツ]として表示されています(画面7-18)。

画面7-18 ▶

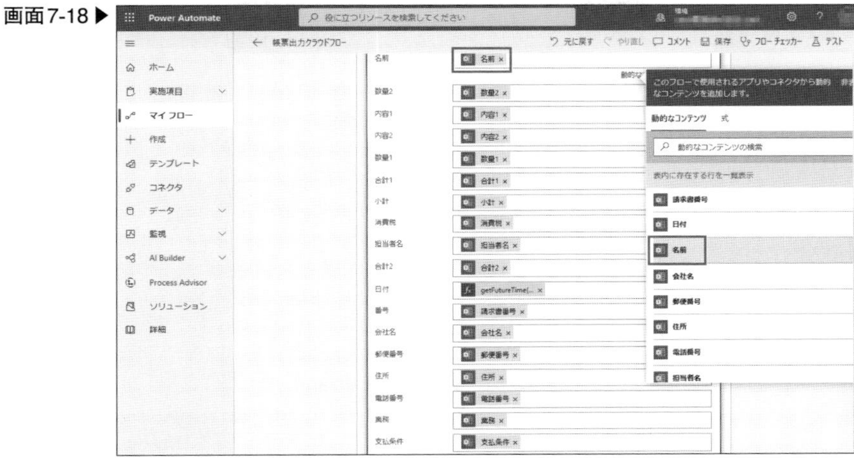

アクションの設定(その2)

値が設定されたWordファイル(帳票)をSharePointに保存します。[新しいアクション]⇒[SharePoint]⇒[アクション]⇒[ファイルの作成]を選択します(画面7-19)。

画面7-19 ▶

[サイトのアドレス][フォルダーのパス][ファイル名][ファイルコンテンツ]を入力します。ファイルコンテンツには[Microsoft Word テンプレートを事前に設定します]⇒[Microsoft Word 文章]を選択します(画面7-20)。

画面7-20▶

テスト

ここまでの手順でインスタントクラウドフローの一部(Wordファイルの出力保存)が完成しました。忘れずに右上のボタンから[保存]し、[フローチェッカー]で問題ないことを確認してください。問題がある場合は「どのアクション」に「どのような問題が」あるかが表示されます。

動作を確認するには、右上のボタンから[テスト]⇒[手動]を選択⇒[テスト]と進みます。サインインの確認が出ることがありますが、「Excel Online(Business)」「Word Online(Business)」「SharePoint」の3つのアプリに緑のチェックが出ていることを確認し[続行]⇒[フローの実行]と進みます。

しばらく待つと「ご利用のフローが正常に実行されました。」と表示され、SharePointサイトにWordファイル(帳票)が出力されます(画面7-21)。また、ファイルを開くと値が挿入されていることが確認できます(画面7-22)。

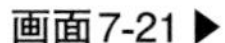

画面7-22▶

請求書

日付:2022年15月DD日
請求書番号:AAA-1

宛先
山田 太郎
〇〇商事
111-0000
東京都港区〇〇
03-1111-xxxx

担当者名	業務	支払条件	期日
鈴木一郎	システム構築	講座振込に限る	2022年5月22日

数量	内容	単価	行の合計
1	機能A	100000	100000
1	機能B	70000	70000
		小計	170000
		消費税	17000
		合計	187000

すべての支払先を株式会社〇〇〇〇〇に指定します

ご利用ありがとうございます。

なお、繰り返してテストする場合、出力先フォルダに同じ名前のファイルが存在しているとエラーになるので、出力先フォルダの中にあるファイルをすべて削除してから実行してください。

WordファイルをPDFファイルに変換する

［Apply to each］の中の［ファイル作成］の後に［Word Online(Business)］を追加して［Word文書をPDFに変換します］を選択します（画面7-23）。

画面7-23▶

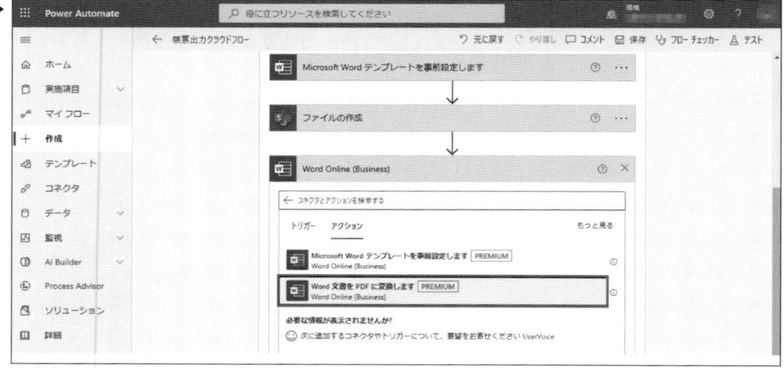

［場所］と［ドキュメントライブラリ］を選択します。［ファイル］はドキュメントライブラリで指定した場所からの相対パスで入力する必要があります。また、ファイル名の「請求書番号」にあたる部分はWordファイルの作成時に設定したものを使用します（画面7-24）。

画面7-24▶

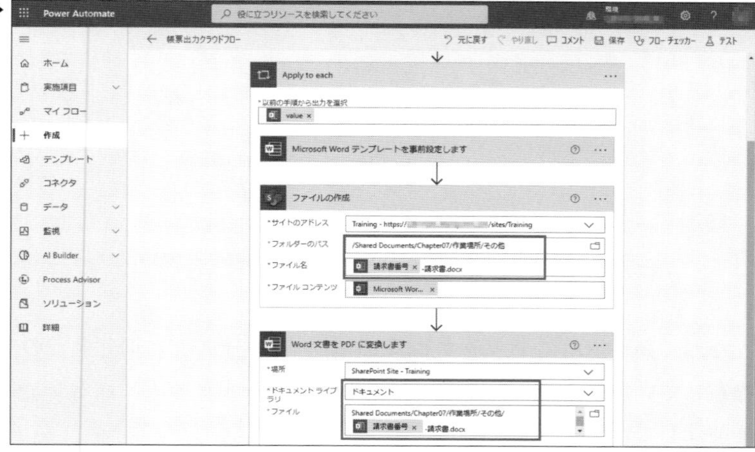

さらに[アクションの追加]から[SharePointコネクタ]⇒[ファイルの作成]を選択します(画面7-25)。[ファイルコンテンツ]には[Word文章をPDFに変換します]⇒[PDFドキュメント]を追加します。

画面7-25▶

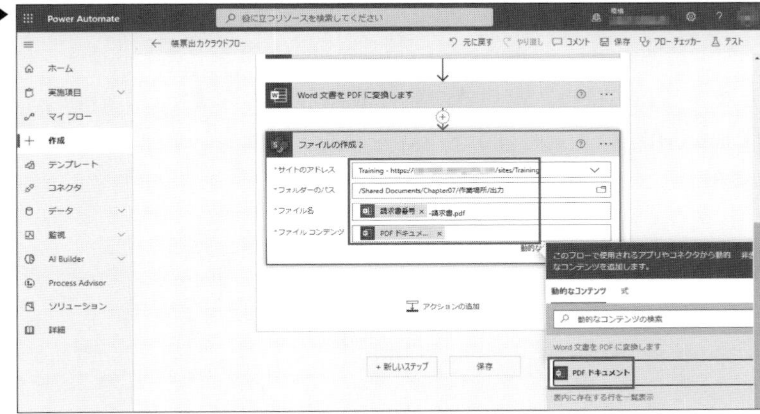

再度テストして想定どおりに出力されることを確認してください(画面7-26)。

画面7-26▶

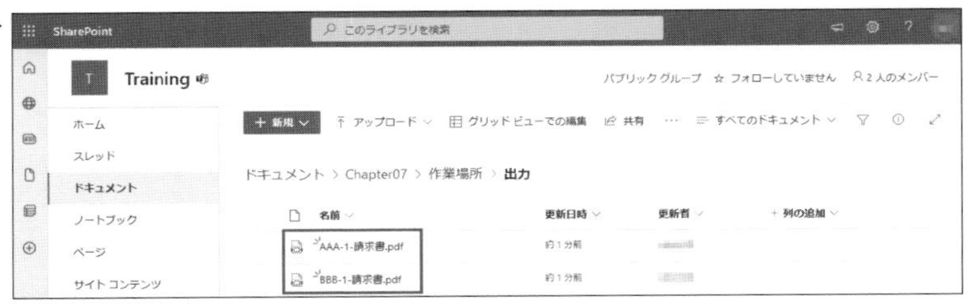

7-6　繰り返しコントロールで改良する

ここまでは帳票出力アプリを作成するのに最低限必要な要素について説明しました。ひな形(Wordファイル)に動的な値を設定する部分は、項目が増えてくると大変な作業になります。また、請求書では商品の数が変わることで必要な行数が変わることもあります。そのようなときに力を発揮するのが「セクションコンテンツ繰り返しコントロール」です。

ひな形（Wordファイル）に繰り返しコントロールを設定する

「Chapter07_完成済テンプレート.docx」を開いてください。繰り返す要素の一組を範囲選択して［セクションコンテンツ繰り返しコントロール］をクリックします（画面7-27）。残りの部分は削除しておきます。この作業後の結果が「Chapter07_繰り返しコンテンツを含むテンプレート.docx」になります（画面7-28）。

画面7-27 ▶

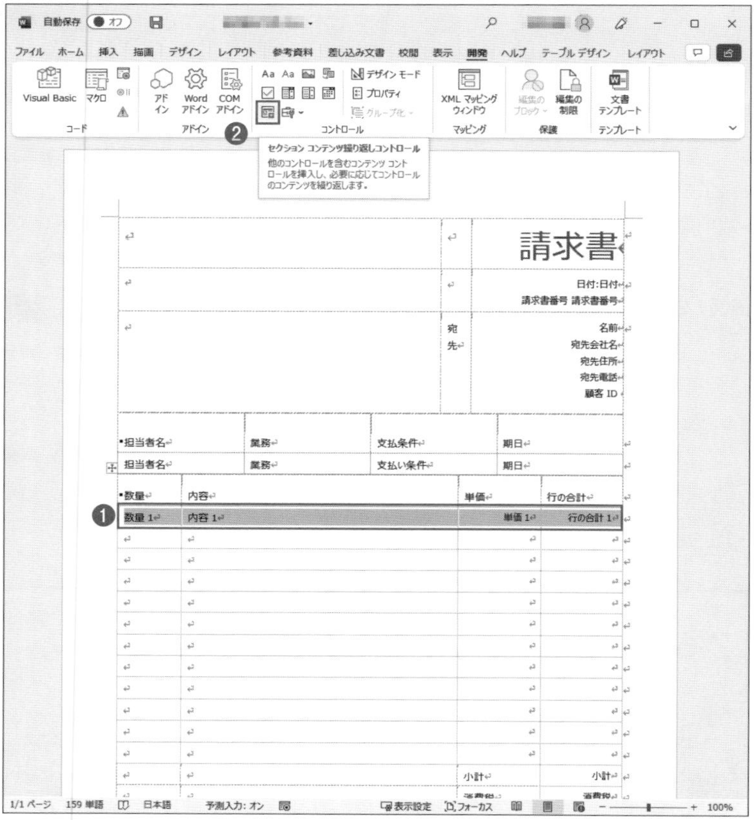

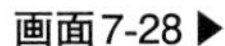
画面7-28 ▶

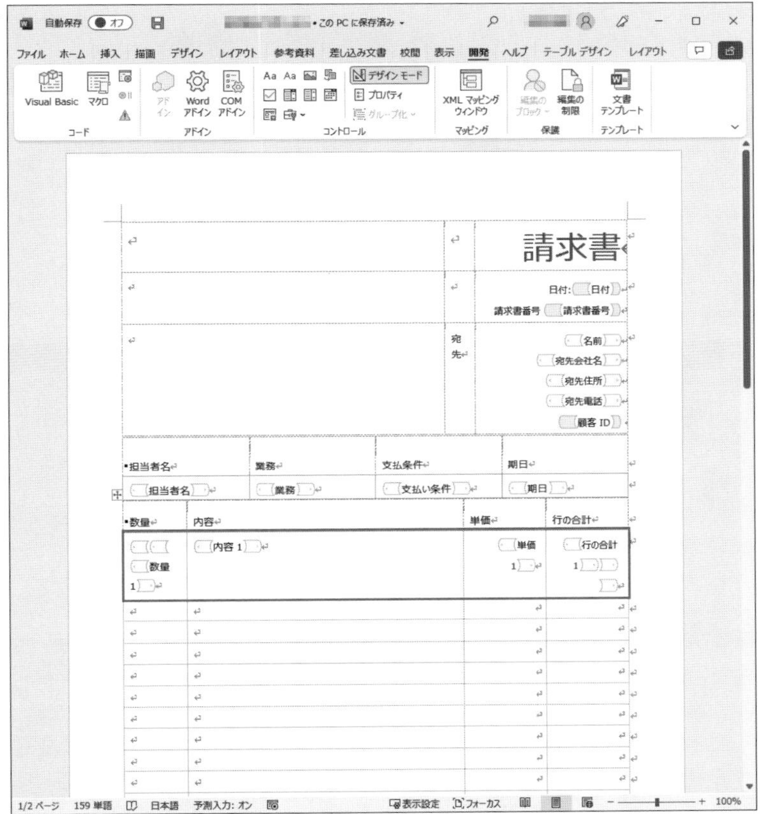

データソースの中の繰り返す部分を切り出す

前節までは1行1ファイルとして出力する想定で、項目の数だけExcelのテーブルの列を増やしていました。繰り返しコントロールでは項目の数が動的に変化するため、変化する部分については別のテーブルに切り出します。別テーブルに切り出すときには、請求書番号の列で紐づけられるようにします(図7-2)。

1つのテーブルの場合、項目を増やしたければテーブル自体の列を増やす必要があります。しかし、このように切り出しておくことで列の数を変えずに項目を増やすことができます。ここでは、画面7-1のようなデータが画面7-29と画面7-30のようになります。

▼図7-2：テーブル分割

ファイルテーブル

ファイルID	企業名	項目1	項目2	項目3
A	○○商事	○○	○	○×○
B	××運送	○×	××	

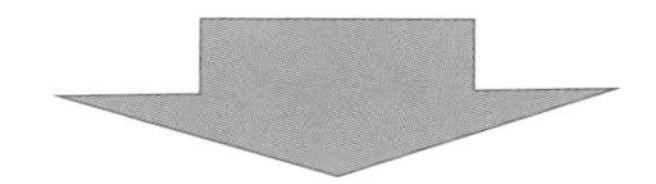

ファイルテーブル

ファイルID	企業名
A	○○商事
B	××運送

項目テーブル

ファイルID	項目
A	○○
A	○
A	○×○
B	○×
B	××

画面7-29 ▶

顧客ID	請求書番号	日付	名前	会社名	郵便番	住所	電話番	担当者	業務	支払方	期日	小計	消費税	総計
AAA	AAA-1	2022年4月	山田 太郎	○○商事	111-0000	東京都港区	03-1111-x	鈴木一郎	システム構	講座振込	2022年5月	300,000	30,000	330,000
AAA	AAA-2	2022年4月	山田 太郎	○○商事	111-0000	東京都港区	03-1111-x	鈴木一郎	システム構	講座振込	2022年5月	850,000	85,000	935,000
AAA	AAA-3	2022年4月	山田 太郎	○○商事	111-0000	東京都港区	03-1111-x	鈴木一郎	システム構	講座振込	2022年5月	300,000	30,000	330,000
AAA	AAA-4	2022年4月	山田 太郎	○○商事	111-0000	東京都港区	03-1111-x	鈴木一郎	システム構	講座振込	2022年5月	850,000	85,000	935,000
AAA	AAA-5	2022年4月	山田 太郎	○○商事	111-0000	東京都港区	03-1111-x	鈴木一郎	システム構	講座振込	2022年5月	850,000	85,000	935,000
BBB	BBB-1	2022年4月	佐藤次郎	○○運送	111-2222	東京都新宿	03-2222-x	鈴木一郎	システム構	講座振込	2022年5月	300,000	30,000	330,000
BBB	BBB-2	2022年4月	佐藤次郎	○○運送	111-2222	東京都新宿	03-2222-x	鈴木一郎	システム構	講座振込	2022年5月	790,000	79,000	869,000
BBB	BBB-3	2022年4月	佐藤次郎	○○運送	111-2222	東京都新宿	03-2222-x	鈴木一郎	システム構	講座振込	2022年5月	300,000	30,000	330,000
BBB	BBB-4	2022年4月	佐藤次郎	○○運送	111-2222	東京都新宿	03-2222-x	鈴木一郎	システム構	講座振込	2022年5月	790,000	79,000	869,000
BBB	BBB-5	2022年4月	佐藤次郎	○○運送	111-2222	東京都新宿	03-2222-x	鈴木一郎	システム構	講座振込	2022年5月	630,000	63,000	693,000
CCC	CCC-1	2022年4月	佐藤三郎	○○運送	111-2222	東京都新宿	03-2222-x	鈴木一郎	システム構	講座振込	2022年5月	370,000	37,000	407,000
CCC	CCC-2	2022年4月	佐藤三郎	○○運送	111-2222	東京都新宿	03-2222-x	鈴木一郎	システム構	講座振込	2022年5月	650,000	65,000	715,000
CCC	CCC-3	2022年4月	佐藤三郎	○○運送	111-2222	東京都新宿	03-2222-x	鈴木一郎	システム構	講座振込	2022年5月	420,000	42,000	462,000
CCC	CCC-4	2022年4月	佐藤三郎	○○運送	111-2222	東京都新宿	03-2222-x	鈴木一郎	システム構	講座振込	2022年5月	670,000	67,000	737,000
CCC	CCC-5	2022年4月	佐藤三郎	○○運送	111-2222	東京都新宿	03-2222-x	鈴木一郎	システム構	講座振込	2022年5月	600,000	60,000	660,000

画面7-30 ▶

請求書番号	数量	内容	単価	合計
AAA-1	1	機能A	100,000	100,000
AAA-1	1	機能B	70,000	70,000
AAA-1	1	機能C	80000	80,000
AAA-1	1	機能D	50000	50,000
AAA-2	2	機能A	100,000	200,000
AAA-2	3	機能B	70,000	210,000
AAA-2	3	機能C	80000	240,000
AAA-2	4	機能D	50000	200,000
AAA-3	1	機能A	100,000	100,000
AAA-3	1	機能B	70,000	70,000
AAA-3	1	機能C	80000	80,000
AAA-3	1	機能D	50000	50,000
AAA-4	2	機能A	100,000	200,000
AAA-4	3	機能B	70,000	210,000
AAA-4	3	機能C	80000	240,000
AAA-4	4	機能D	50000	200,000
AAA-5	2	機能A	100,000	200,000
AAA-5	3	機能B	70,000	210,000
AAA-5	3	機能C	80000	240,000
AAA-5	4	機能D	50000	200,000
BBB-1	1	機能A	100,000	100,000
BBB-1	1	機能B	70,000	70,000
BBB-1	1	機能C	80000	80,000
BBB-1	1	機能D	50000	50,000
BBB-2	3	機能A	100,000	300,000
BBB-2	4	機能B	70,000	280,000
BBB-2	2	機能C	80000	160,000
BBB-2	1	機能D	50000	50,000
BBB-3	1	機能A	100,000	100,000
BBB-3	1	機能B	70,000	70,000

ここまでの手順で作成したWordファイルやExcelファイルはSharePointの任意のフォルダに配置してください。また、本書サポートページにサンプルデータがございますので、必要があればそちらを活用してください。

クラウドフローを複製する

作成済みのクラウドフローを[名前を付けて保存]して複製します(画面7-31)。複製したクラウドフローに対して編集します。

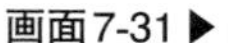
画面7-31 ▶

クラウドフロー上で繰り返し要素を配列として設定する

データソースとして用意したExcelのテーブルを読み込みます。2つのテーブルに分けたのでアクションも2回実行してそれぞれ読み込みます(画面7-32)。

繰り返しコントロールに挿入する値を格納するために変数を用意します。[変数を初期化する]アクションを追加し、[名前]を「glbDynamicArray」、[種類]を「アレイ」にします(画面7-33)。

繰り返すごとに変数を初期化したいので、[Apply to each]の先頭で空の配列を設定します。[Apply to each]の先頭に直接アクションを追加することはできないので、[Microsoft Word テンプレートを事前設定します]アクションの下の

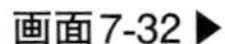

画面7-32▶

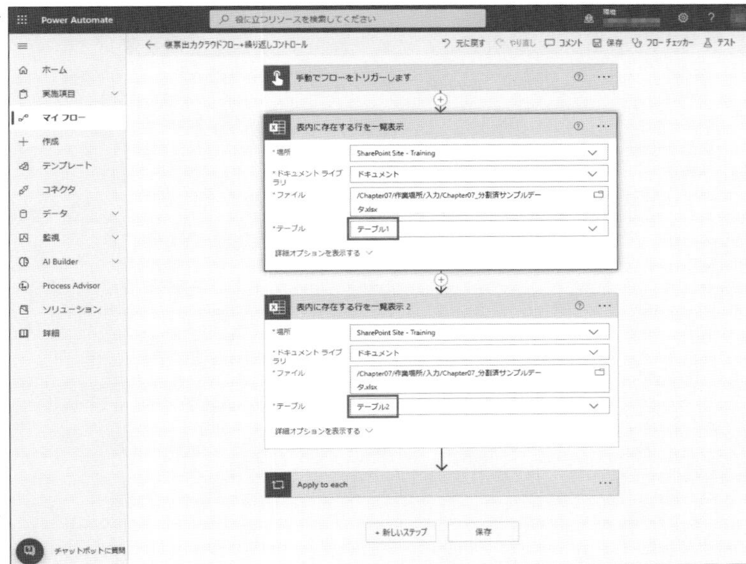

画面7-33▶

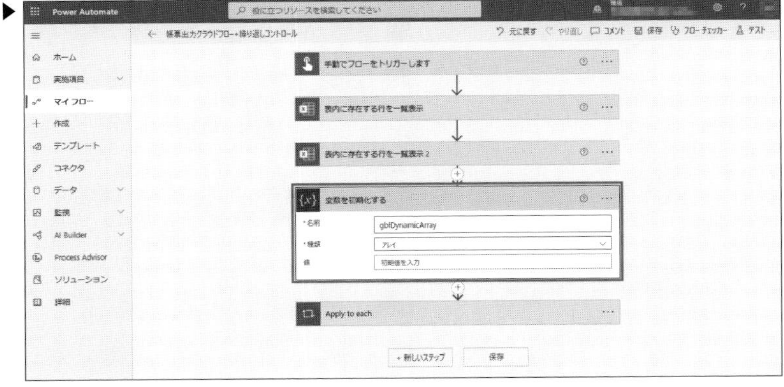

[新しいステップを挿入します]をクリックし、[変数の設定]アクションを追加します。その後、[Microsoft Word テンプレートを事前設定します]アクションをドラッグ&ドロップして[変数の設定]アクションの下に移動させます(画面7-34)。[glbDynamicArray]を選択し、値の欄には「[]」を入力します(画面7-35)。

変数の設定の下の[新しいステップを挿入します]をクリックして[Apply to

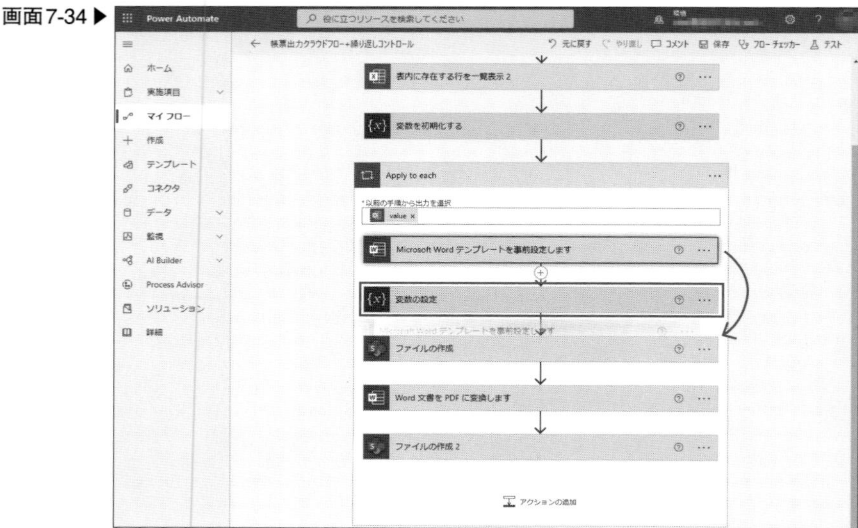
Power Automate
役に立つリソースを検索してください
帳票出力クラウドフロー+繰り返しコントロール
元に戻す
やり直し
コメント
保存
フロー チェッカー
テスト
ホーム
実施項目
マイ フロー
作成
テンプレート
コネクタ
データ
監視
AI Builder
Process Advisor
ソリューション
詳細
表内に存在する行を一覧表示 2
変数を初期化する
Apply to each
*以前の手順から出力を選択
value ×
Microsoft Word テンプレートを事前設定します
変数の設定
ファイルの作成
Word 文書を PDF に変換します
ファイルの作成 2
アクションの追加

画面7-34 ▶

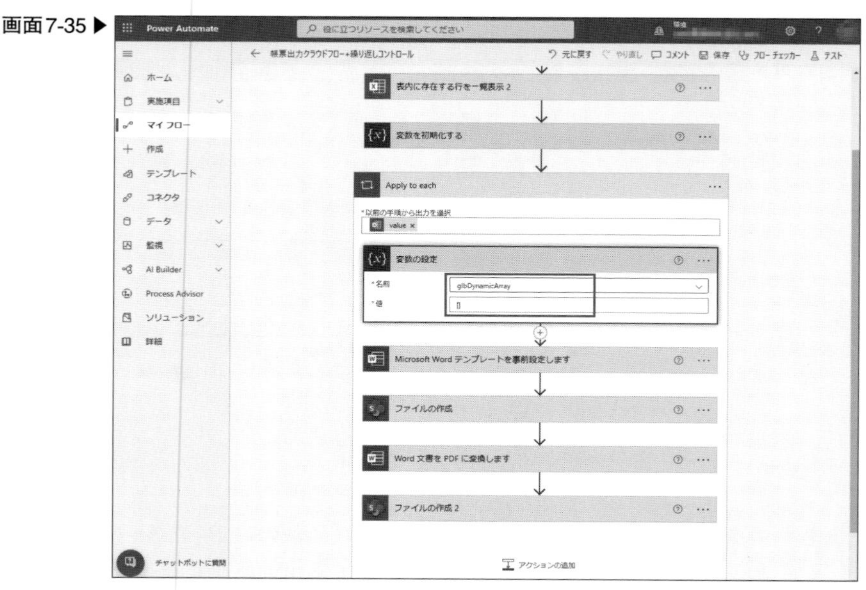
Power Automate
役に立つリソースを検索してください
帳票出力クラウドフロー+繰り返しコントロール
元に戻す
やり直し
コメント
保存
フロー チェッカー
テスト
ホーム
実施項目
マイ フロー
作成
テンプレート
コネクタ
データ
監視
AI Builder
Process Advisor
ソリューション
詳細
表内に存在する行を一覧表示 2
変数を初期化する
Apply to each
*以前の手順から出力を選択
value ×
変数の設定
*名前
glbDynamicArray
*値
[]
Microsoft Word テンプレートを事前設定します
ファイルの作成
Word 文書を PDF に変換します
ファイルの作成 2
チャットボットに質問
アクションの追加

画面7-35 ▶

each]を追加します(自動的に[Apply to each 2]という名前になります)。続いて[Apply to each 2]にアクションを追加します。[表内に存在する行を一覧表示2]の[value]を設定します(画面7-36)。

画面7-36▶

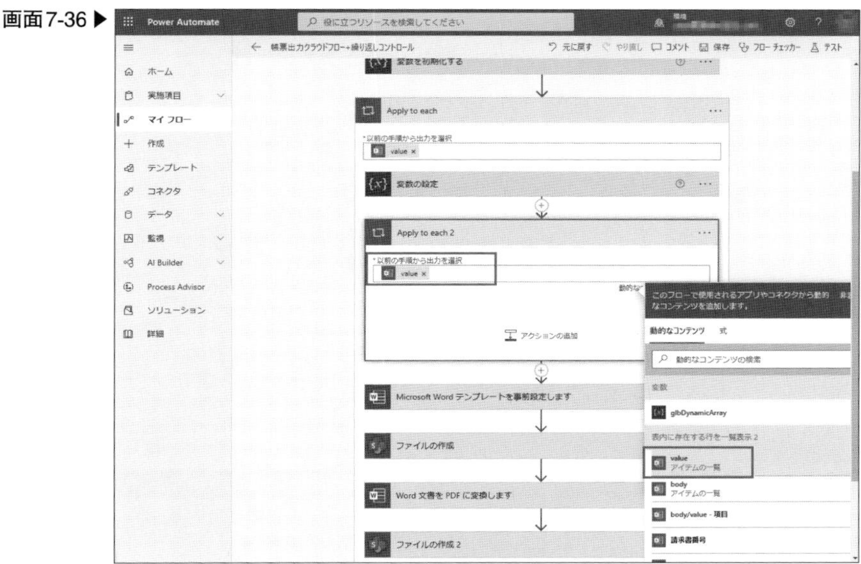

[Apply to each 2]の中に[条件]コントロールを追加します(画面7-37)。[条件]には「(表内に存在する行を一覧表示)請求書番号」、「次の値に等しい」、「(表内に存在する行を一覧表示2)請求書番号」と設定します(画面7-38)。

いったんこの状態で[Apply to each 2]を閉じます。[Microsoft Word テンプレートを事前設定します]アクションを開き、繰り返しコンテンツコントロールが含まれているWordファイルを選択すると、Wordテンプレートを差し替えることができます。

画面7-37 ▶

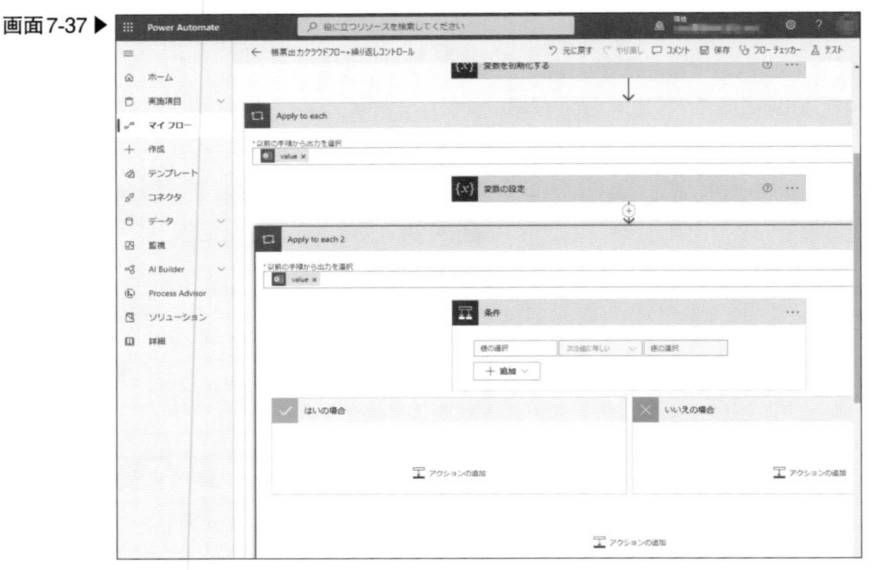

画面7-38 ▶

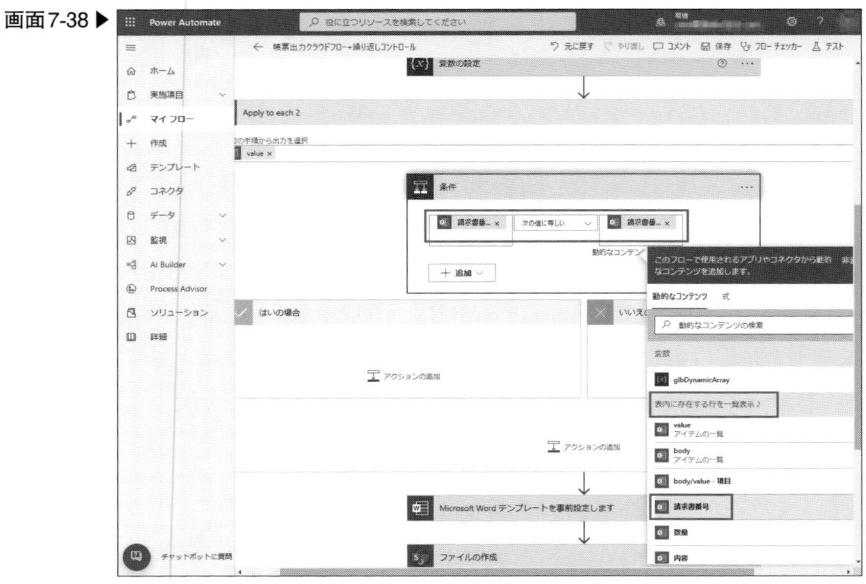

［dynamicFileSchema］から始まる見覚えのない項目があった場合には、項目の値を削除しておきます（画面7-39）。

画面7-39▶

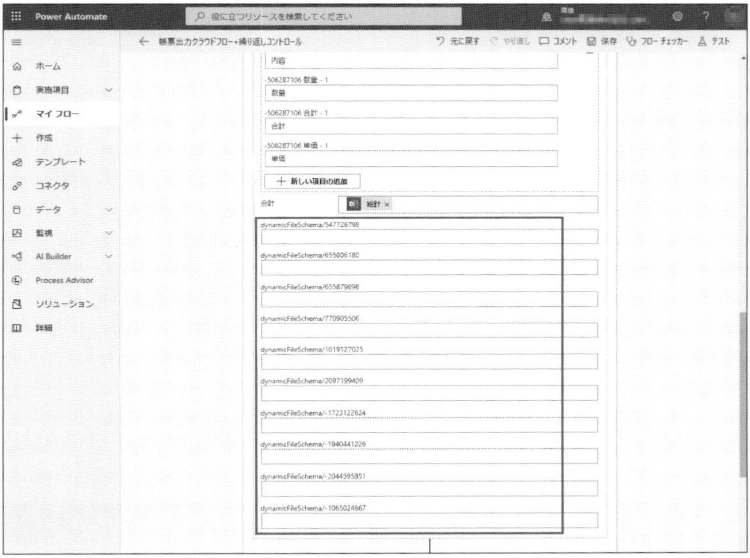

ここで、繰り返しコンテンツコントロールの部分が他とは異なる表示になっていることが確認できます（画面7-40）。いったんこの項目にそれぞれの項目名を文字で入力します（画面7-41）。

画面7-40 ▶

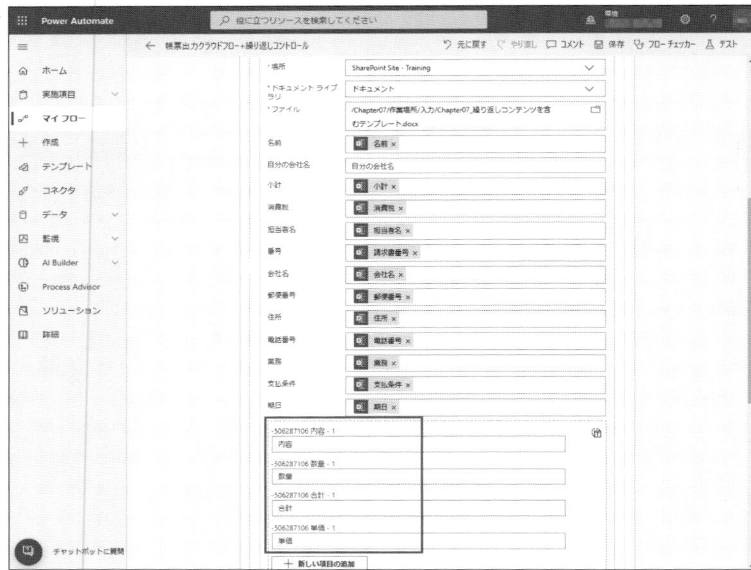

画面7-41 ▶

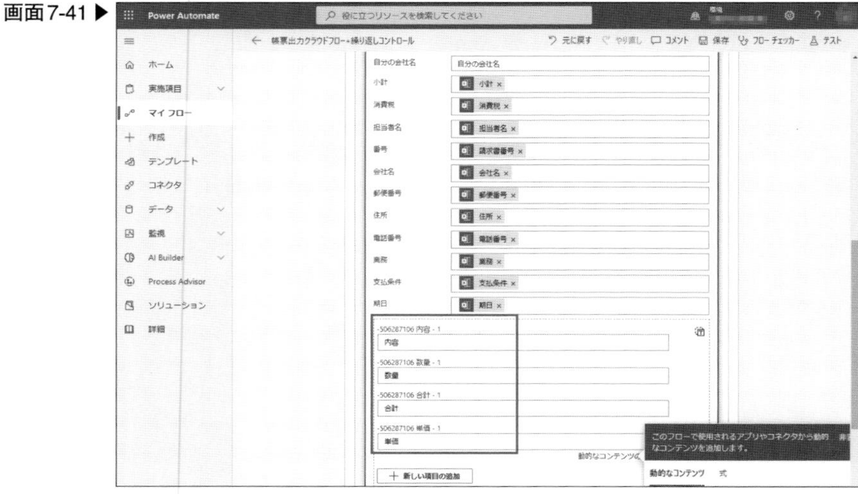

右上の[アレイ全体の入力に切り替える]ボタンをクリックし、切り替わって表示されたアレイの中を丸ごと選択してクリップボードにコピーします(画面7-42)。

画面7-42 ▶

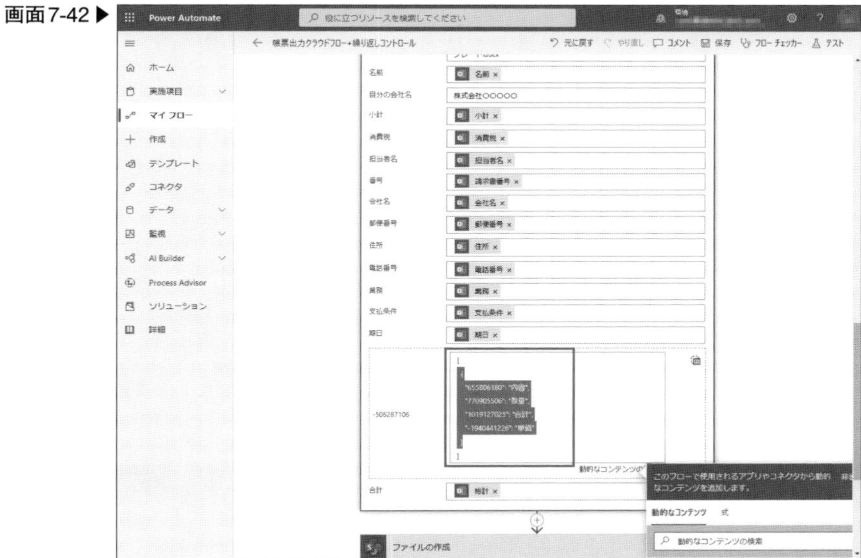

[Apply to each 2] の中の[条件]に戻ります。[はいの場合]の中に[配列変数に追加]アクションを追加します。値に先ほどクリップボードにコピーした値を貼り付けます(画面7-43)。

先ほど自身で入力した項目名である「内容」「行の合計」「単価」「数量」をそれぞれ動的な値に差し替えます。ここでは、「テーブル2」に分割したデータを取り込んでいます(画面7-44)。

画面7-43 ▶

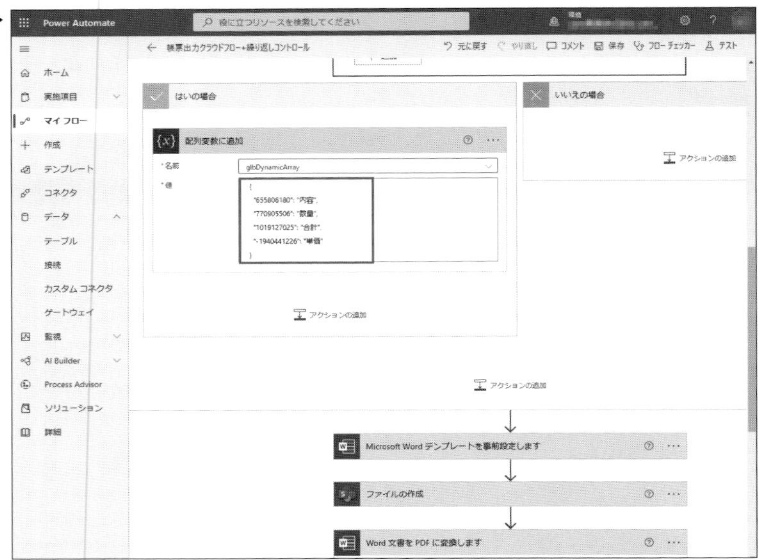
Power Automate
役に立つリソースを検索してください
帳票出力クラウドフロー+繰り返しコントロール
元に戻す
やり直し
コメント
保存
フロー チェッカー
テスト
ホーム
実施項目
マイ フロー
作成
テンプレート
コネクタ
データ
テーブル
接続
カスタム コネクタ
ゲートウェイ
監視
AI Builder
Process Advisor
ソリューション
詳細
はいの場合
いいえの場合
配列変数に追加
名前
glbDynamicArray
値
"655806180": "内容",
"770905506": "数量",
"1019127025": "合計",
"-1940441226": "単価"
アクションの追加
Microsoft Word テンプレートを事前設定します
ファイルの作成
Word 文書を PDF に変換します

画面7-44 ▶

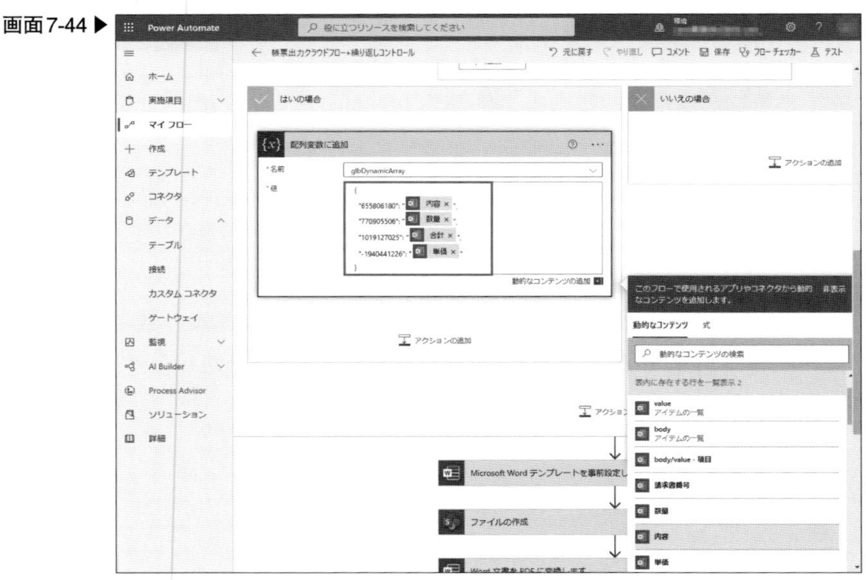
Power Automate
役に立つリソースを検索してください
帳票出力クラウドフロー+繰り返しコントロール
元に戻す
やり直し
コメント
保存
フロー チェッカー
テスト
ホーム
実施項目
マイ フロー
作成
テンプレート
コネクタ
データ
テーブル
接続
カスタム コネクタ
ゲートウェイ
監視
AI Builder
Process Advisor
ソリューション
詳細
はいの場合
いいえの場合
配列変数に追加
名前
glbDynamicArray
値
"655806180":
内容
"770905506":
数量
"1019127025":
合計
"-1940441226":
単価
動的なコンテンツの追加
アクションの追加
このフローで使用されるアプリやコネクタから動的なコンテンツを追加します。
非表示
動的なコンテンツ
式
動的なコンテンツの検索
表内に存在する行を一覧表示 2
value
アイテムの一覧
body
アイテムの一覧
body/value - 項目
請求書番号
数量
内容
単価
Microsoft Word テンプレートを事前設定し
ファイルの作成

［Microsoft Word テンプレートを事前設定します］アクションに戻り、繰り返しコンテンツコントロールに該当する部分のテキストをすべて削除し、配列変数を挿入します（画面7-45）。

画面7-45 ▶

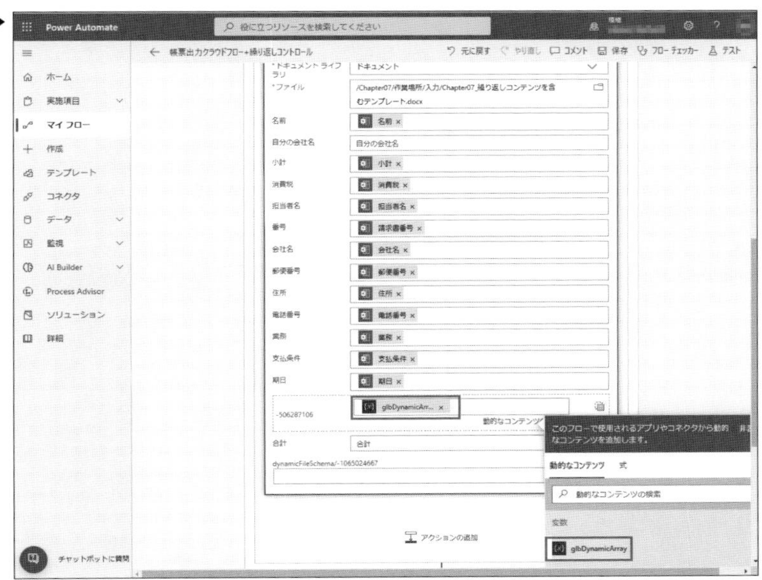

テストする

ここで実行しようとすると「現在、フローが無効です。テストする前に有効にする必要があります。」と表示されて実行できない場合があります。そのときには一度編集画面を閉じて、フローをオンにすると実行できるようになります（画面7-46）。

実際にテストして想定した結果が出力されるかを確認してください（画面7-47、7-48）。

画面7-46 ▶

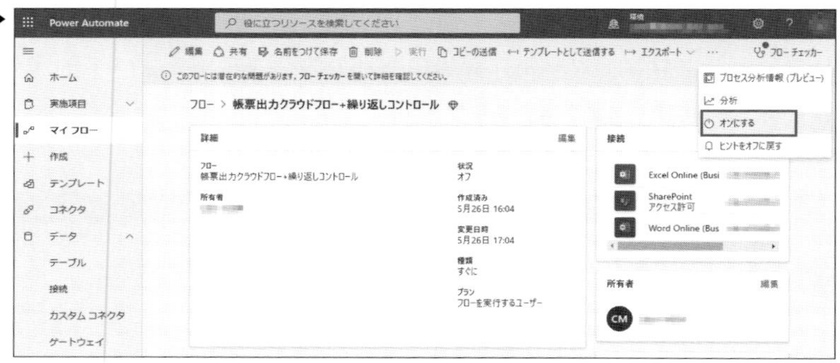

画面7-47 ▶

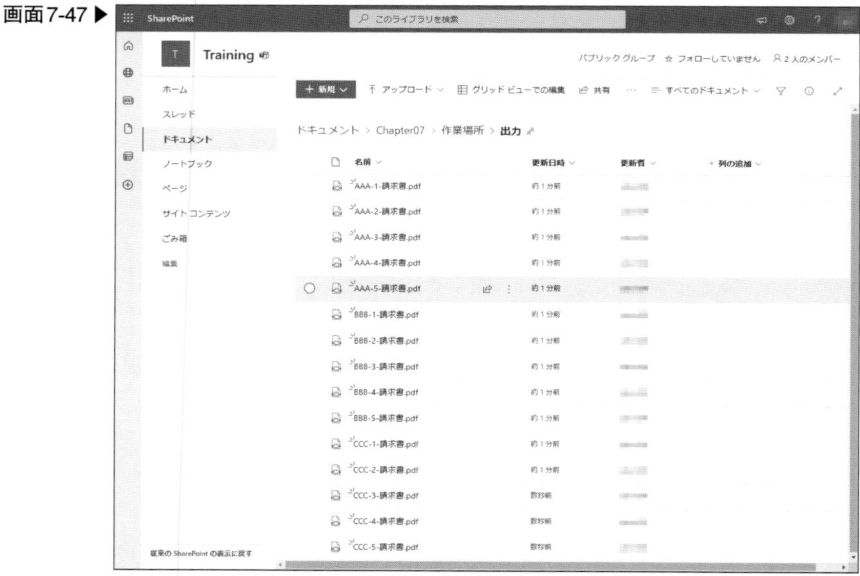

画面7-48▶

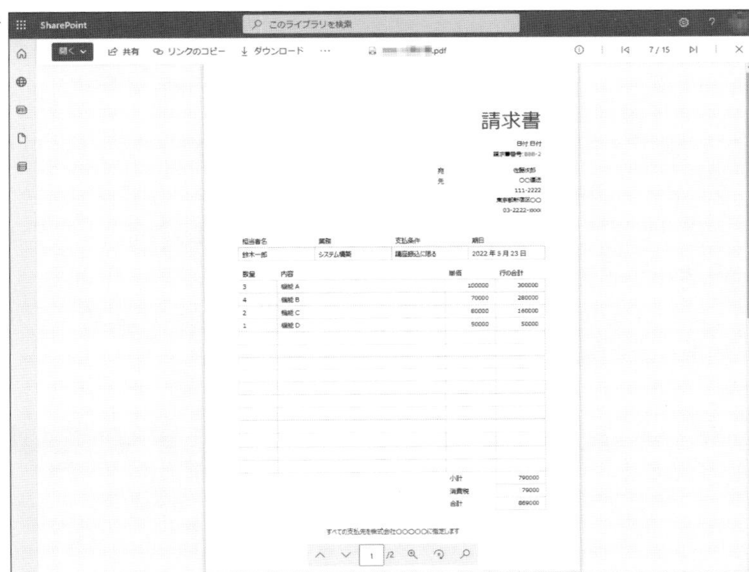
SharePoint
このライブラリを検索
開く
共有
リンクのコピー
ダウンロード
7 / 15
請求書
担当者名
業務
支払条件
期日
鈴木一郎
システム構築
2022 年 5 月 23 日
数量
内容
単価
行の合計
3
機能 A
100000
300000
4
機能 B
70000
280000
2
機能 C
80000
160000
1
機能 D
50000
50000
小計
790000
消費税
79000
合計
869000
1
/2

Column

別のデータソースを使う方法

本章ではデータソースとしてExcelファイルのテーブルを使用しましたが、Power Automateが扱えるデータソースであれば他のデータソースでも使用可能です。別のデータソースで実行する場合の例としてSharePointのリストの場合を説明します。

SharePointのリスト場合は[SharePointコネクタの複数の項目を取得]を使用します(画面7-A)。

画面7-A ▶

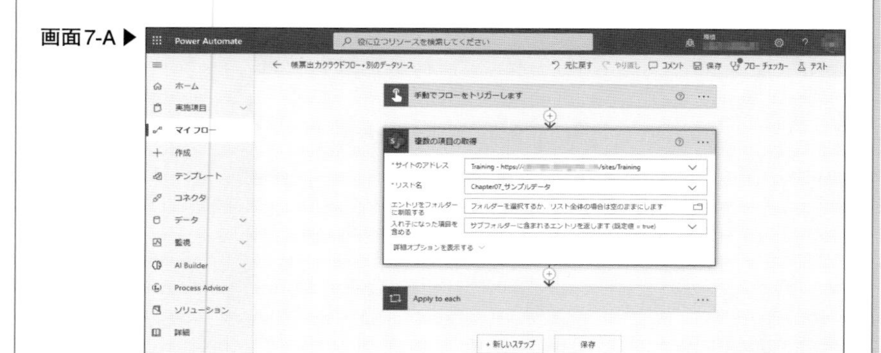

[Apply to each]の[以前の手順から出力を選択]には[複数の項目の取得]から[value]を選択し(画面7-B)、Excelのテーブルのときと同様に動的な値を挿入します(画面7-C)。

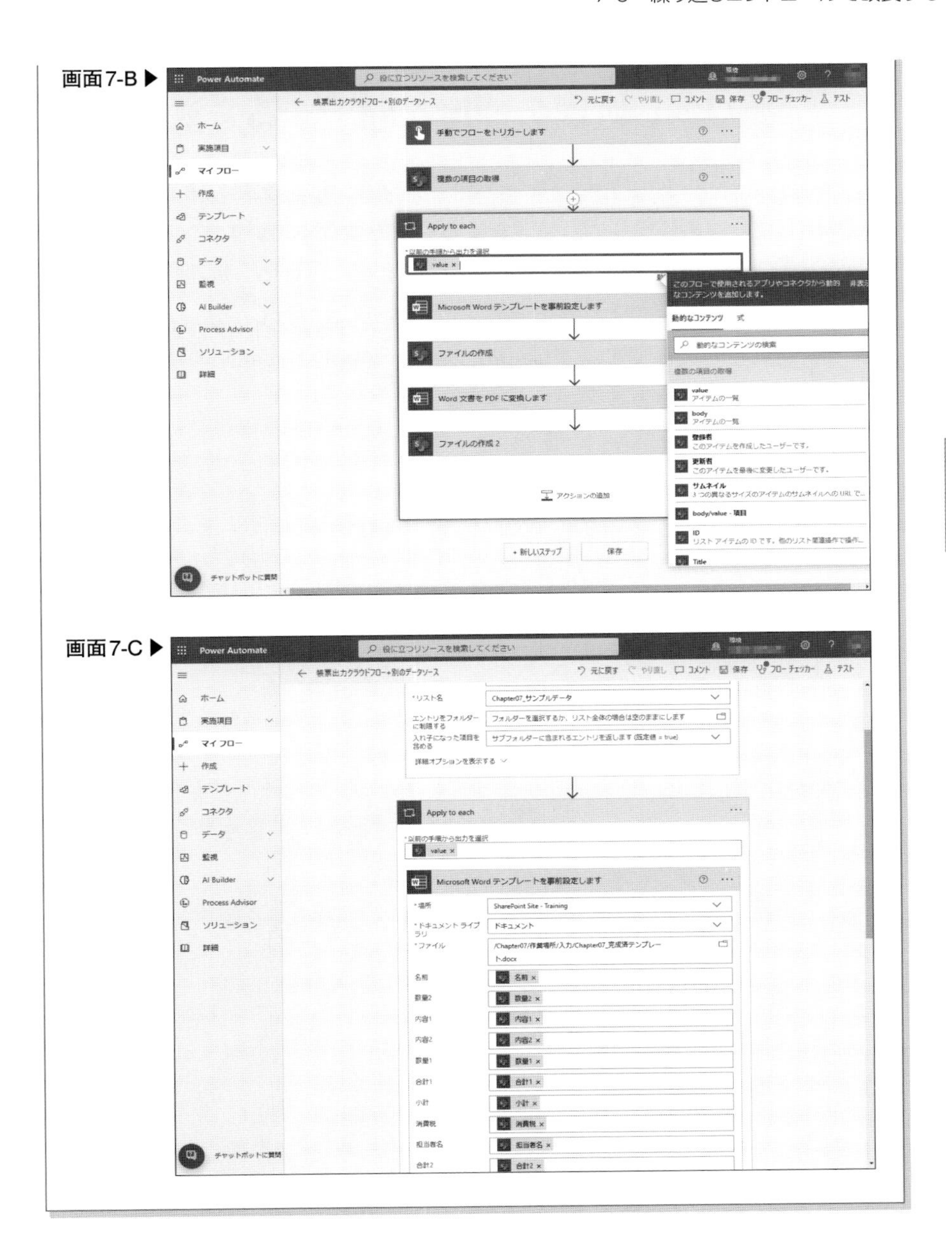
画面7-B ▶
Power Automate
役に立つリソースを検索してください
帳票出力クラウドフロー+別のデータソース
元に戻す
やり直し
コメント
保存
フロー チェッカー
テスト
ホーム
実施項目
マイ フロー
作成
テンプレート
コネクタ
データ
監視
AI Builder
Process Advisor
ソリューション
詳細
チャットボットに質問
手動でフローをトリガーします
複数の項目の取得
Apply to each
以前の手順から出力を選択
value
Microsoft Word テンプレートを事前設定します
ファイルの作成
Word 文書を PDF に変換します
ファイルの作成 2
アクションの追加
+ 新しいステップ
保存
なコンテンツを追加します。
動的なコンテンツ
式
動的なコンテンツの検索
複数の項目の取得
value
アイテムの一覧
body
アイテムの一覧
登録者
このアイテムを作成したユーザーです。
更新者
このアイテムを最後に変更したユーザーです。
サムネイル
body/value - 項目
ID
Title
画面7-C ▶
Power Automate
役に立つリソースを検索してください
帳票出力クラウドフロー+別のデータソース
元に戻す
やり直し
コメント
保存
フロー チェッカー
テスト
ホーム
実施項目
マイ フロー
作成
テンプレート
コネクタ
データ
監視
AI Builder
Process Advisor
ソリューション
詳細
チャットボットに質問
*リスト名
Chapter07_サンプルデータ
エントリをフォルダーに制限する
フォルダーを選択するか、リスト全体の場合は空のままにします
入れ子になった項目を含める
サブフォルダーに含まれるエントリを返します (既定値 = true)
詳細オプションを表示する
Apply to each
*以前の手順から出力を選択
value
Microsoft Word テンプレートを事前設定します
*場所
SharePoint Site - Training
*ドキュメント ライブラリ
ドキュメント
*ファイル
/Chapter07/作業場所/入力/Chapter07_完成済テンプレート.docx
名前
数量2
内容1
内容2
数量1
合計1
小計
消費税
担当者名
合計2

Column

繰り返し処理の速度を向上する方法

Power Automateの「Apply to each」アクションは、配列の値を1つずつ取り出して、順番に繰り返し処理をするしくみになっています。そのため、「Apply to each」で処理するデータ量が増加するにつれて、処理時間も増加してしまいます。そのようなときに役立つのが「コンカレンシーの制御」による並列処理の実行です。本Columnでは、「Apply to each」の繰り返し処理の速度を向上する方法を紹介します。

◆ コンカレンシーの制御を設定する

今回検証で使用するクラウドフローは(画面7-A)になります。

画面7-A ▶

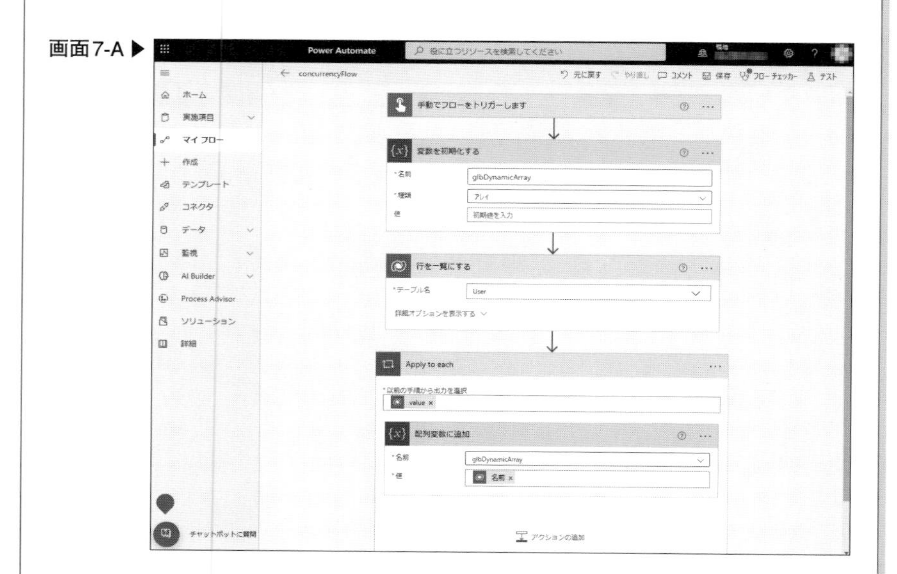

データソースとして用意したDataverseの100レコードを含むテーブルを読み込みます。また、「行を一覧にする」アクションでテーブルから値を取得して、「Apply to each」の繰り返し処理で配列変数のglbDynamicArrayに値を格納します。

まずは、通常の処理時間を確認します。通常の場合、順番に繰り返し処理をすると、繰り返し数に比例して処理時間がかかります。5回実行した結果が(画面7-B)になります。平均処理時間は25.8秒です。

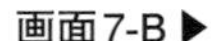
画面7-B ▶

次に、「コンカレンシーの制御」設定時の処理時間を確認します。「Apply to each」アクションの[...]⇒[設定]を選択します。「コンカレンシーの制御」をオンにし、初期値で20となっている多重度を50に変更し[完了]を選択します(画面7-C)。

この状態で5回実行した結果が(画面7-D)になります。平均処理時間は11.4秒です。通常の場合と比較すると、処理時間が半分以下に短縮されています。

画面7-C ▶

画面7-D ▶

◆ コンカレンシー制御の注意点

コンカレンシー制御をオンにすることで処理速度が速くなっています。すると「常にオンに設定すればいいのでは？」と思われるでしょう。しかし、この処理は並列処理をしているので、処理順番が不規則になっています。通常の場合は画面7-Eのように順番に処理されますが、コンカレンシー処理の場合は画面7-Fのように不規則に処理されてしまいます。順番に繰り返し処理をさせたい場合、こちらの設定を適用することはできません。

画面7-E ▶

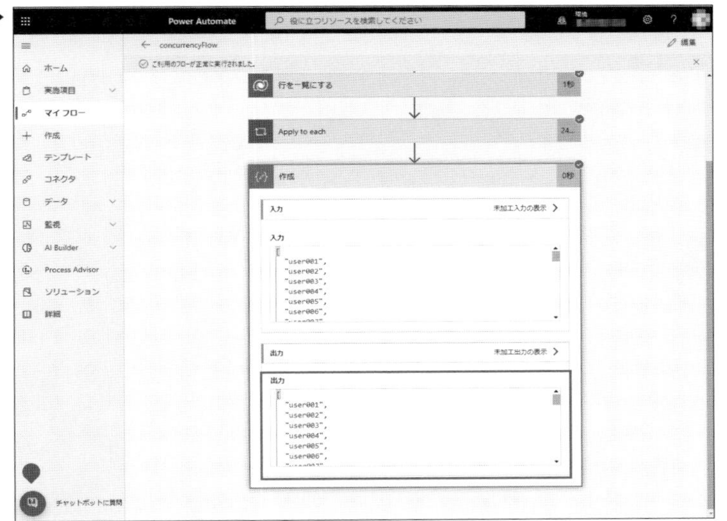

画面7-F ▶

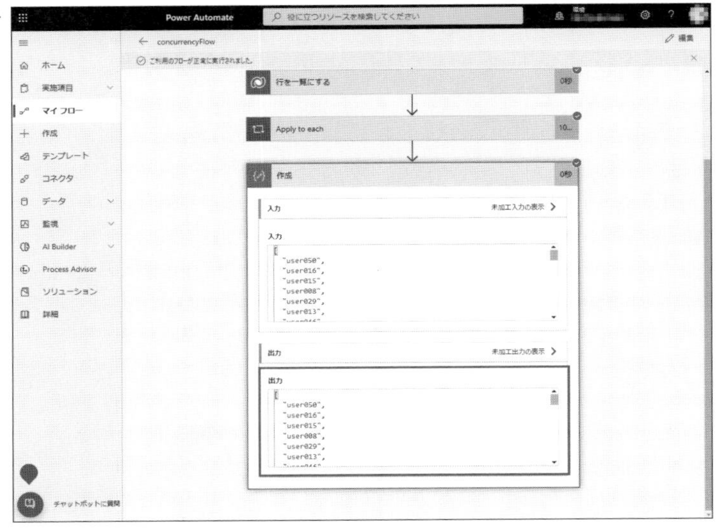

　コンカレンシー処理を設定する前に、どのように処理をさせたいかを検討しましょう。順番に処理をさせる必要がない場合、「コンカレンシーの制御」による並列処理の実行は、非常に有効な手段です。

Chapter 8 請求書OCRアプリ

分類 活用の幅を広げるアプリ

使用するサービス [Power Apps キャンバス アプリ] [AI Builder]

スマートフォンで紙の請求書を撮影すれば、設定しておいた必要情報を読み取って保存してくれるアプリを、AIを使って実現します。「AI」と聞くとハードルが高く感じてしまいますが、AI Builderを使えば簡単に、すばやくアプリに組み込めます。

8-1 作成するアプリの概要

本章では、書類を撮影した写真データから必要な情報を自動で文字起こしするアプリを作成します。Power Platformの機能の1つであるAI Builderを使うことで簡単にAIモデルを作成でき、作成したAIモデルを利用することも容易です。AI Builderでは画像認識や文字起こしなどさまざまなAIを作ることができます。

本章では文字起こし(OCR：光学的文字認識)を使用します。あらかじめ書類を学習させておき、書類の画像から必要な情報をデータ化するという流れになります。

①AI Builderで請求書を学習させたAIモデルを作る

②Power AppsからAIを利用する

なお、学習用データやテスト用データなどは本書サポートページ[注1]からダウンロードしてください。

注1) URL https://gihyo.jp/book/2022/978-4-297-13004-6/support

8-2 AI Builderで請求書を学習させたAIモデルを作る

AIモデルとは「何らかの問題について学習させておくことで、問いかけに対して答えてくれる装置」とイメージしてください。例として、「犬と猫を識別する」というAIモデルを作成したとします。このAIモデルに何らかの画像を渡すと「犬」もしくは「猫」のどちらかの答えを返してくれます。一方でこのAIモデルに対してウサギの画像を渡しても「ウサギ」と返してくれることはありません。ウサギも判別してほしい場合には「犬と猫とウサギを識別する」というAIモデルを作成しておく必要があります。このように、AIモデルは目的に応じて適切に作成しましょう。

AI Builderを使うとWeb上の画面を操作していくことで簡単にAIモデルを作成できます。それでは順番に進めていきましょう。

新しいAIモデル（フォーム処理）を作成する

Power Apps（Power Automate）メーカーポータルの左メニュー［AI Builder］⇒［モデル］（画面8-1）⇒［モデルの作成］（画面8-2）をクリックします。

画面8-1 ▶

画面8-2▶

構築済みのモデルやモデルを作成するテンプレートが表示されるので[ドキュメントからカスタム情報を検出する]を選択し(画面8-3)、使用するテンプレートに関する概要を確認して[作業の開始]をクリックします(画面8-4)。[ドキュメントの種類を選択]では[構造化および半構造化ドキュメント]を選択します。

画面8-3▶

画面8-4 ▶

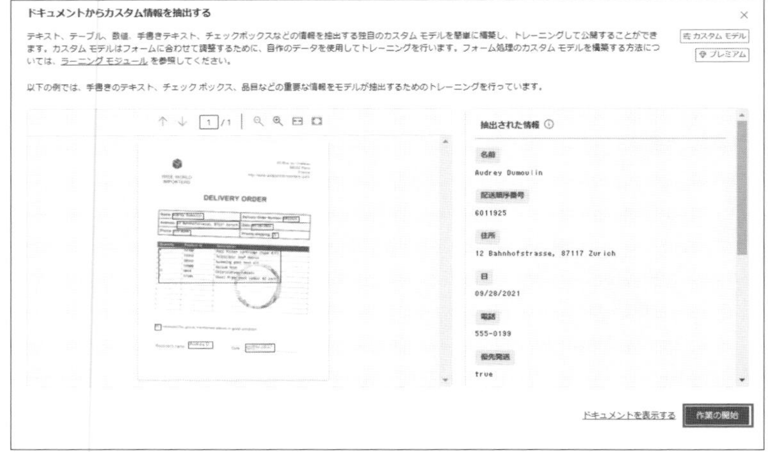

抽出する情報を選択する

[抽出する情報を選択する]画面(画面8-5)で抽出したい情報を[追加]していきましょう。

画面8-5 ▶

ここでは「フィールド」を選択して[次へ]で進み(画面8-6)、フィールドに名前を付けます(画面8-7)。ここで指定した名前でデータにアクセスすることになります。今回は例として「請求書番号」と「総計」を読み取ります。まずは、「請求書番号」でフィールドを作成し、同様に「総計」も作成して[次へ]で進めてください(画面8-8)。

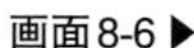

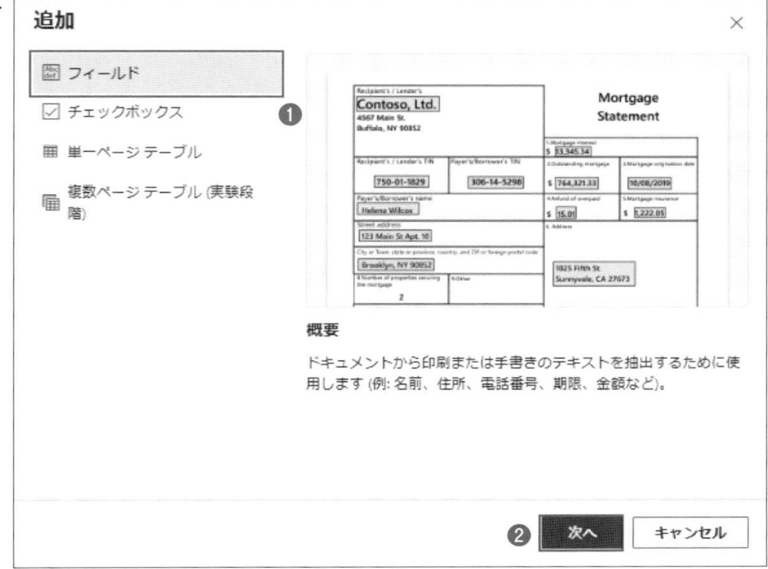

追加
フィールド
チェックボックス
単一ページテーブル
複数ページテーブル (実験段階)
Mortgage Statement
Contoso, Ltd.
概要
ドキュメントから印刷または手書きのテキストを抽出するために使用します (例: 名前、住所、電話番号、期限、金額など)。
次へ
キャンセル

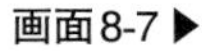

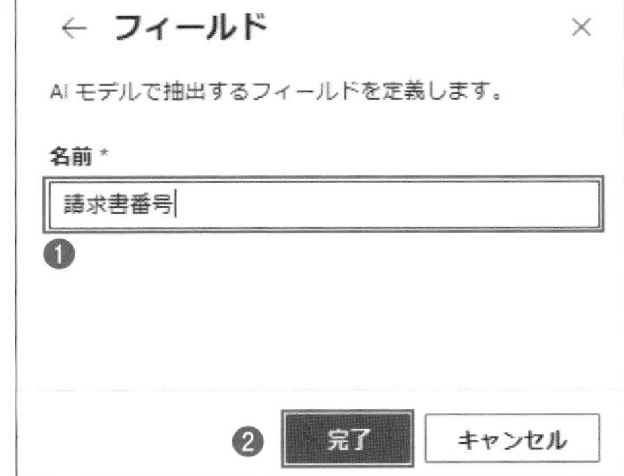

フィールド
AI モデルで抽出するフィールドを定義します。
名前 *
請求書番号
完了
キャンセル

画面8-8 ▶

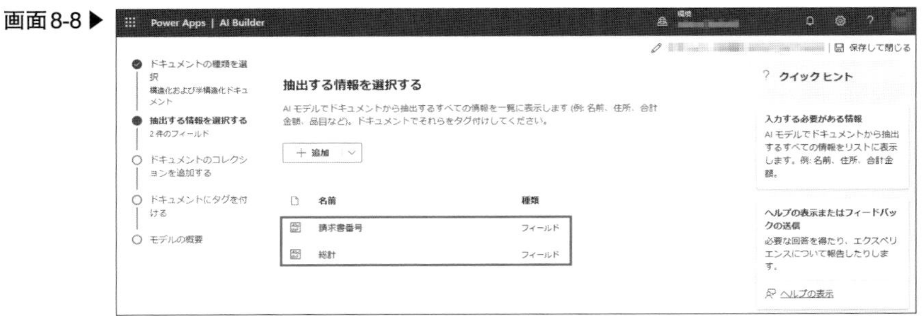

Power Apps | AI Builder
保存して閉じる
ドキュメントの種類を選択
構造化および半構造化ドキュメント
抽出する情報を選択する
2 件のフィールド
ドキュメントのコレクションを追加する
ドキュメントにタグを付ける
モデルの概要
抽出する情報を選択する
AI モデルでドキュメントから抽出するすべての情報を一覧に表示します (例: 名前、住所、合計金額、品目など)。ドキュメントでそれらをタグ付けしてください。
追加
名前
種類
請求書番号
フィールド
総計
フィールド
クイック ヒント
入力する必要がある情報
AI モデルでドキュメントから抽出するすべての情報をリストに表示します。例: 名前、住所、合計金額。
ヘルプの表示またはフィードバックの送信
必要な回答を得たり、エクスペリエンスについて報告したりします。
ヘルプの表示

教師データを指定する

［新しいコレクション］⇒ 追加されたコレクションの［＋］⇒［ドキュメントの追加］（画面8-9）でデータソースとして「自分のデバイス」を選択します（画面8-10）。

画面8-9▶

画面8-10▶

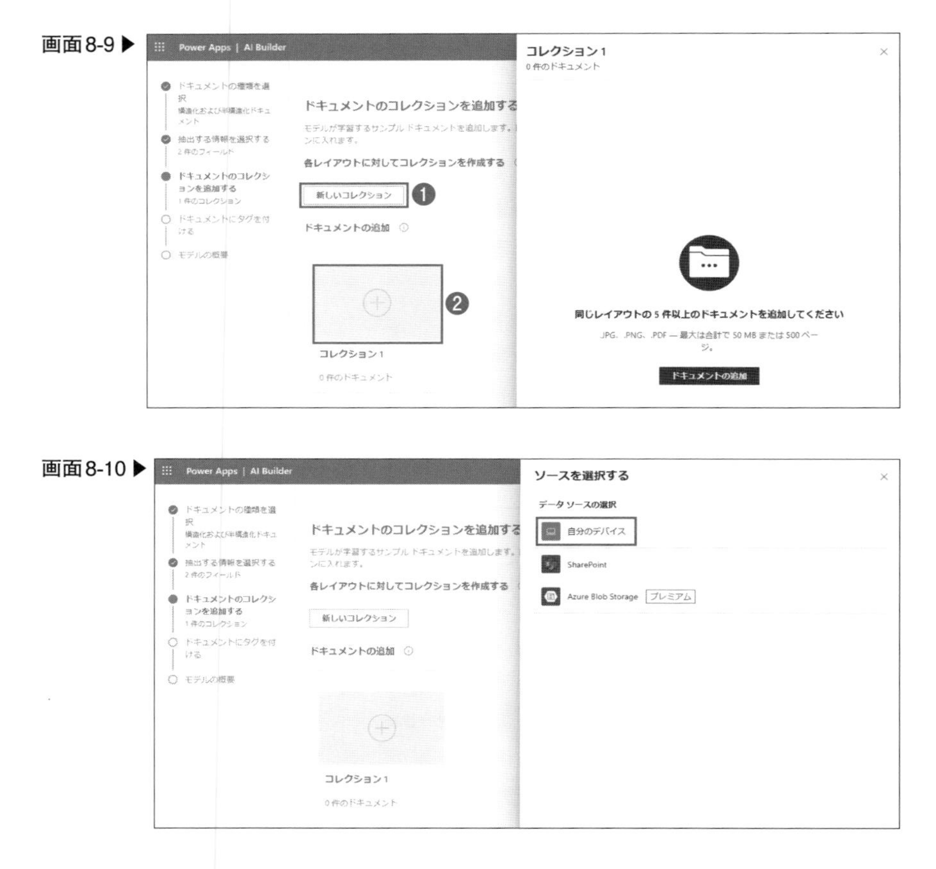

本書サポートページからダウンロードした学習データ（5つ）をアップロードしてください（画面8-11）。

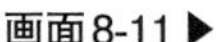
画面8-11 ▶

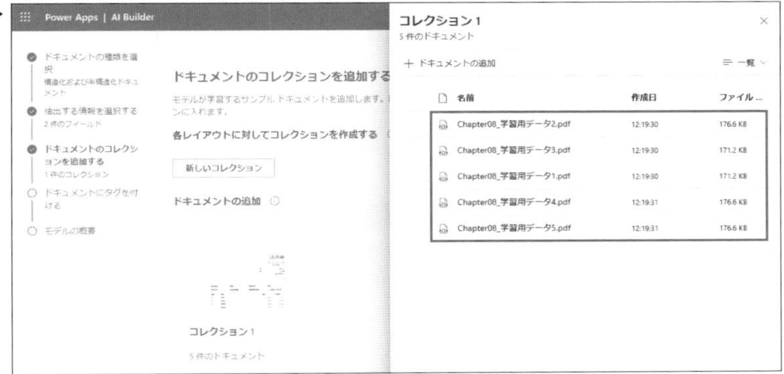

読み取りたい場所を選択する

続いて[ドキュメントにタグを付ける]では設定したドキュメントのそれぞれに対して[抽出する情報]がどこにあるのかを指定します(画面8-12)。

画面8-12 ▶

ドキュメントの上の請求書番号に相当する部分をクリック（もしくは範囲選択）します（画面8-13）。

指定した場所の値が読み取られます。その値で問題なければ、フィールドから「請求書番号」を選択します（画面8-14）。場所の指定が問題ないのに読み取ら

画面8-13 ▶

画面8-14 ▶

れた値が間違っている場合には、ドキュメントの質が低すぎる可能性があるので、別のファイルで試してください。

「総計」も同様に設定すると画面8-15のようになります。ドキュメント上に表示される枠の位置が間違っていないことを確認します。

すべてのフィールドの設定が終わったら、右上のコレクションから未設定のドキュメントを選択して同様に設定していきます。すべてのドキュメントに設定が終わったら[次へ]で進みます(画面8-16)。

画面8-15▶

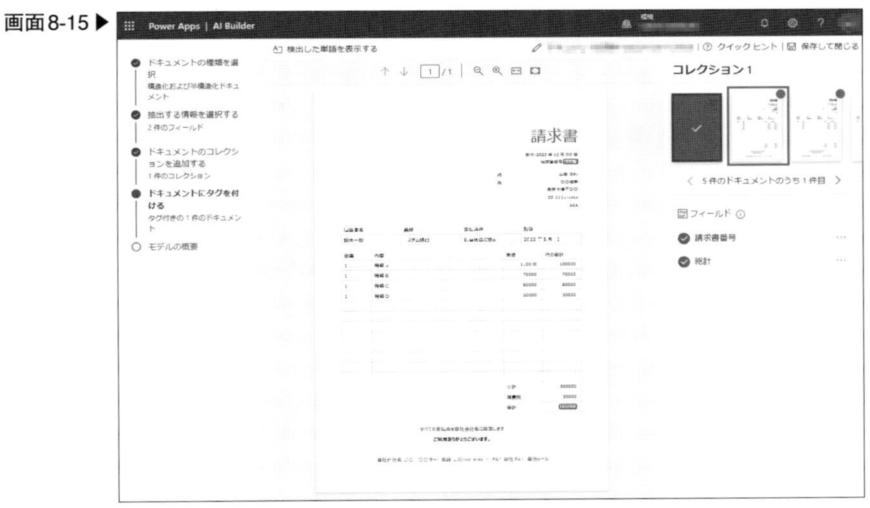

画面8-16▶

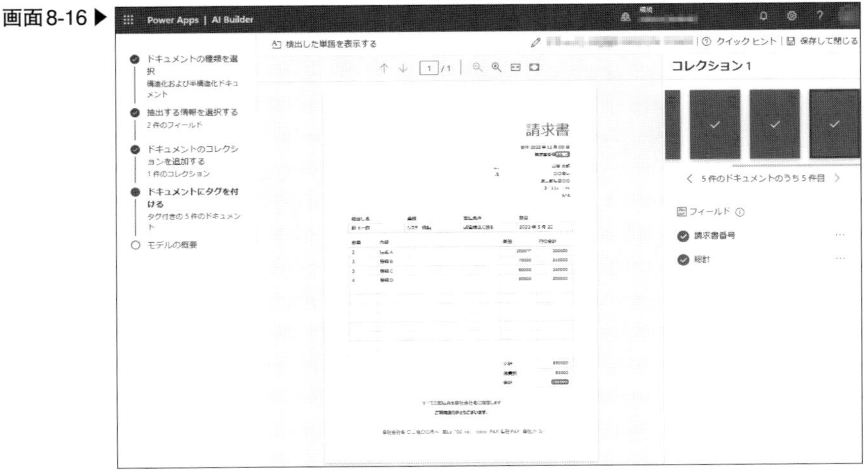

トレーニングする

［モデルの概要］ページでは設定した項目が問題ないことを確認して［トレーニングする］をクリックします（画面8-17）。しばらく待ってトレーニングが完了したらAIモデルの完成です。

画面8-17 ▶

テストする

トレーニングを完了した直後のモデルから［クイックテスト］し（画面8-18）、テスト用データをドラッグ＆ドロップします（画面8-19）。

画面8-18▶

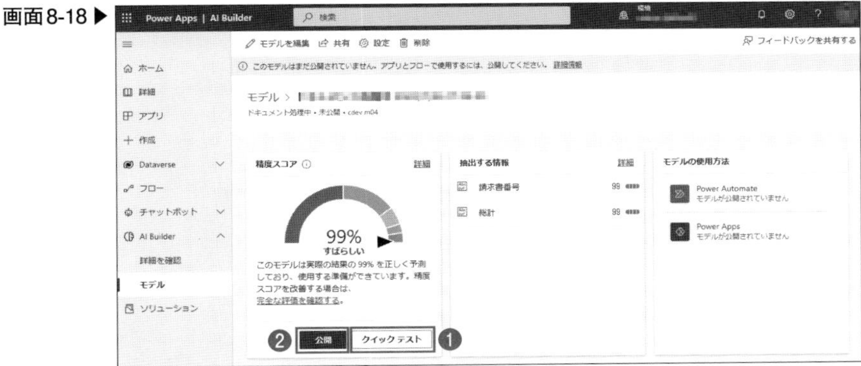

画面8-19▶

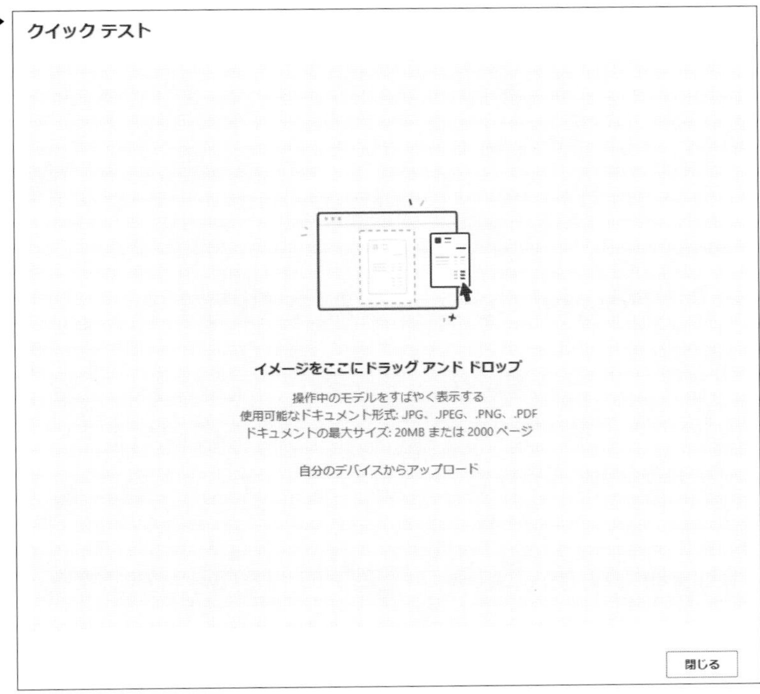

しばらくすると読み取った結果が表示されます（画面8-20）。問題がなければ［閉じる］で画面8-18に戻って［公開］します。これでAIモデルの準備は完了です。

画面8-20▶

8-3 Power AppsからAIを利用する

用意したAIモデルを実際にアプリに組み込んでみます。ここでは、Power Appsのキャンバスアプリ上でフォームプロセッサコンポーネントを利用してAIモデルを呼び出してみます。

Power Appsのキャンバスアプリを新規作成する

本章のアプリは読み取る請求書をスマートフォンのカメラで撮影するため[形式]は「電話」を選択します(画面8-21)。その後、[ファイル]をクリックし、[保存]します(画面8-22)。

画面8-21 ▶

画面8-22 ▶

フォームプロセッサを追加する

画面左メニュー[+](挿入)⇒[AI Builder]⇒[フォームプロセッサ]をクリックし(画面8-23)、自身で作成したモデルを選択します(画面8-24)。追加したフォームプロセッサの位置や大きさをお好みで調整してください(画面8-25)。

画面8-23 ▶

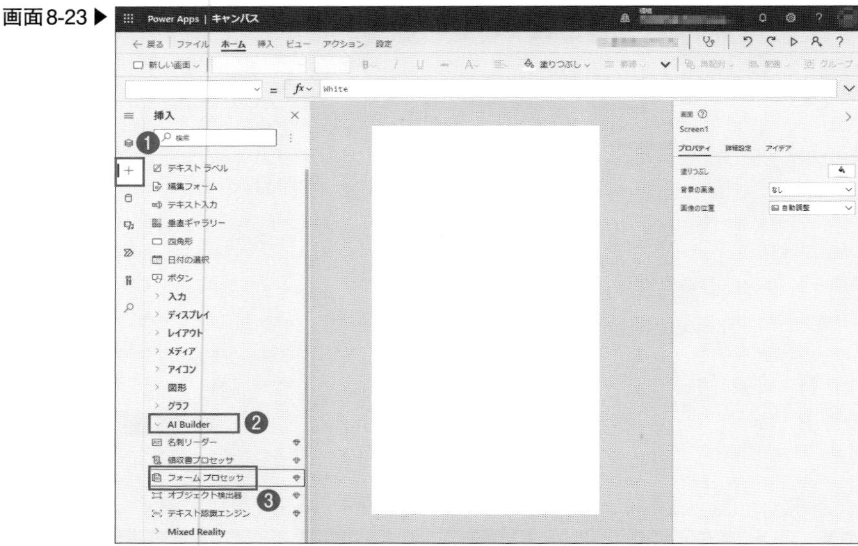

画面8-24 ▶

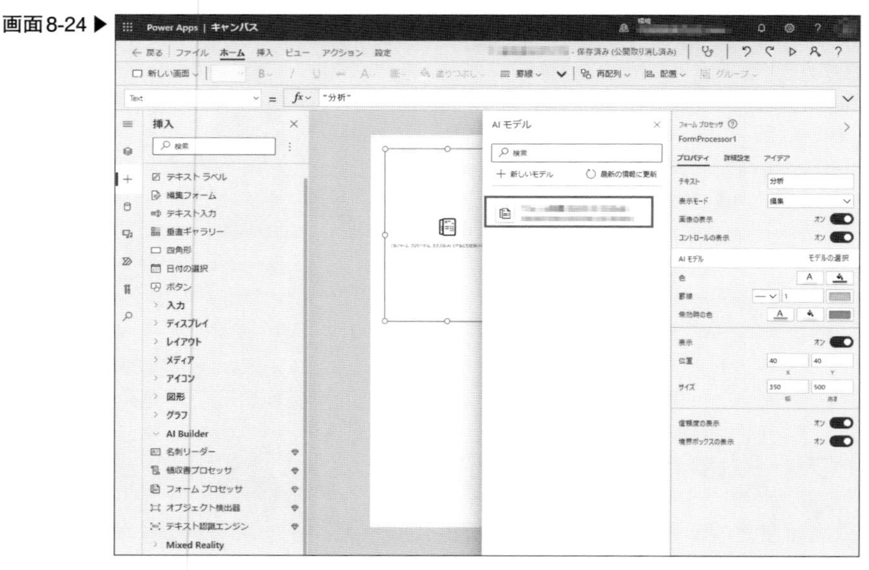

画面8-25 ▶

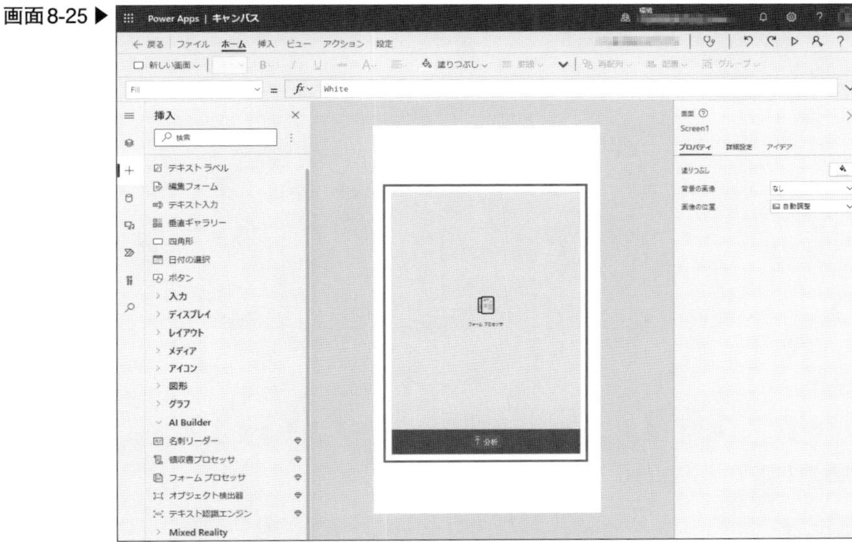

フォームプロセッサの結果を表示するラベルを追加する

フォームプロセッサの処理結果を表示できるようにします。

請求書番号

まずは「請求書番号」を表示します。[+]⇒[人気順](または[ディスプレイ])⇒[テキストラベル]をクリックし、追加されたテキストラベルの[Text]プロパティに次のように入力します(画面8-26)。

```
"請求書番号:" & FormProcessor1.Results.請求書番号.Value
```

※「FormProcessor1」は、実際のフォームプロセッサコンポーネントの名前と一致させてください。(右側の)「請求書番号」はAIモデル作成時に[抽出する情報を選択する]で設定した名前になります。

画面8-26 ▶

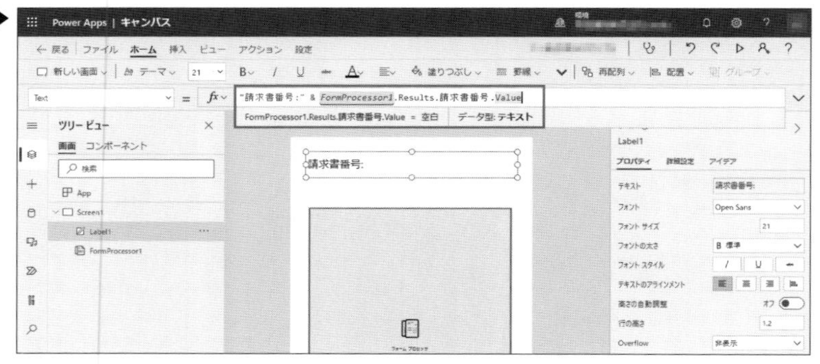

総計

同様に、「総計」を表示するテキストラベルを「請求書番号」の下に追加します（画面8-27）。[Text]プロパティは次のとおりです。

```
"総計:" & FormProcessor1.Results.総計.Value
```

画面8-27 ▶

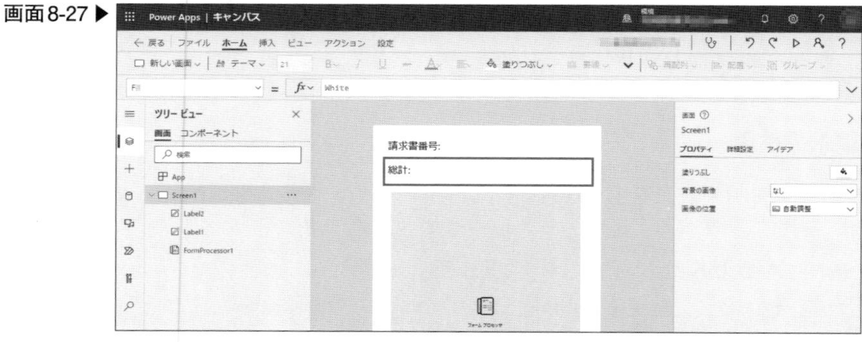

[保存]と[公開]をしてください。

テストする

スマートフォンから「Power Apps Mobile」を実行します（画面8-28）注2。[分析]

注2）スマートフォンに「Power Apps Mobile」をセットアップするには、Chapter 4-5「公開する」（P.79）を参考にしてください。

をタップしてメニューを表示します。iOSの場合は画面8-29のようになります。Androidの場合、見た目は異なりますが、同じような機能が使えます。

画面8-28▶

請求書番号:

総計:

フォーム プロセッサ

分析

画面8-29 ▶

［写真を撮る］などしてフォームプロセッサに渡すことができると自動的に処理が始まります（画面8-30）。処理が完了するとテキストラベルに読み取った文字が表示されます（画面8-31）。画像上に認識した場所と精度が表示されます。

画面8-30 ▶

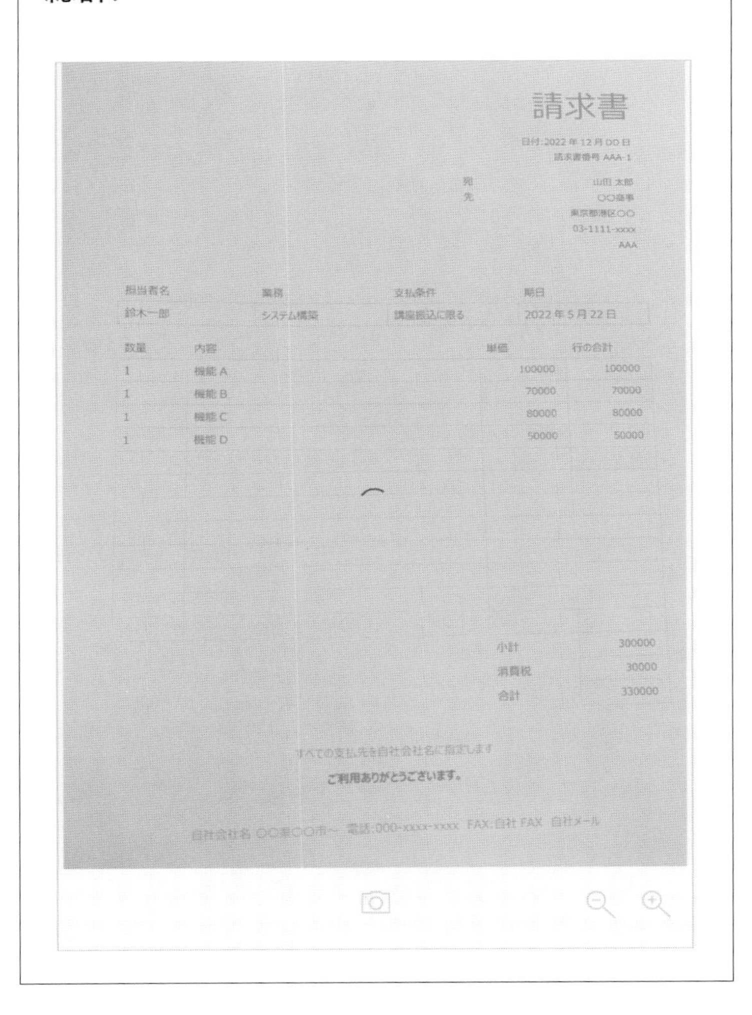

画面8-31 ▶

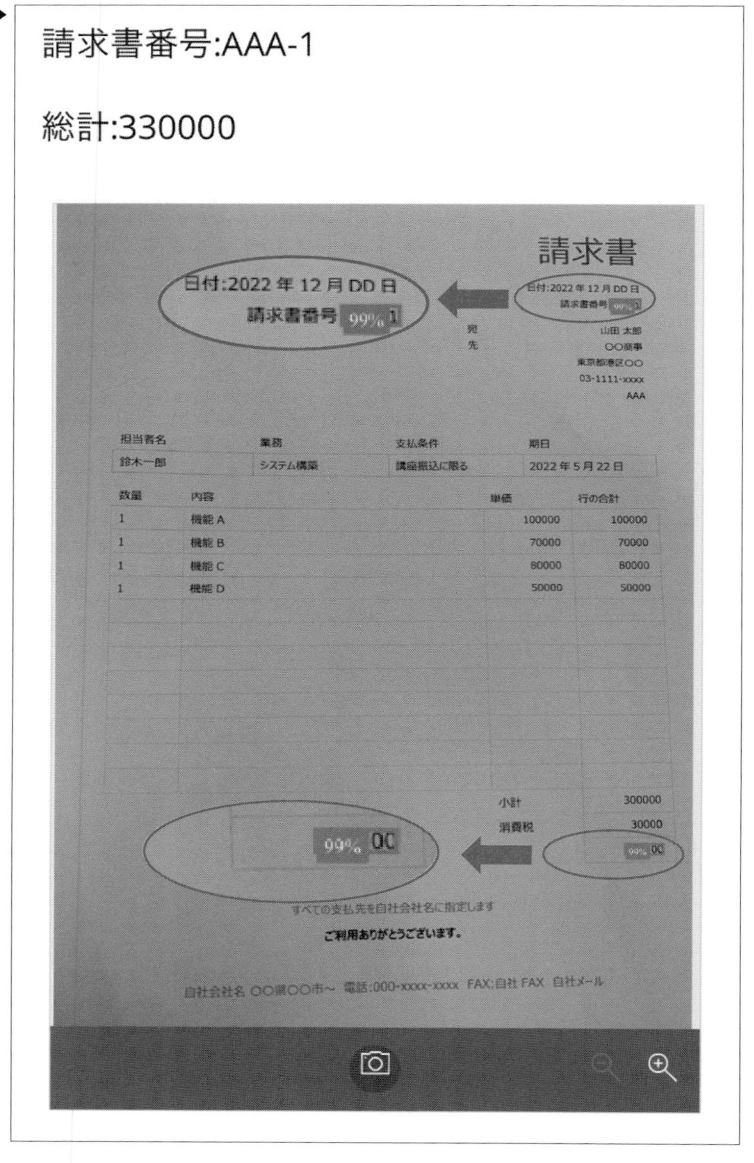

無事に請求書OCRが実行できることが確認できました。ここでは読み取る項目が1枚の画像につき2個でしたが、項目数や学習データなどを増やして挑戦してみてください。

Chapter 9 SNSポジネガ調査アプリ

分類 活用の幅を広げるアプリ

使用するサービス [Power Apps キャンバス アプリ] [Power Automate] [AI Builder] [Excel]

自社製品の評価を調べるのに、今やSNSの投稿は無視できません。本章では、特定キーワードを含む投稿をTwitterで継続的に収集し、投稿内容の感情分析を行います。Chapter 8から引き続き、AI Builderを利用します。

9-1 作成するアプリの概要

本章では、Twitterでツイートされた特定のキーワード(「チョコ」「雨」「宇宙人」)に対してAIが感情分析した結果(「positive」「negative」など)を表示するアプリを作成します(画面9-1)。

画面9-1 ▶

9-2 ツイートを格納・集計するExcelファイルを準備する

本書のサポートページ注1から「SNS調査テンプレート.xlsx」をダウンロードしてください。

ダウンロードしたExcelファイルには、4つのシート(「集計」「チョコ」「雨」「宇宙人」)があります。「集計」シートの観測値には次の数式が入っています(画面9-2)。「チョコ」「雨」「宇宙人」のシートには、以降の処理でツイート情報が格納されます(画面9-3)。

```
=COUNTIF(テーブル名[感情], [@感情])
```

画面9-2▶

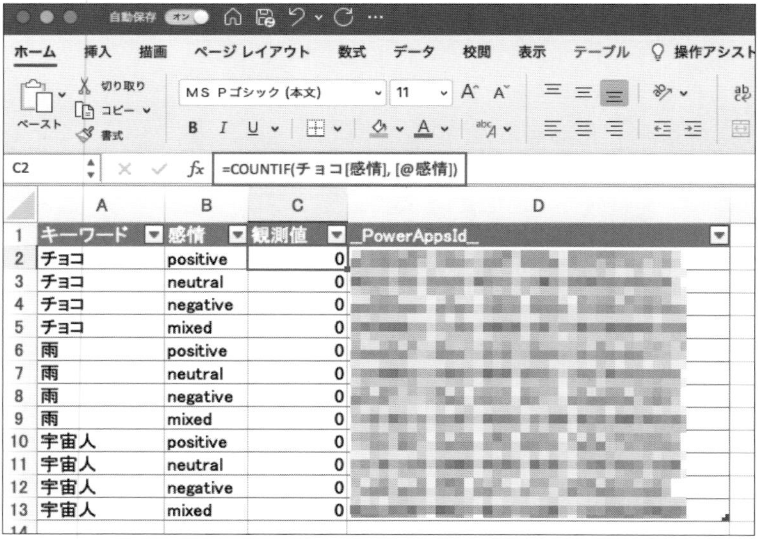

C2　=COUNTIF(チョコ[感情], [@感情])

	A	B	C	D
1	キーワード	感情	観測値	_PowerAppsId_
2	チョコ	positive	0	
3	チョコ	neutral	0	
4	チョコ	negative	0	
5	チョコ	mixed	0	
6	雨	positive	0	
7	雨	neutral	0	
8	雨	negative	0	
9	雨	mixed	0	
10	宇宙人	positive	0	
11	宇宙人	neutral	0	
12	宇宙人	negative	0	
13	宇宙人	mixed	0	

注1) URL https://gihyo.jp/book/2022/978-4-297-13004-6/support

画面9-3 ▶

Excelファイルを格納するSharePointフォルダを作成する

Chapter 3-3「データの接続と利用」(p.39)で作成したSharePointサイト「Training」に移動して、SNS調査テンプレート.xlsxを格納します。ここでは、「Chapter09」-「サンプルデータ」フォルダに保存しました(画面9-4)。

画面9-4 ▶

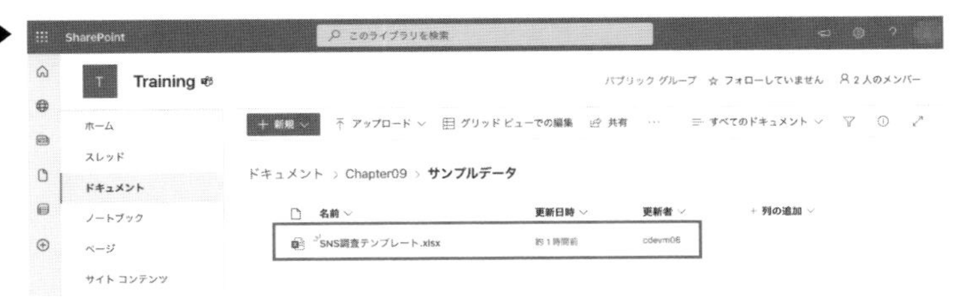

9-3　Power Automateのクラウドフローを作成する

トリガー「新しいツイートが投稿されたら」を作成する

Power Automateの画面左メニュー[+](作成)⇒[自動化したクラウドフロー]で画面9-5を開き、フロー名とトリガーを指定します。フロー名は「自動データ収集(チョコ)」で、トリガーは[新しいツイートが投稿されたら]です。

画面9-5 ▶

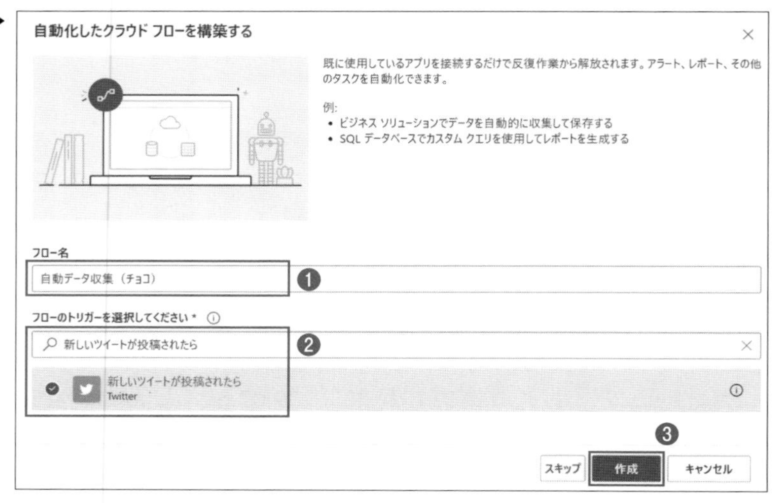

Twitterコネクタは、次の認証をサポートしています。

- 共有済みの既定アプリケーションを使用する
- 独自のアプリケーションを導入する

ここでは、Microsoftが管理するTwitterクライアントアプリケーションを使用して認証する[共有済みの既定アプリケーションを使用する]を選択します(画面9-6)。

[サインイン]するとアカウントの認証情報を求められます(画面9-7)。ご自身のアカウントで[連携アプリを認証]してください。[…]⇒[マイコネクション]の中にご自身のTwitterアカウントがあればTwitterコネクタへの接続は完了です(画面9-8)。

[新しいツイートが投稿されたら]ブロックの検索テキストに「チョコ」と入力します(画面9-9)。これで「チョコ」とツイートされるとフローが動き出すトリガーの設定は完了です。

画面9-6 ▶

Power Automate
役に立つリソースを検索してください
ホーム
実施項目
マイ フロー
作成
テンプレート
コネクタ
データ
監視
AI Builder
Process Advisor
ソリューション
詳細
自動データ収集（チョコ）
元に戻す
やり直し
コメント
保存
フロー チェッカー
テスト
Twitter
認証の種類
共有済みの既定アプリケーションを使用する
サインイン
+ 新しいステップ
保存

画面9-7 ▶

アカウント作成 ›
Microsoft Power Platform
にアカウントへのアクセス
を許可しますか？
ユーザー名、またはメー
パスワード
保存する · パスワードを忘れた場合はこちら
連携アプリを認証
キャンセル
このアプリケーションは次のことができます。
• このアカウントのタイムラインに表示さ
Microsoft Power
Platform
による Microsoft
www.powerapps.com
Microsoft Power Platform is
a service for building
custom business apps that
connect to your data and
work across the web and
mobile - without the time
and expense of custom
software development.
プライバシーポリシー
利用規約

画面9-8 ▶

画面9-9 ▶

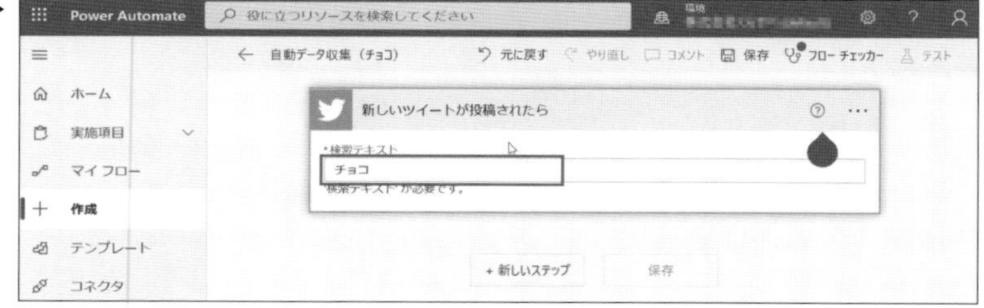

ツイートの収集頻度を変更する場合

トリガー「新しいツイートが投稿されたら」は1時間に一度実行されます。収集頻度を変更する場合は、［スケジュール済みクラウドフロー］から［ツイートの検索］アクションを選択してください（画面9-10）。

画面9-10 ▶

現在の時刻を取得する

　続いてテーブルに格納するための現在時刻を取得します。［新しいステップ］を選択して、検索バーに「日時」と入力して、［アクション］から「現在の時刻」を選択します（画面9-11）。

画面9-11 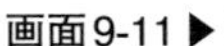

タイムゾーンの変換

　ここで取得した日時はUTC（協定世界時）のため日本時間にタイムゾーンを変換します。［新しいステップ］⇒ 検索バーに「日時」と入力 ⇒［タイムゾーンの変換」を選択し（画面9-12）、次のように入力します（画面9-13）。

- 基準時間：現在の時刻（直前のフローで取得した現在の時刻）
- 変換元のタイムゾーン：（UTC）協定世界時
- 変換先のタイムゾーン：（UTC＋09:00）大阪、札幌、東京
- 書式設定文字列：yyyy/MM/dd HH:mm（［カスタム値の入力］を選択する）

画面9-12▶

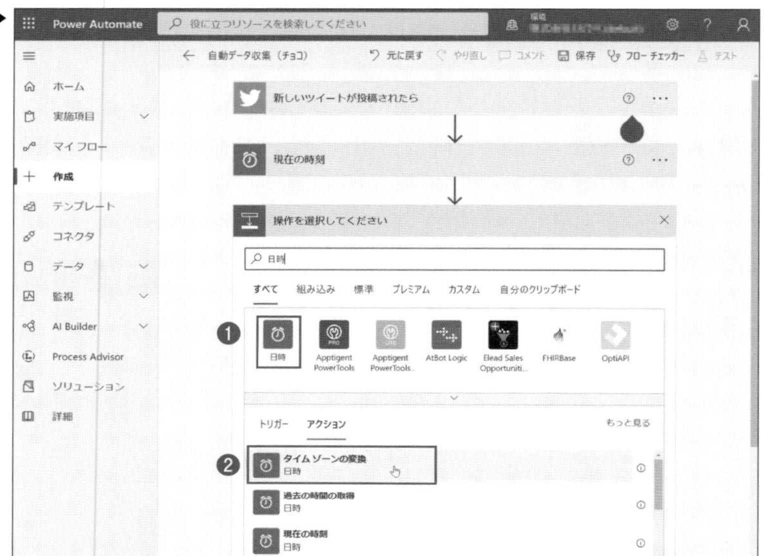

画面9-13▶

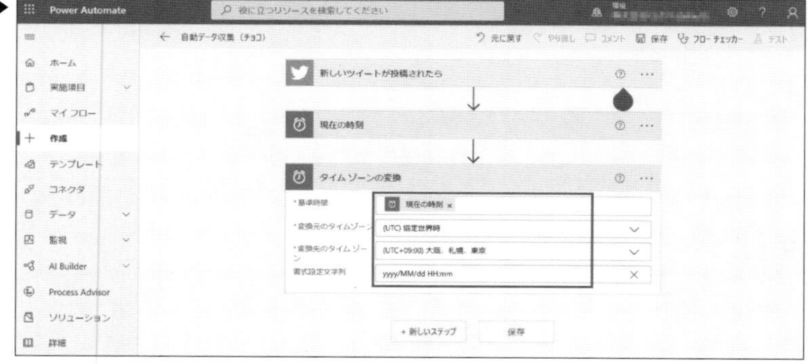

AI Builderを利用した感情分析フローを作成する

それではAI Builderを使用してツイートを感情分析するフローを追加していきます。

AI Builderの感情分析の事前構築済みモデルを利用すると、与えられた文が「positive」「negative」「neutral」のラベルと呼ばれる感情をどの程度保持しているのか、数値化（スコア）して評価してくれます。それぞれの文を集計することで文章全体がどのような感情を保持しているか決定しています。そのため文章単位では複数の感情が混在する「mixed」のラベルが評価される場合もあります。

［新しいステップ］⇒ 検索バーに「AI Builder」と入力 ⇒［アクション］⇒［テキスト内の肯定的または否定的な感情を分析する］を選択し（画面9-14）、次のように設定します（画面9-15）。

- 言語：日本語
- テキスト：ツイートテキスト（トリガーで取得したツイート情報）

画面9-14▶

画面9-15▶

Excelにデータを格納する

事前に用意したExcelファイルにデータを格納します。[新しいステップ]⇒検索バーに「Excel」と入力 ⇒[アクション]⇒[表に行を追加]を選択し、次のように設定して[保存]します(画面9-16)。

- 場所：SharePoint Site - Training
- ドキュメントライブラリ：ドキュメント
- ファイル：SNS調査テンプレート
- テーブル：チョコ
- ID：ツイートID
- 名前：名前
- tweet：ツイートテキスト
- 感情：テキスト全体の感情(AI Builderで取得した分析情報)
- 日時：変換後の時間(タイムゾーンの変換で作成した時刻)

画面9-16 ▶

テストする

フローを[保存]し、[フローチェッカー]で問題ないことを確認し、[テスト]⇒[手動]⇒[テスト]でフローを実行します(画面9-17)。また、SNS調査テンプレート.xlsxの「チョコ」テーブルにデータが格納されていることを確認してください。

画面9-17 ▶

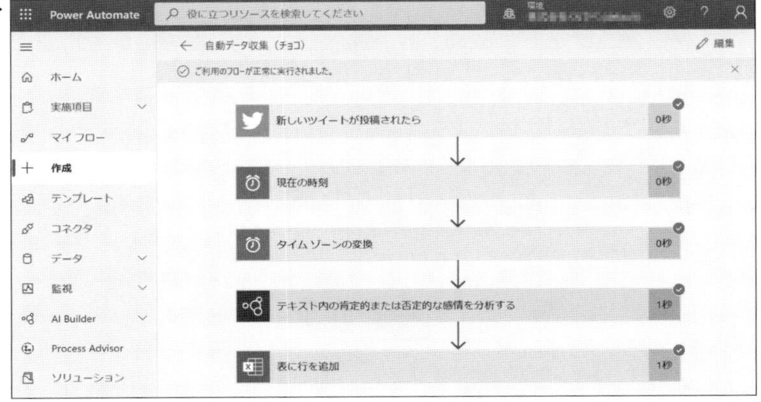

既存フローから新しいフローを作成する

同様に「雨」と「宇宙人」テーブルにも自動で格納されるように、「チョコ」のフローを複製・編集していきます。

画面左メニュー[マイフロー]⇒「自動データ収集(チョコ)」の縦3点リーダー⇒[名前を付けて保存]を選択し(画面9-18)、画面9-19に「自動データ収集(雨)」と入力して[保存]します。

画面左メニュー[マイフロー]⇒[自動データ収集(雨)]⇒[編集]で次のように修正して[保存]します(画面9-20)。

- トリガー[新しいツイートが投稿されたら]の[検索テキスト]：雨
- アクション[表に行を追加]の[テーブル]：雨

画面9-18 ▶

画面9-19 ▶

このフローのコピーを作成する

このフローのコピーが作成され、マイ フロー ページに追加されます。必要に応じて、最初にその名前を変更できます。これは既定では無効になります。

自動データ収集（雨）

保存　キャンセル

画面9-20▶

［フローチェッカー］で問題ないことを確認してください。また、現時点では「自動データ収集（雨）」フローは無効化されているので、左メニュー［マイフロー］⇒「自動データ収集（雨）」の縦3点リーダー ⇒［オンにする］をクリックします（画面9-21）。

画面9-21▶

そして[自動データ収集(雨)]⇒[編集]で編集画面に移動し、[テスト]⇒[手動]⇒[テスト]で実行し、SNS調査テンプレート.xlsxの「雨」テーブルにデータが格納されていることを確認してください。

「宇宙人」テーブルも同様に追加してください。これで3つのフローが作成できました(画面9-22)。

画面9-22 ▶

9-4 Power Appsからキャンバスアプリを作成する

画面左メニュー[+作成]⇒[空のキャンバスアプリ(作成)]で作成します。[アプリ名]は「SNS Search App」、[形式]は「タブレット」とします(画面9-23)。

画面9-23 ▶

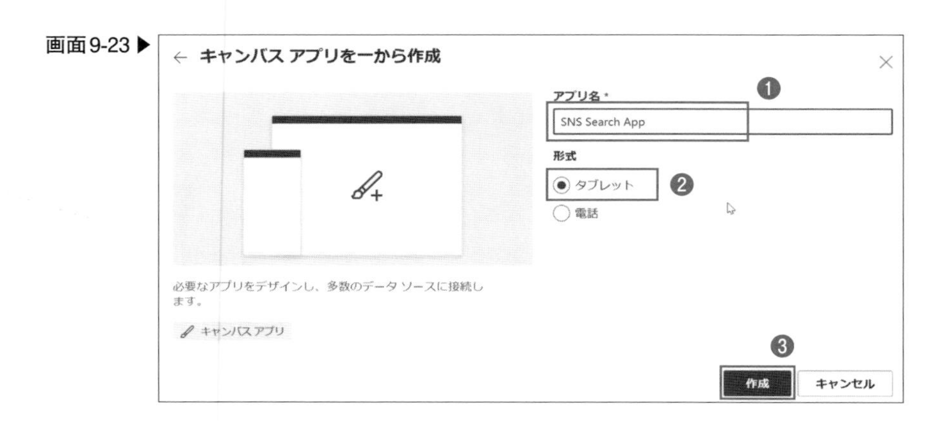

データソースを追加する

「集計」テーブル

画面左メニューの[データ]⇒[データの追加]から4つのデータソースを追加していきます。まずは[集計]テーブルを追加していきます。[データソースの選択]の検索バーに「Excel」と入力し、[Excel Online(Business)]⇒ [Excel Online(Business)]を選択します。[SharePoint Site]⇒[Training]⇒[ドキュメント]⇒[Chapter09]⇒[サンプルデータ]⇒[SNS調査テンプレート]⇒[集計]と選択して[接続]し(画面9-24)、[識別子を選択する]では[Excelテーブルにある一意の列を使用する]⇒[_PowerAppsId_]を選択して[接続]します(画面9-25)。

画面9-24▶

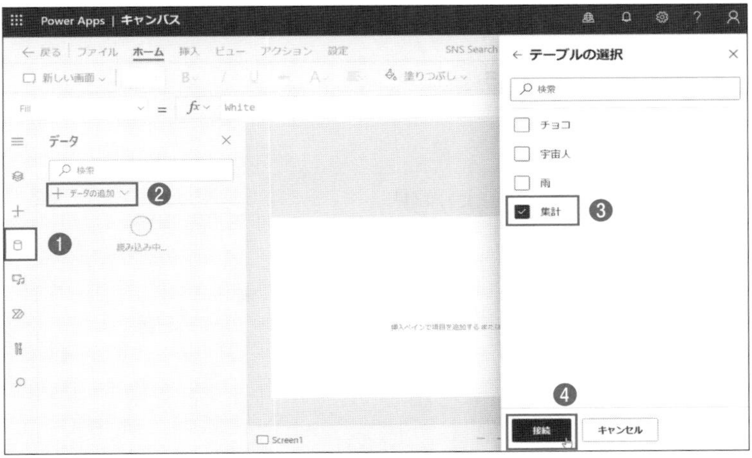

画面9-25 ▶

← 識別子を選択する | 集計

自動生成した ID を Excel テーブルに挿入する ❶

Excel テーブルにある一意の列を使用する

__PowerAppsId__

❷

接続　キャンセル

「チョコ」「雨」「宇宙人」テーブル

同様に「チョコ」「雨」「宇宙人」テーブルも接続していきます。これらのテーブルはデータ形式が共通であるため、同時に接続できます(画面9-26)。

画面9-26 ▶

［識別子を選択する］では、［Excelテーブルにある一意の列を使用する］⇒［ID］を選択して［接続］します（画面9-27）。この手順はそれぞれのテーブルに対して必要です。

これで4つのテーブルをデータとして利用することが可能になりました（画面9-28）。

画面9-27▶

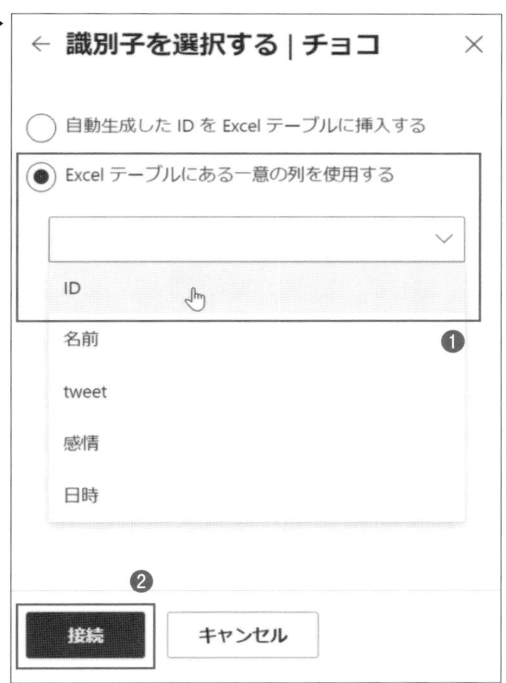

画面9-28 ▶

アプリで利用する画像をアップロードする

Power Appsのキャンバスアプリで、画像、オーディオ、ビデオファイルなどを利用するには「メディア」という場所にデータをアップロードする必要があります。

まず、本書のサポートページ注2から画像ファイル(「チョコ.png」「雨.png」「宇宙人.png」)をダウンロードしてください。

画面左メニュー[メディア]⇒[アップロード]でダウンロードした3つの画像をアップロードします(画面9-29)。

注2) URL https://gihyo.jp/book/2022/978-4-297-13004-6/support

画面9-29▶

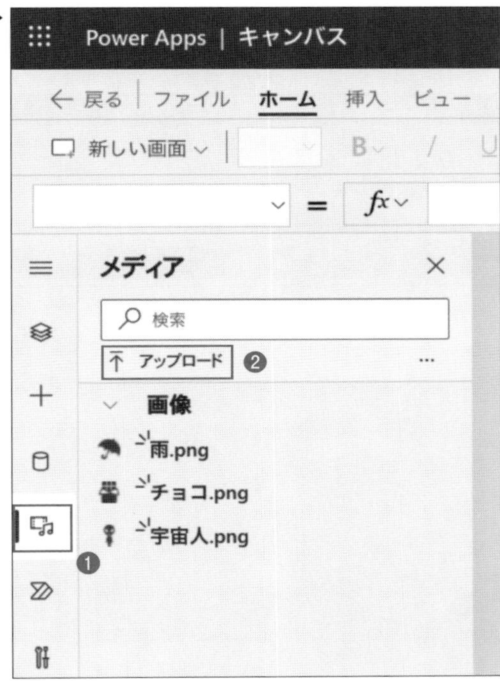

画面に配置する

ラベルの配置

それでは、画面9-1のような画面を作成します。まず、[挿入]⇒[ラベル]を画面9-30のように追加します。

ギャラリー「縦」の配置

次に[挿入]⇒[ギャラリー]⇒[縦]を追加します(画面9-31)。

これ以降、複数のプロパティに対して関数を入力する手順が発生します。関数の記述方法は、「関数の入力補助」フォルダにあるパラメータシートを参照してください。

Distinct関数は、テーブルの各レコードにわたって重複する値を削除した結果のテーブルを返します。集計テーブルのキーワード列ではチョコや雨などが複数存在するため、Distinct関数を利用して重複を排除して表示しています。位置やサイズは任意に調整してください(画面9-32)。

画面9-30 ▶

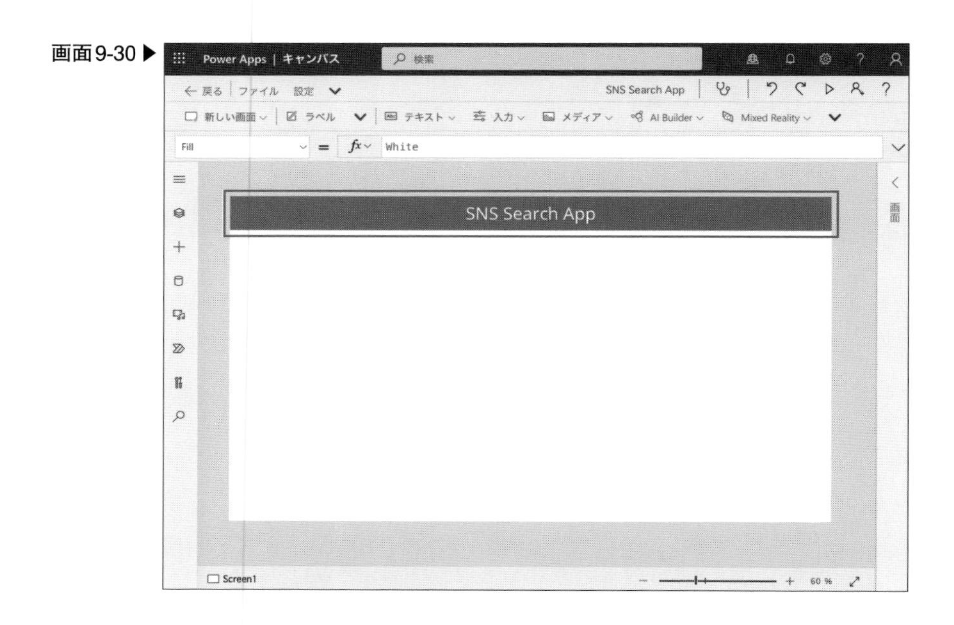

画面9-31 ▶

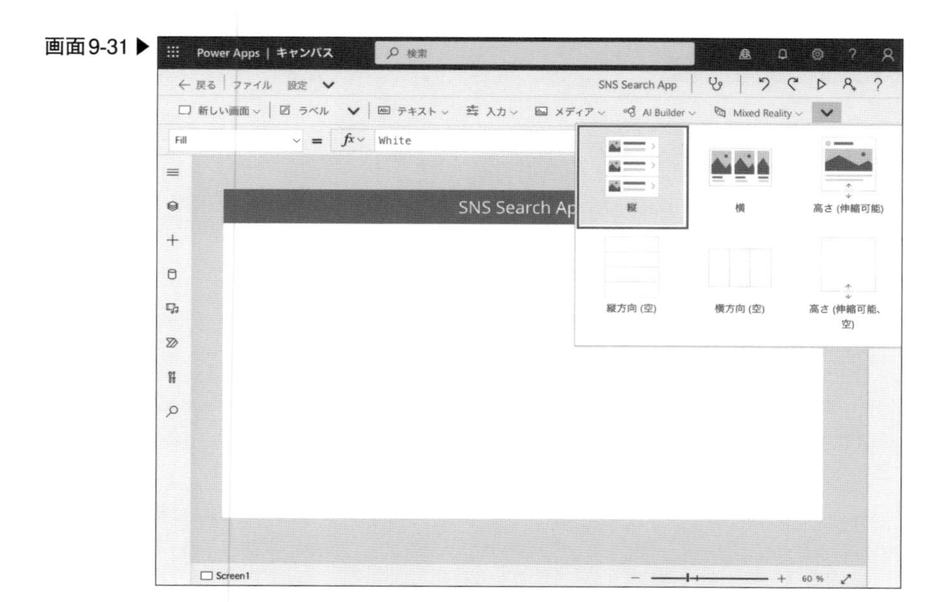

画面9-32 ▶
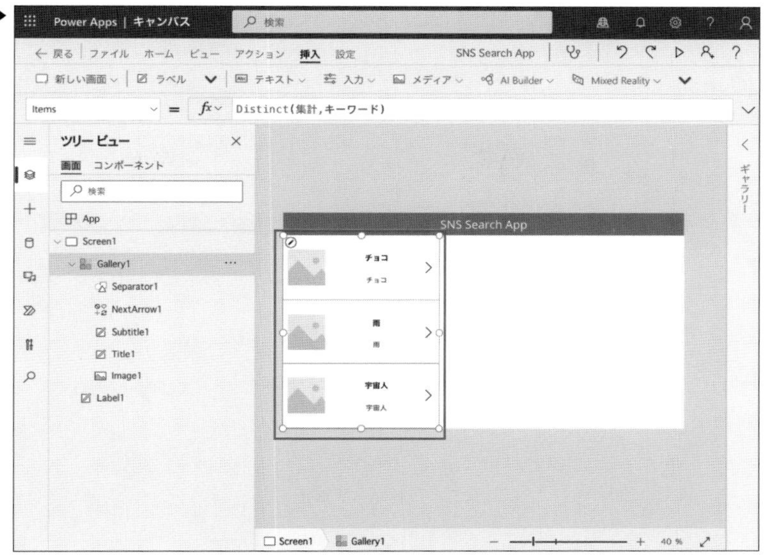

ギャラリーのタイトル

ThisItemでGallery、またはFormコントロールのフィールドにアクセスできます。ThisItem.Resultで重複を排除した結果の値を取得することが可能です。

ギャラリーのサブタイトル

SumとSearch関数を利用して、それぞれのキーワードの合計Tweet数を表示しています注3。

Switch関数は、第1引数(ThisItem.Result)と第2引数以降の文字列の値(「チョコ」「雨」「宇宙人」)を比較して、同じ値だった場合、一致直後の変数を返します。例えば、ThisItem.Resultが雨であった場合には、"雨"と一致すると評価して、対応する雨の画像を返します。一致が見つからない場合は、既定値(SampleImage)が返されます。ここではSwitch関数を利用して、キーワードと同じ名前の画像を表示するようにしています注4(画面9-33)。

注3) データソース(集計テーブル)のレコードが一定数以上になると正常に動作しない可能性があるという警告が出ますが、本章のアプリ内で使用する範囲では問題ありません。

注4) 画像名が「チョコ画像_1.png」のように末尾に「_1」が付いている場合は関数で利用する画像名も変更する必要があります。

画面9-33▶

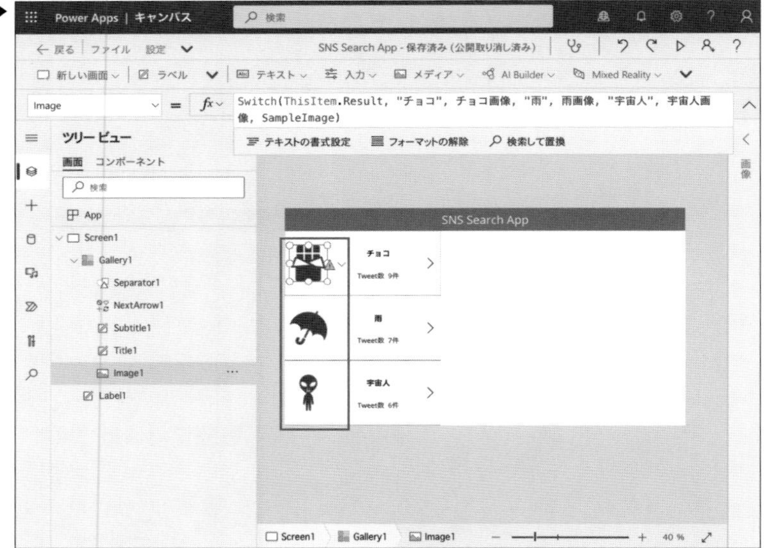

円グラフの配置

［挿入］タブ ⇒［グラフ］⇒［円グラフ］を追加します(画面9-34)。Excelと同じようにグラフも複数の種類を利用できます。

Search関数で選択されたキーワードをデータソースとして利用します。さらに［CompositePieChart1］⇒［PieChart1］を選択して、右サイドバーの詳細設定で［Labels］を「感情」、［Series］を「観測値」に設定します(画面9-35)。［Labels］はグラフ内で比較・表示したい値、［Series］は［Labels］に対応する値を設定しています。

観測値は「チョコ」「雨」「宇宙人」のテーブルの各感情が何件あるかを表しています。このように設定することでそれぞれの感情と対応した値をExcelのデータソースから取得可能です。

今回は感情分析結果をExcelに格納しましたが、Dataverse等に格納してPower BIでより詳細な分析も可能です。また、AI Builderはここで利用した感情分析以外にも、名刺リーダーやテキスト認識、テキスト翻訳などさまざまな機能を利用することができるので、興味のある方は挑戦してください。

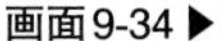

画面9-34 ▶

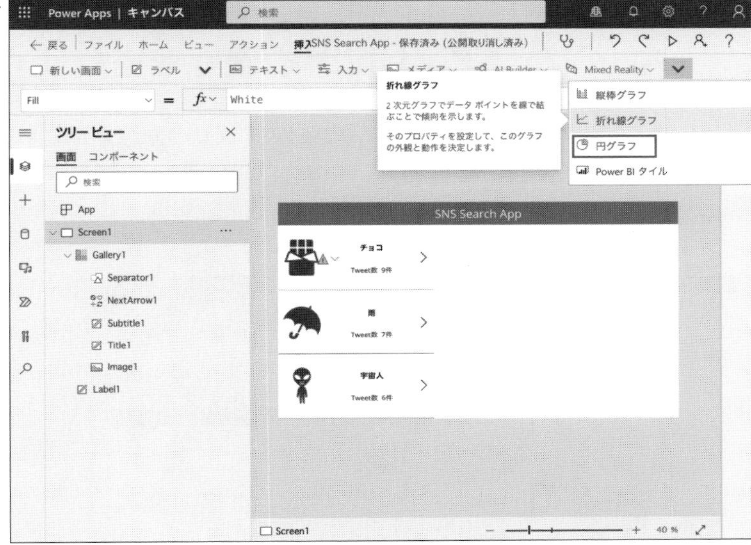

Power Apps | キャンバス
検索
← 戻る
ファイル
ホーム
ビュー
アクション
挿入
SNS Search App - 保存済み (公開取り消し済み)
新しい画面
ラベル
テキスト
入力
Mixed Reality
Fill
White
折れ線グラフ
2 次元グラフでデータ ポイントを線で結ぶことで傾向を示します。
そのプロパティを設定して、このグラフの外観と動作を決定します。
縦棒グラフ
折れ線グラフ
円グラフ
Power BI タイル
ツリー ビュー
画面
コンポーネント
検索
App
Screen1
Gallery1
Separator1
NextArrow1
Subtitle1
Title1
Image1
Label1
SNS Search App
チョコ
雨
宇宙人
Screen1
40 %

画面9-35 ▶

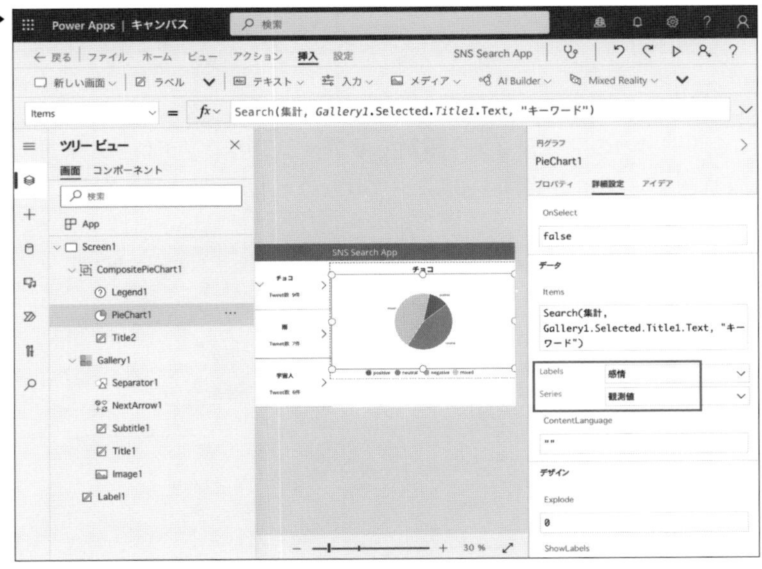

Power Apps | キャンバス
検索
← 戻る
ファイル
ホーム
ビュー
アクション
挿入
設定
SNS Search App
新しい画面
ラベル
テキスト
入力
メディア
AI Builder
Mixed Reality
Items
Search(集計, Gallery1.Selected.Title1.Text, "キーワード")
ツリー ビュー
画面
コンポーネント
検索
App
Screen1
CompositePieChart1
Legend1
PieChart1
Title2
Gallery1
Separator1
NextArrow1
Subtitle1
Title1
Image1
Label1
SNS Search App
チョコ
円グラフ
PieChart1
プロパティ
詳細設定
アイデア
OnSelect
false
データ
Items
Search(集計, Gallery1.Selected.Title1.Text, "キーワード")
Labels
感情
Series
観測値
ContentLanguage
""
デザイン
Explode
0
ShowLabels
30 %

Column

キャンバスアプリに印刷機能を搭載する

Power AppsのPrint関数は、キャンバスアプリの画面を印刷することができます。本Columnでは例として、画面9-Aのキャンバスアプリの画面を印刷します。

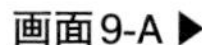
画面9-A ▶

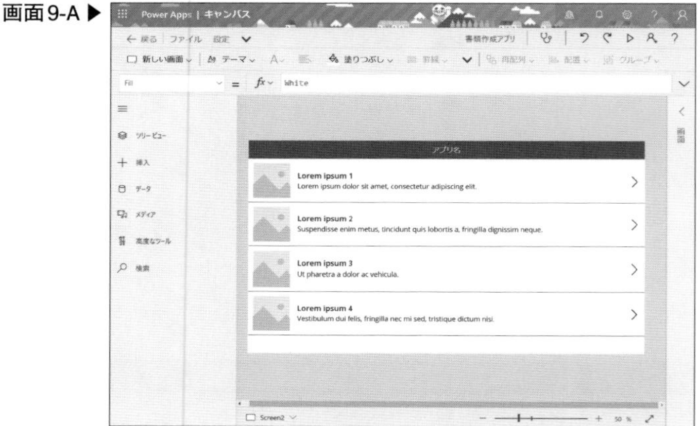

印刷出力のアクションを設定するアイコンのコントロールを挿入します。［挿入］⇒［アイコン］⇒［印刷］をクリックします(画面9-B)。

画面9-B ▶

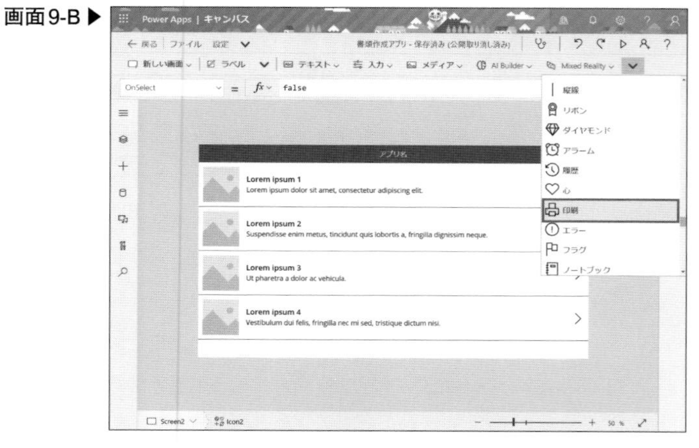

挿入した[印刷アイコン]をクリックし、[OnSelect]⇒「Print()」を入力します(画面9-C)。

画面9-C ▶

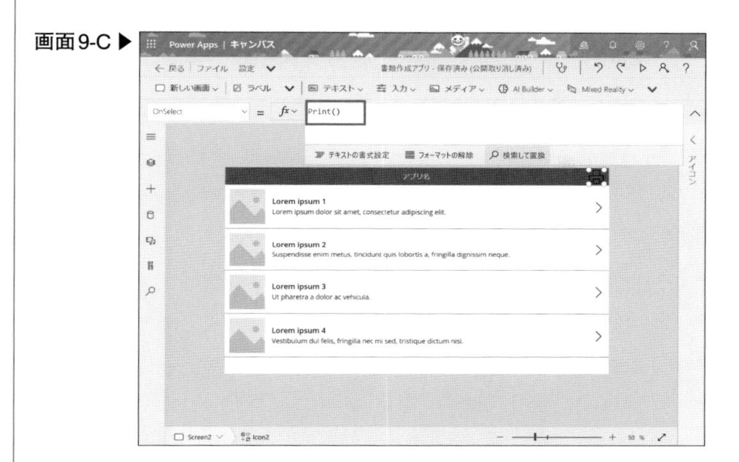

デフォルトでは印刷時にアイコンのコントロールも含めて出力されてしまいます。印刷時に[印刷アイコン]を非表示にしたい場合は、[印刷アイコン]の[Visible]プロパティを「Not(Parent.Printing)」に設定します(画面9-D)。

画面9-D ▶

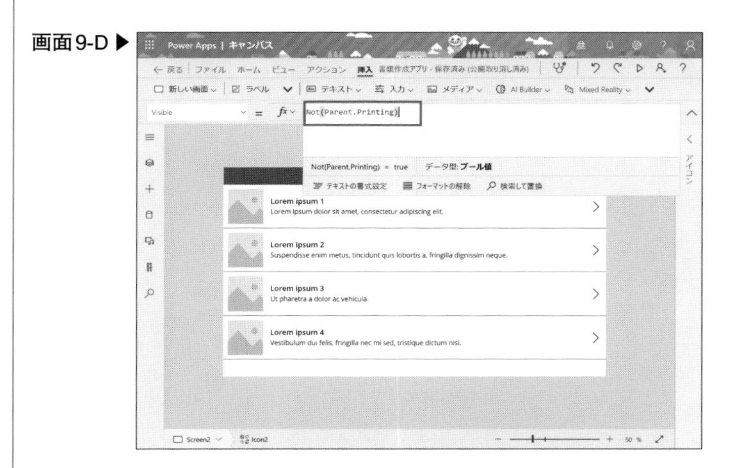

［プレビュー］を開き、［印刷アイコン］をクリックします（画面9-E）。

画面9-E ▶

キャンバスアプリ画面の印刷プレビューが開きます。印刷先はプレビューを実行しているパソコンの環境に依存します。ご利用しているプリンタや、Microsoft Print to PDFなど任意の印刷先を選び、印刷してください（画面9-F）。

画面9-F ▶

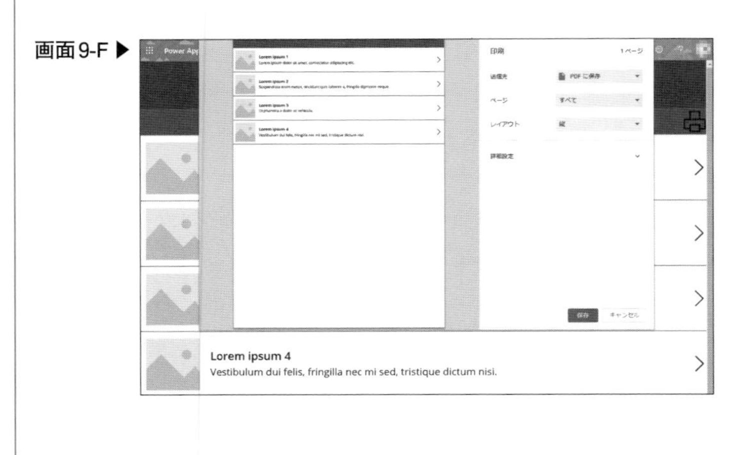

Chapter 10 問い合わせフォーム

分類 Webサイトに組み込めるアプリ

使用するサービス [Power Apps ポータル] [Power Automate]

一から問い合わせフォームを作ろうと思うと、Webサイトの制作、メールの設定、データベースの構築など、かなり面倒です。Power AppsポータルとPower Automateを使えばノーコードで、管理画面も含めて開発できます。

10-1 作成するアプリの概要

本章では、コーポレートサイトにある問い合わせフォーム(ページ)を作成し、問い合わせ受付メールの返信、受け付け一覧の表示までを作成します。

Dataverseに受け付けたデータを格納し、Power Automateで問い合わせ受付メールを自動返信します。WebページはPower Appsポータルで作成します。Power Appsポータルは、テキストボックスやフォーム、リストなどのコンポーネントを配置したり、Power BI、Dataverse、Power Virtual AgentsなどほかのPower Platformサービスと連携して、外部向けのWebサイトを構築することができるサービスです。シンプルなWebサイトを手軽に構築するだけでなくカスタマイズをする手段も豊富に用意されています。カスタムCSSテーマをアップロードして適用したり、ヘッダーやフッターのWebテンプレート、Liquid、JavaScriptを使用してコーディングをしたりすることが可能です注1。

なお、本章で作成する際の詳細な設定内容は、本書サポートページ注2からダウンロードできます。

注1) 2022年5月に開催されたMicrosoft Buildにて、Power Pagesが発表されました。今後Power Appsポータルに代わるとされるWebサイト作成のサービスですが、基盤の構成は同じになっているので、多少の使用感が変わっても本章の内容を活用できるものとなっています。

注2) URL https://gihyo.jp/book/2022/978-4-297-13004-6/support

10-2 Dataverseでテーブルとフォームを作成する

Dataverseでは一般的なデータベースのようなテーブルや、それに紐づいたテーブルの項目を入力するための「フォーム」、登録されているデータの一覧を見るための「ビュー」のテンプレートなどを作成できます。「フォーム」や「ビュー」はPower Appsポータルのページに埋め込むことができます。

本節ではPower Appsポータルで問い合わせページを作る準備として、Dataverseで問い合わせ項目のベースとなるテーブルとフォームを作成します。

テーブルを作成する

Power Appsメーカーポータル[Dataverse]⇒[テーブル]⇒[＋新しいテーブル]で新しいテーブルを作成します注3(画面10-1)。

画面10-1 ▶

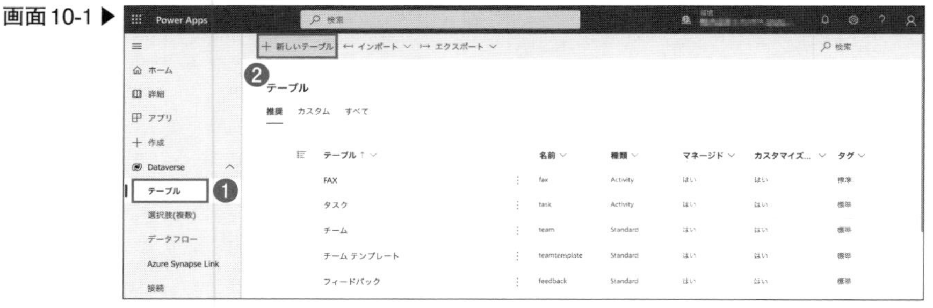

[プロパティ]や[プライマリ列]の情報を入力して[保存]します(画面10-2)。テーブルが作成されると、画面10-3のような画面になります。[スキーマ]⇒[列]をクリックすると、「問い合わせ」や「問い合わせ元氏名」の列、その他デフォルトで作られる列が表示されています(画面10-4)。

注3) 詳細な入力値はダウンロードした「Chapter10_テーブル定義.xlsx」を参照してください。

画面10-2▶

新しいテーブル

テーブルを使用してデータの保持と整理を行います。以前はエンティティと呼ばれていました。

詳細情報

プロパティ　プライマリ列

表示名 *

問い合わせ

複数形の名前 *

問い合わせ

説明

添付ファイルを有効にする (メモとファイルを含む) [1]

高度なオプション ^

スキーマ名 *

cr43a_　inquiry

種類 *

標準

所有権を記録する *

保存　キャンセル

画面10-3▶

画面10-4▶

列の追加

［＋新しい列］をクリックして、問い合わせフォームで使う列を追加します。ここでは「問い合わせ種別」列を追加する流れを説明します。各項目は次のように設定してください（画面10-5）。

- ［表示名］：問い合わせ種別
- ［データの種別］：選択肢
- ［動作］：シンプル
- ［必須］：必要なビジネス
- ［検索可能］：有効
- ［複数の選択肢を選択できます］：無効
- ［グローバルな選択肢と同期しますか？］：はい（推奨）

画面10-5▶

新しい列
以前に呼び出されたフィールドです。詳細情報

表示名 *
問い合わせ種別

説明

データの種類 *
選択肢

動作
シンプル

必須
必要なビジネス

検索可能

複数の選択肢を選択できます

グローバルな選択肢と同期しますか? *

はい (推奨)
複数のテーブルで使用でき、どこでも最新に保たれます。

保存 キャンセル

選択肢の設定

[この選択肢を同期する相手]では使用する選択肢のテンプレートを選択します。この段階ではデフォルトで用意されているテンプレートがプルダウンから選択できますが、今回は「商品Aについて」「商品Bについて」「その他」という3つの選択肢を持つ問い合わせ種別という新しい選択肢を作ってみます。

[+新しい選択]で[表示名]を「問い合わせ種別」として、選択肢はラベルとそれに対応する値(数字)を設定します。デフォルトでサンプル値が入力されていますが、画面10-6のようにわかりやすい値に置き換えます。「高度なオプション」の名前に「inquirytype」と入力して[保存]します。

画面 10-6 ▶

新しい選択

表示名 *
問い合わせ種別
選択肢(複数)　並べ替え
ラベル *　値 *
商品Aについて　1
商品Bについて　2
その他　3
＋ 新しい選択
高度なオプション
名前 *
cr43a_　inquirytype
外部の種類名
説明
保存　キャンセル

列の追加（続き）

［保存］すると元の「問い合わせ種別」列の作成画面に戻るので、［この選択肢を同期する相手］に先ほど作成した「問い合わせ種別」が選択されています（画面 10-7）。

［既定の選択肢］は「なし」を選択し、［高度なオプション］⇒［名前］は「type」と入力します。［全般］と［ダッシュボード］はデフォルト値のままにして［保存］します。これで「問い合わせ種別」列が追加されました。

ダウンロードした「Chapter10_テーブル定義.xlsx」をもとに、残りの列を追加してください。先ほどの「問い合わせ種別」のみデータの種別が「選択肢」のため、

画面10-7▶

この選択肢を同期する相手 *
問い合わせ種別
選択の編集　＋ 新しい選択
既定の選択肢 *
なし
高度なオプション
スキーマ名 *
cr43a_ type

新しい選択肢を作成する手順が必要でしたが、その他の列はデータの種別や書式などを選択すれば簡単に列を追加できます。

Dataverseでのテーブル作成では名前と種類を設定することで、必要に応じて列を追加したり既存の列を変更したりすることが可能です。

フォームを作成する

テーブルが完成したら、入力フォームを作成します。「問い合わせ」テーブルのホーム画面[データ エクスペリエンス]⇒[フォーム]をクリックします(画面10-8)。デフォルトでは「情報」という名前でフォームの種類が「カード」「クイックビュー」[メイン]という3種類のフォームが確認できます(画面10-9)。これらを編集することも可能ですが、ここでは問い合わせページで必要な項目のみを含む入力フォームを一から作成します。

画面10-8▶

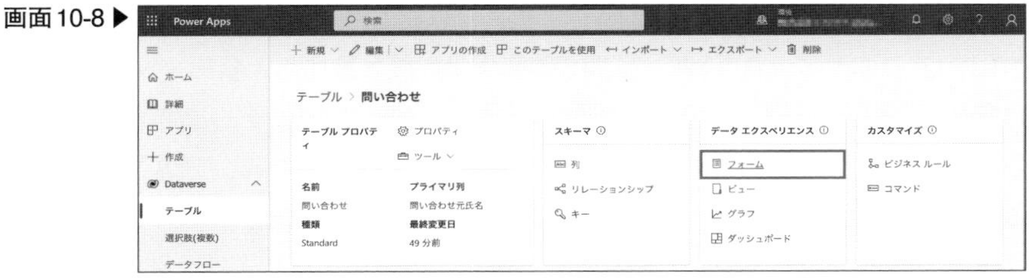

画面10-9▶

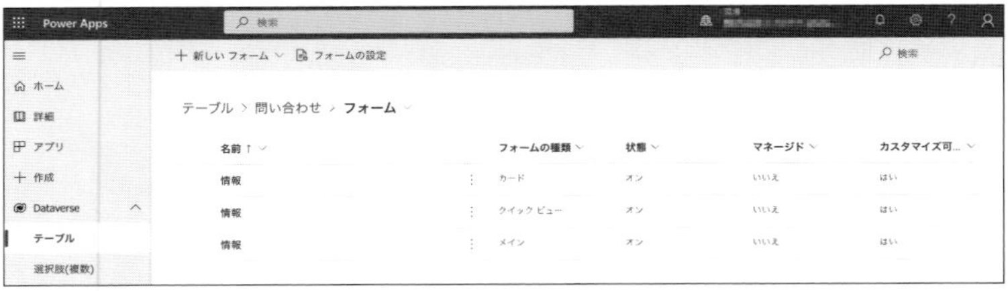

［＋新しいフォーム］⇒［＋メインフォーム］をクリックします（画面10-10）。［クイックビューフォーム］は簡素なデザインの表示専用フォーム、［カードフォーム］はモバイルデバイス用に最適化されたコンパクトなデザインのフォームです。

画面10-10▶

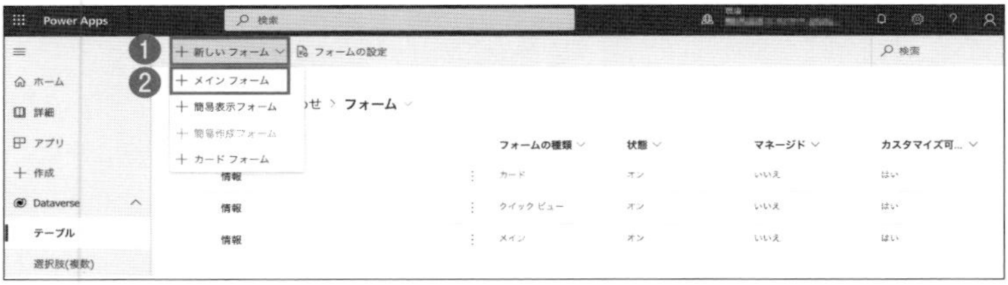

初期表示ではテーブル作成時に必須項目にしたものがフォームに配置されています（画面10-11）。フォーム画面が小さい場合は、右ペインの「問い合わせメインフォーム」を収納して、右下のバーで拡大してください。入力フォームは表示されていませんが、実際には並んでいる列名の入力フォームがあるとイメージしてください。

［＋フォームフィールド］をクリックすると、まだメインフォームに追加されていない問い合わせテーブルの列が表示されます。

ここで列名をクリックすると、フォームに追加することができます。画面10-12は、「問い合わせ種別」と「問い合わせ内容」を追加した状態です。

「所有者」という列は、フォームで作成される問い合わせデータの所有者を表示するものですが、このフォームでは表示したくありません。通常であれば不要な列は選択して［削除］（ゴミ箱）できますが、作成時に［必須］を「必要なビジネス」に選択されている列は削除できません。このようなときは、対象の列をクリックして、右ペイン［プロパティ］⇒［非表示］にします（画面10-13、10-14）。

画面10-12 ▶

画面10-13 ▶

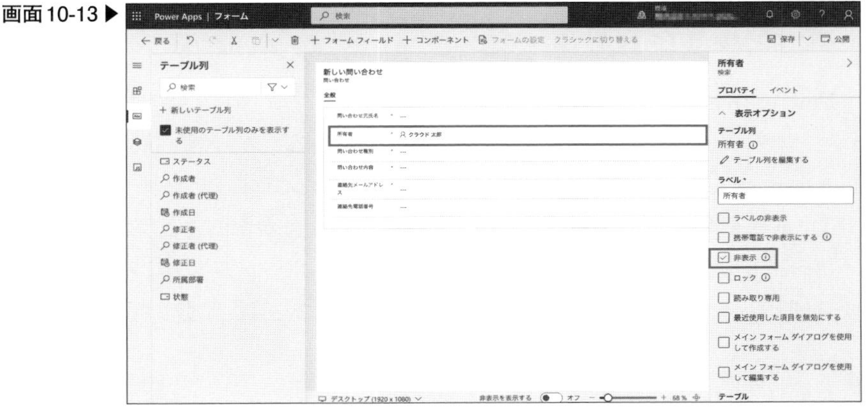

画面10-14 ▶

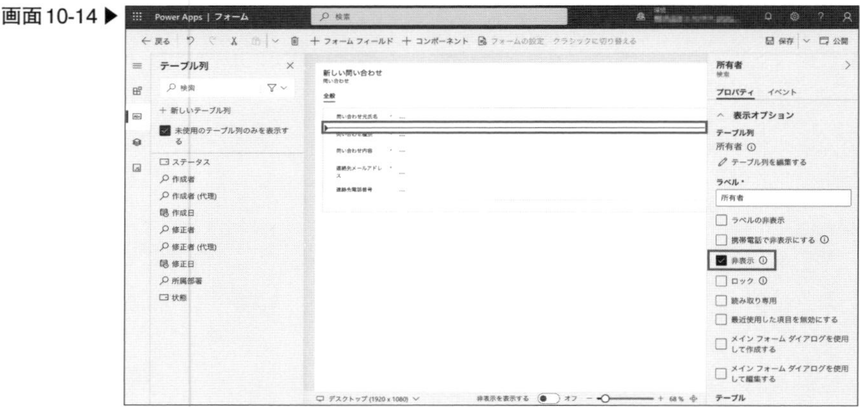

　これで、必要な項目を並べたフォームができたので、[保存]⇒[公開]します。保存することでフォームをPower AppsポータルのWebサイトに埋め込むことができるようになり、公開することですでにこのフォームを利用しているページに変更が反映されます。

10-3 Power Appsポータルのページを作成する

Dataverseの準備が整ったので、Power Appsポータルのページを作成します。

ポータルを作成する

　Power Appsメーカーポータルの左メニュー[アプリ]⇒[＋新しいアプリ]⇒[ポータル](画面10-15)で、[名前]や[アドレス](例：InquiryPortal、inquiryportal.powerappsportals.com)などを入力して[作成]します(画面10-16)。ポータル の作成(プロビジョニング)には数十分かかることがあります注4。

　ポータルが作成されると、アプリ画面で種類が「ポータル」のアプリとポータル管理という名前の「モデル駆動型アプリ」が一覧に表示されます(画面10-17)。

注4)「アクセス許可がありません」といったエラーメッセージが出る場合は、作成に必要なライセンスやシステム管理者などの権限があるか確認してください。

画面10-15▶

画面10-16▶

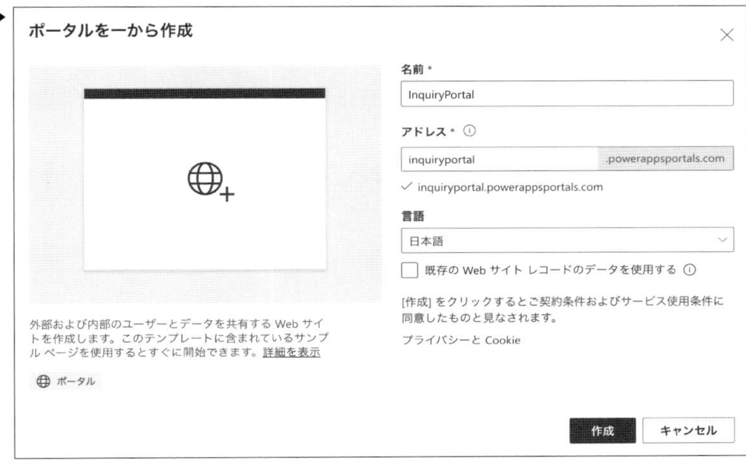

画面10-17▶

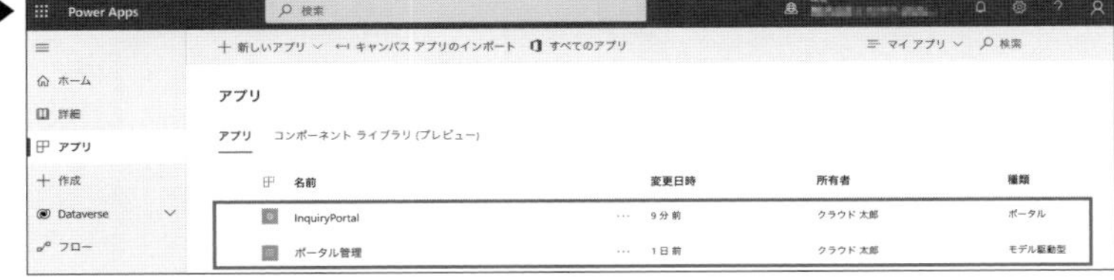

ポータル管理ではヘッダーやフッターといった汎用的なWebコンポーネントや自動的な画面遷移、ロールによる閲覧制御など、より詳細なアプリ開発が可能になります。

ページを作成する

作成したポータルの[...](3点リーダー)⇒[編集]から編集画面を開きます(画面10-18)。

画面10-18 ▶

サブページの中にデフォルトでも[問い合わせ]ページがありますが、ここでは別途ページを作ります。[...]⇒[サブページの追加]をクリックしてページを作成します(画面10-19)。

画面10-19 ▶
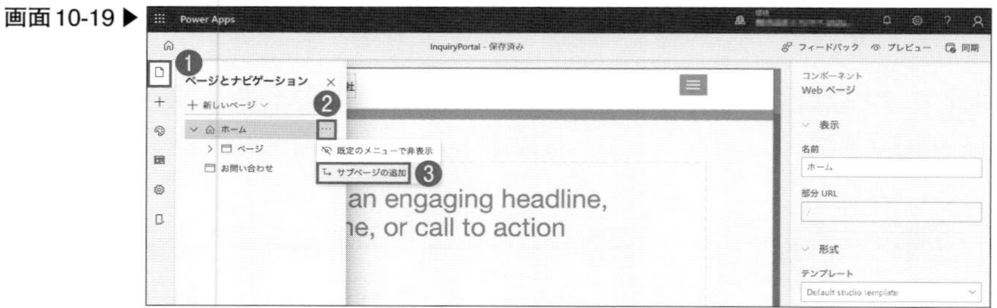

フォームを設置する

先ほどのステップで作成したページにフォームを設置します。テキストボックスにある文言を削除して、左メニュー[コンポーネント]⇒[1列のセクション]を選択します(画面10-20～10-22)。

画面10-20▶

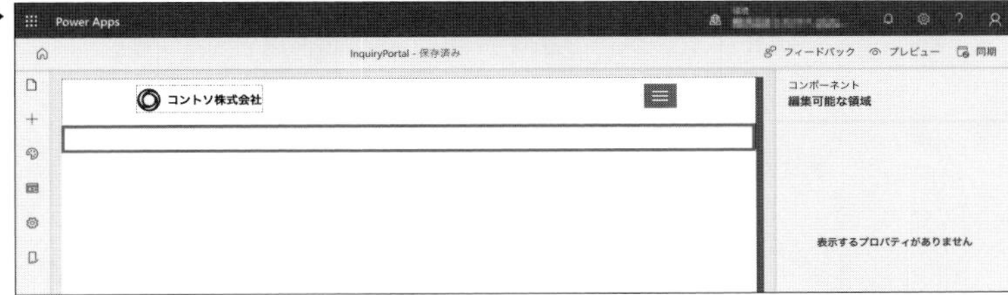

画面10-21▶

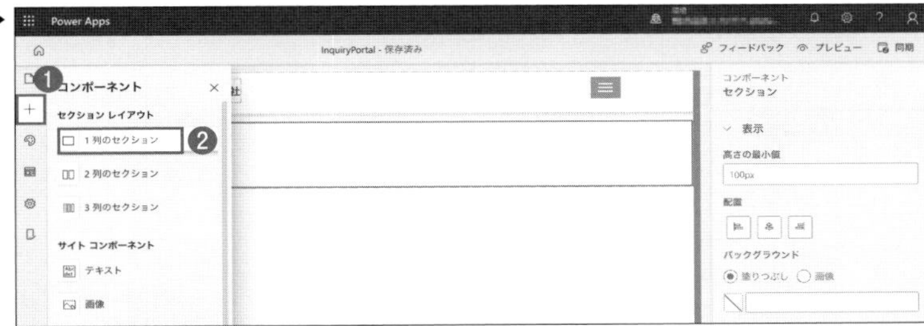

画面10-22▶

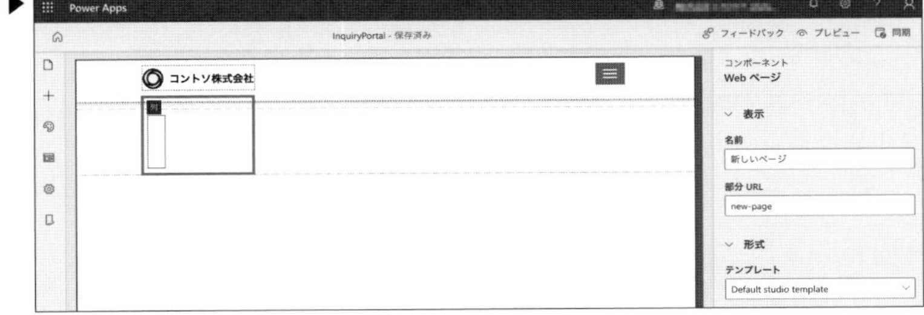

次に、追加された列を選択した状態で左メニュー[コンポーネント]⇒[フォーム]を選択します。右ペイン[コンポーネント]で次のように設定します(画面10-23)。

- [名前]：問い合わせ
- [テーブル]：問い合わせ
- [フォームレイアウト]：問い合わせ メイン フォーム

画面10-23 ▶

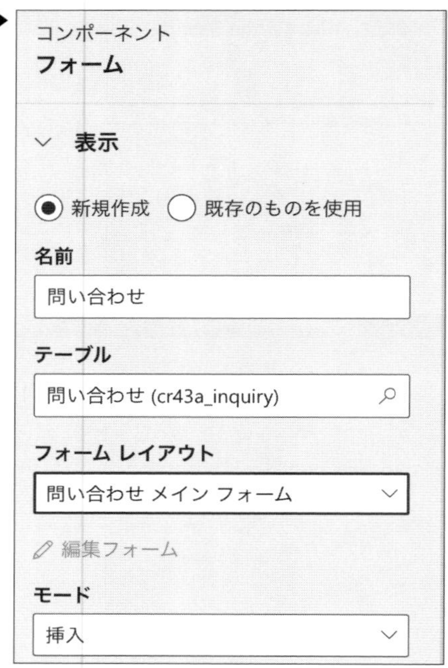

この状態ではまだWebサイトでフォームが表示されません。[アクセス許可]⇒[テーブルのアクセス許可を管理する]をクリックし(画面10-24)、[+新しいアクセス許可]をクリックします(画面10-25)。

画面10-24 ▶

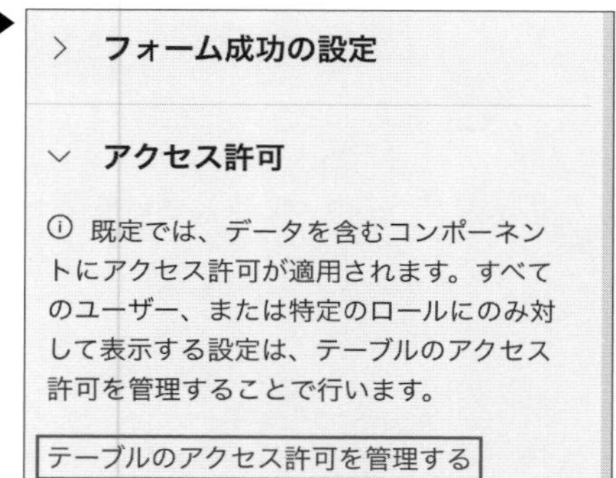

画面10-25▶

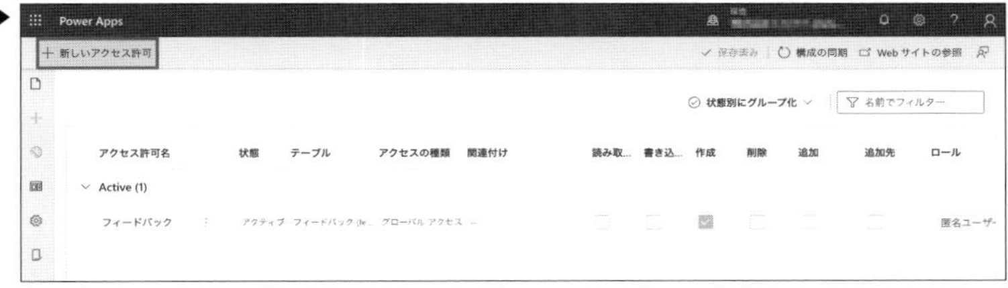

画面10-26では、次の設定をして[保存]します。

- [名前]：問い合わせ
- [テーブル]：問い合わせ
- [アクセスの種類]：グローバルアクセス
- [アクセス許可]：[作成]のみ選択
- [ロール]：[＋ロールの追加]⇒[匿名ユーザー][管理者][認証されたユーザー]を選択

これでWebページを閲覧するすべての人にフォームが表示されるようになります。

画面10-26▶

プレビュー

左ペインから「新しいページ」に戻って[プレビュー]すると、新しいタブで動作確認できます(画面10-27)。

画面10-27 ▶

プレビューフォームから問い合わせ内容を入力して[送信]してください(画面10-28)。成功したらPower Appsメーカーポータルに戻り、[Dataverse]⇒[テーブル]の問い合わせテーブルの画面から先ほどフォームで作成したデータが確認できればフォームの埋め込みは完成です(画面10-29)。

画面10-28 ▶

コントソ株式会社　ホーム | ページ ▾ | お問い合わせ | 新しいページ | 🔍 | サインイン

問い合わせ元氏名 *

問い合わせ種別 *

問い合わせ内容 *

連絡先メールアドレス *

連絡先電話番号

電話番号を入力します

sZqMCZT

新しいイメージの生成

オーディオ コードの再生

イメージのコードを入力します

送信

画面10-29 ▶

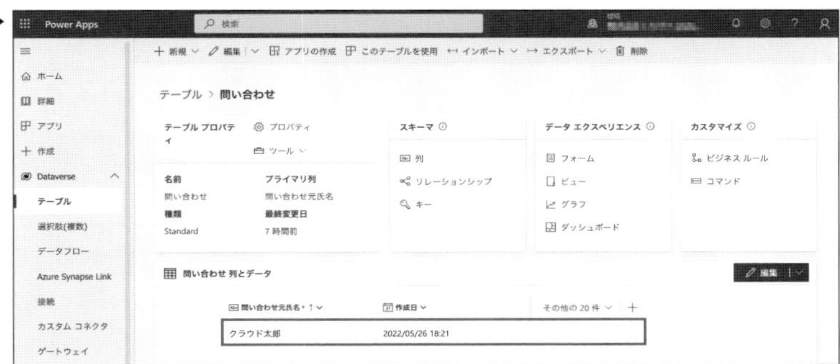

10-4 Power Automateでメール自動送信のフローを作成する

新しい問い合わせが作成されたときに、フォームで入力されたメールアドレス宛に問い合わせ受付の連絡メールを送信するPower Automateのフローを作成します。[フロー]⇒[+新しいフロー]⇒[自動化したクラウドフローを構築する]をクリックし、新しいフローを作成します(画面10-30)。初めのトリガーを選択する画面はいったん[スキップ]します(画面10-31)。

画面10-30 ▶

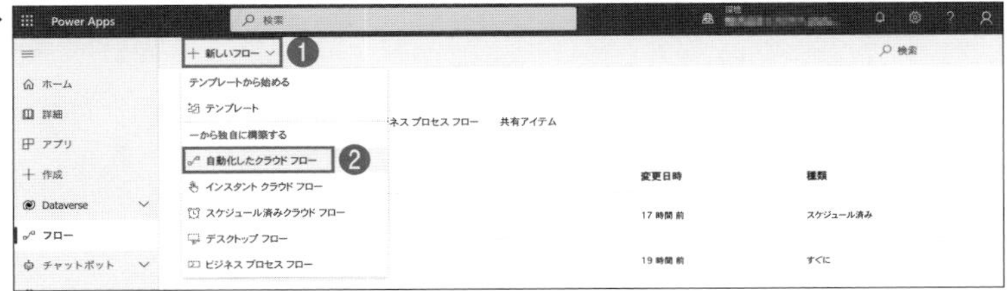

画面 10-31 ▶

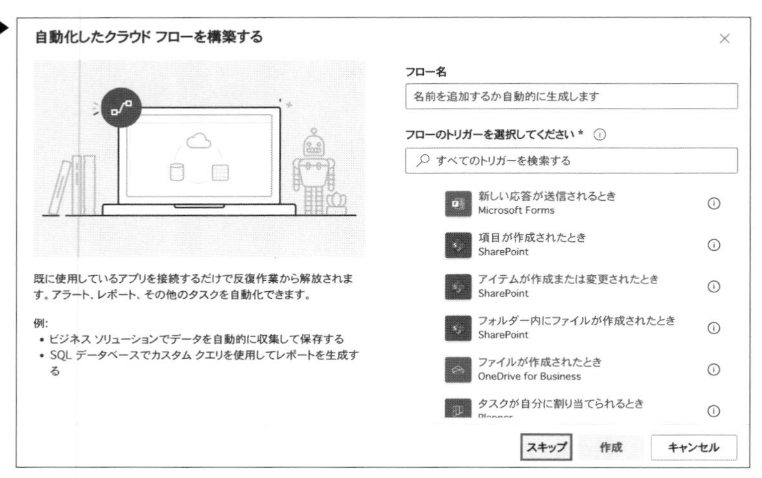

フローが実行されるトリガー

フローが実行されるトリガーには、Dataverseの[行が追加、変更、または削除された場合]を使用します。これは指定したテーブルにレコードの追加や変更があったことをトリガーにフローを実行させます(画面10-32)。

画面 10-32 ▶

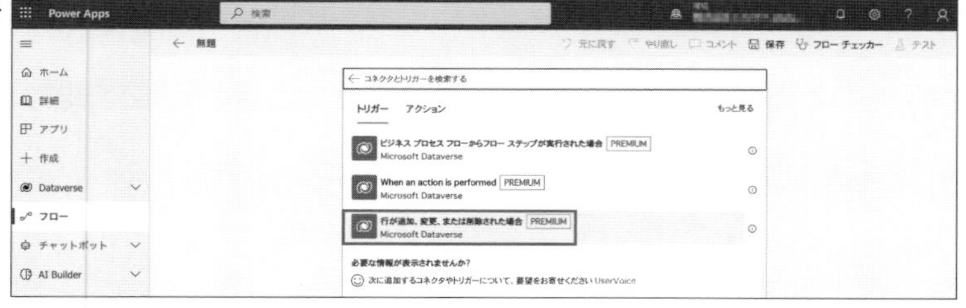

本章のアプリであれば問い合わせページから新しい問い合わせが作成されて、問い合わせテーブルに行が追加されたときが適切な条件になるので、[種類の変更]は「作成」を選択します(画面10-33)。[スコープ]は、このポータルを使用する全員に対してアクションを有効にする「Organization」にします[注5]。

注5) 「User」は操作をしているユーザーが所有している行に対してアクションが有効になります。「Business Unit」や「Parent:child business unit」はそれぞれ、部署テーブルに登録されている部署や子部署に所属しているユーザーの誰かが所有している行に対してアクションが有効になります。部署を活用したセキュリティロールなどはPower Appsのホームの右上[歯車]⇒[管理センター]⇒[環境]⇒[(現在使用している環境名)]⇒[設定]⇒[ユーザーとアクセス許可]から確認できます。

画面10-33▶

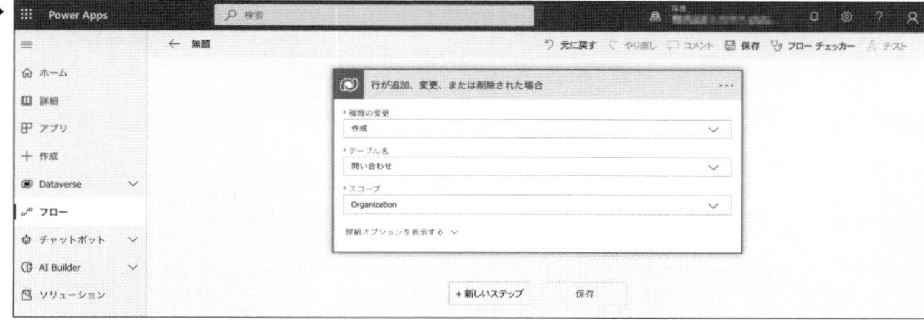

メール送信

Power AutomateではOffice 365 Outlook、SMTP、Mail、Gmailなど豊富な種類のメール送信アクションが用意されています。今回は、組織アカウントのOutlookメールアドレスから問い合わせ元にメールを送信することを想定してOffice 365 Outlookの[メールの送信(V2)]アクションを使用します(画面10-34)。

メールの宛先にはトリガーで使用したDataverseのアクションから動的コンテンツとしてメールアドレス項目を取得できます。あとはメールの本文に問い合わせ内容を動的コンテンツとして埋め込んだり、定型文を設定したりすることも可能です。

画面10-34▶

追加されたアクションブロックの右上[...]⇒[マイコネクション]⇒[＋新しい接続の追加]でサインインしてください(画面10-35)。サインインすることで、自分のメールアドレスからメールを送信することができるようになります。

画面10-35▶
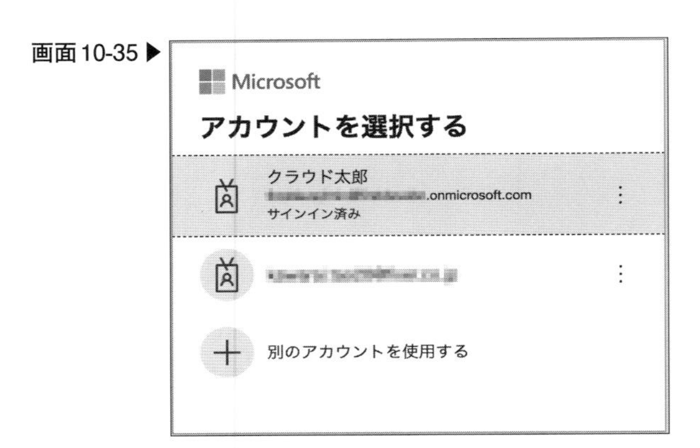

Power Automateから高頻度でOutlookメールの送信を行うと、不審なアクティビティとして判断されブロックされることがあります。そのときはOfficeアカウントからアプリパスワードを作成し、それを使用してメールの送信アクションと連携するようにしましょう。

最後に、Power Appsのホーム画面の左ペイン[アプリ]からポータルをクリックして新しいタブで開き、問い合わせを新規で作成したときに、Power Automateで連携したメールアドレスから問い合わせ受付メールが届くことを確認できたら完成です。実行履歴はPower Appsメーカーポータル[フロー]⇒「(作成したフローの名前)」で確認できます(画面10-36)。

画面10-36▶

10-5 問い合わせ一覧ページを作成する

本節では、Dataverseに登録されたデータを、ポータルで確認できるようにする方法について説明します。ポータルでは、「リスト」を設定することで、データ一覧を表示するWebページを簡単に作成できます。リストの構成では、次のようにDataverseテーブルから表示したい「ビュー」を設定します。

①表示したいDataverseテーブルに「ビュー」を作成する
②「リスト」を構成し、作成した「ビュー」を設定する
③ポータルで作成した「リスト」を表示する

ビューを作成する

Power Appsメーカーポータルの左メニュー[Dataverse]⇒[テーブル]⇒「問い合わせ」テーブル ⇒[新規]⇒[ビュー]をクリックし(画面10-37)、[名前]に「一覧表示ビュー」、[説明]に「問い合わせ一覧用のビューです」と入力して[作成]をクリックします(画面10-38)。

画面10-37 ▶

画面10-38 ▶

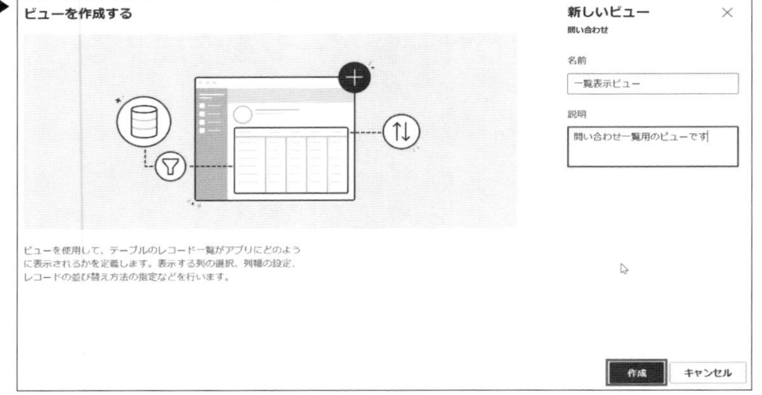

左メニューから表示したいテーブル列をクリックしてビューに追加します。ここでは「連絡先メールアドレス」「連絡先電話番号」「問い合わせ種別」「問い合わせ内容」の順に追加します（画面10-39）。なお、追加したテーブル列は削除のほか、ドラッグで左右に移動できます。

［上書き保存］⇒［公開］でビューの保存と公開ができたら［←戻る］でビューの作成画面から戻ります。

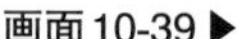
画面10-39▶

一覧表示ページを作成する

> ここで作成する、問い合わせ一覧ページはアクセス許可が設定されていないため、URLを知っていれば誰でも閲覧可能な状態になっています。あくまでも学習用サンプルアプリという位置づけで扱ってください。

新しいページの作成

Power Appsメーカーポータルの左メニュー[アプリ]⇒該当アプリの[...]⇒[編集]でポータルの編集ページに移動し(画面10-40)、[ページとナビゲーション]⇒[＋新しいページ]⇒[空白]で新しいページを作成します(画面10-41)。

リストの追加

Webページの[名前]を「一覧表示」に、[部分URL]を「list」に設定します(画面10-42)。プレビュー内中央の「列」を選択した状態で、左の[＋]⇒[リスト]でページにリストを追加します(画面10-43)。

画面10-40 ▶

画面10-41 ▶

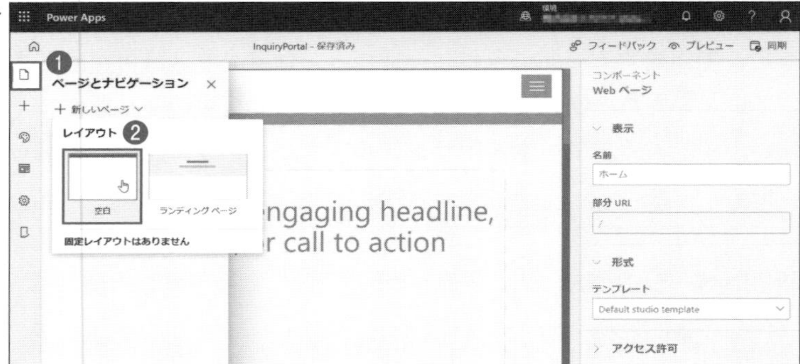

画面10-42 ▶

画面10-43▶

リストの設定

右側に表示された[コンポーネント]⇒[リスト]⇒[新規作成]を選択します注6。[名前]は「一覧表示リスト」に、[テーブル]は「問い合わせ」に設定します。テーブルを設定するとテーブルに紐付くビューが表示されるので、[必要なビューの選択]⇒(先ほど作成した)「一覧表示ビュー」を設定します(画面10-44)。

右側の[コンポーネント]の最下部[設定]⇒[ページあたりのレコード数]を「20」に、[リストでの検索を有効にする]をチェックして有効にします(画面10-45)。[リストでの検索を有効にする]を有効にすると、Webページ上でリストを表示したときに、項目の検索(フィルタリング)ができるようになります。

注6)　リストを追加すると、右にリストの設定が表示されます(表示されない場合は、プレビュー内の中央にある[リスト]をクリックしてください)。ラジオボタンで「新規作成」を選択すると、この場でリストを作成し、使用できます。「既存のものを使用」を選択すると、ポータルに登録されているリストを選択し、使用します(また、選択したリストの設定を一部変更することも可能です)。本節では、この場でリストを新規作成する方法を説明します。

画面 10-44 ▶

Power Apps
InquiryPortal - 保存済み
フィードバック　プレビュー　同期
リスト
この list を構成するには、編集を選択するか、プロパティ ウィンドウを参照します
Copyright © 2022. All rights reserved.
コンポーネント
リスト
表示
新規作成　既存のものを使用
名前
一覧表示リスト
テーブル
問い合わせ (cr43a_inquiry)
ビュー
一覧表示ビュー
アクティブな問い合わせ
一覧表示ビュー
問い合わせ検索ダイアログ ビュー
問い合わせ関連ビュー
非アクティブな問い合わせ
アクセス許可
既定では、データを含むコンポーネントにアクセス許可が適用されます。すべてのユーザー、または特定のロールにのみ対

画面 10-45 ▶

リストの設定（テーブルへのアクセス許可）

テーブルへのアクセス許可設定を行います。テーブルのアクセス許可が設定されていない場合、リストをWebページで確認すると「これらのレコードを表示するためのアクセス許可がありません。」と表示されます。

画面10-45の［テーブルのアクセス許可を管理する］をクリックして画面10-46を開きます（左の［設定］⇒［テーブルのアクセス許可］でも同じ画面に移動できます）。

画面10-46 ▶

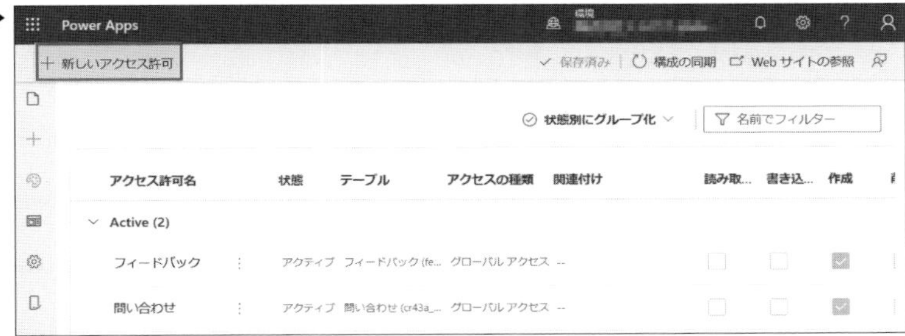

画面10-46の［＋新しいアクセス許可］からアクセス許可を作成します（画面10-47）。

画面10-47 ▶

- ［名前］：問い合わせ読み取り許可
- ［テーブル］：問い合わせ
- ［アクセスの種類］：グローバルアクセス
- ［アクセス許可］：読み取り
- ［ロール］：ロールの追加⇒［匿名ユーザー］［管理者］［認証されたユーザー］

表示の確認

ここまでの手順でリストを表示する設定は終了です。実際に一覧表示ページを開いてリストの表示を確認してみます。左の［ページとナビゲーション］⇒［一覧表示］で一覧表示ページの作成画面に戻り、サイト構成を［同期］します注7（画面10-48）。続いて［プレビュー］⇒［デスクトップ］で作成した一覧表示リストをWebページで確認できます（画面10-49）。

画面10-48 ▶

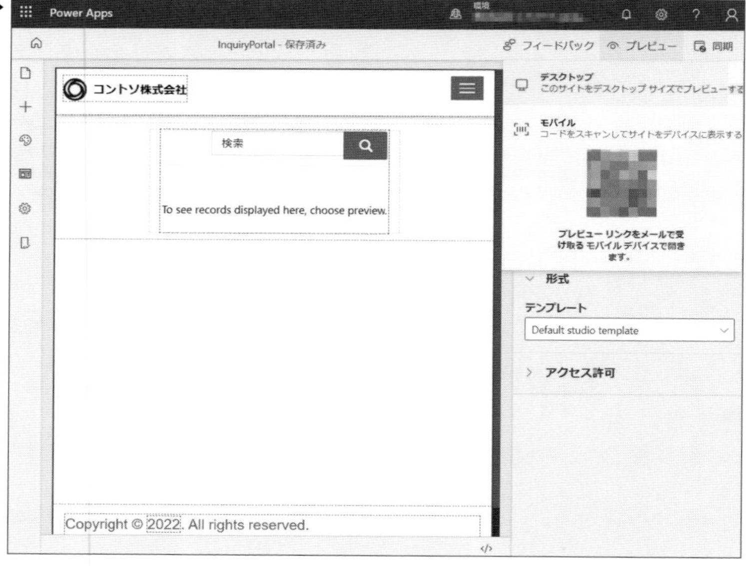

注7）自動で同期されますが、内容を更新してすぐに確認する場合は、手動で同期するとすぐに変更が反映されます。

画面10-49 ▶

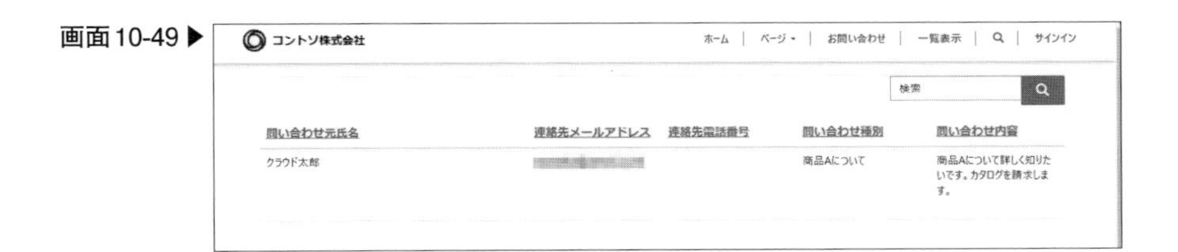

作成したリストを削除する場合

Power Appsメーカーポータル内の[アプリ]⇒[ポータル管理]を選択し、ポータルの管理ページへ移動し、[リスト]⇒(削除するリストの名前)⇒[削除]します(画面10-50)。

画面10-50 ▶

削除したリストは復元できないため注意して操作してください。

10-6　該当ページへのアクセス制御

ポータルでは、IDとパスワードによるローカル認証や、Azure Active Directory(AAD)認証、Facebook／TwitterによるSNS認証、Google／Microsoftのアカウント認証などを使ってユーザー認証し、それぞれのユーザーに権限(Webロール)を設定できます。また、ページごとにどの権限を持ったユーザーがアクセスできるか設定できます。

デフォルトでは、ローカル認証とAAD認証のみ有効化されています。Power Appsメーカーポータルの[アプリ]⇒(該当アプリの)[...]⇒[設定]⇒[認証設定]

から、有効になっていない認証方法の構成や、デフォルトで有効な認証方法を無効にできます。

実際の業務で利用する場合には、それぞれの組織に適した方法を適用してください。

Chapter 11 案件管理アプリ①

分類 業務ですぐに使えるアプリ

使用するサービス [Power Apps モデル駆動型アプリ] [Dataverse] [SharePoint]

Chapter 11～13にかけては、これまでの知識を総動員して多機能な案件管理アプリを作っていきます。本章ではまず、案件の登録、登録された案件へのプロセスの紐づけ、プロセスに基づいた情報入力のサポート機能を実装します。

11-1 作成するアプリの概要

本章からChapter 13では取引先企業の簡易的な案件管理アプリを作成します。案件管理アプリは、データ一覧表示、登録、変更、削除、アクティビティ履歴を記録するメモ機能、プロセスを順守させる業務プロセスフロー機能、案件進捗を可視化するダッシュボード、見積作成、見積のExcel出力など、業務ですぐに活用できる機能を含んでいます(図11-1)。

▼図11-1：案件管理アプリの全体像

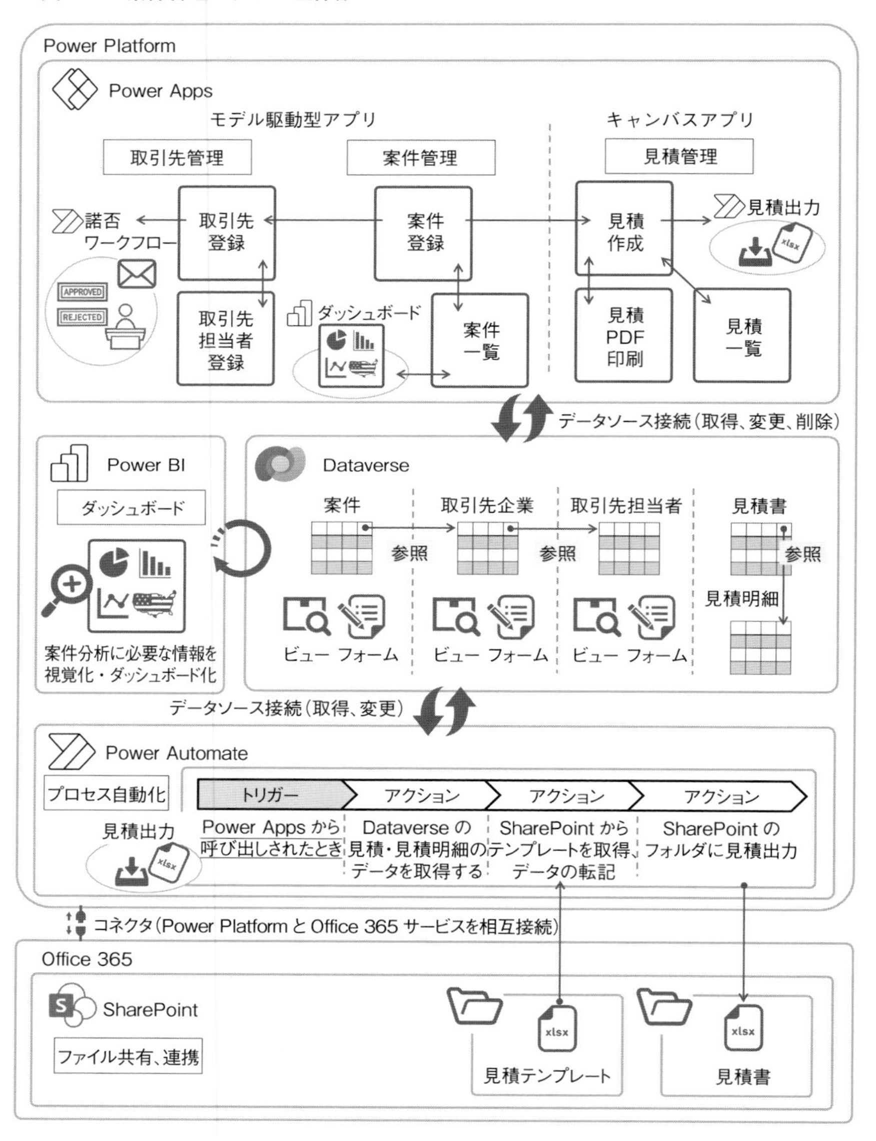

11-2 案件管理アプリの作成(基本編)

Power Appsの「モデル駆動型アプリ」はキャンバスアプリとは異なり、関数などは使用せず、ノーコードで多機能なビジネスアプリを自動作成できる点が魅力です。

案件データの保存先であるDataverseテーブルを作成する

モデル駆動型アプリは、モデリングされたDataverseのデータを軸にアプリを作ります。そのため、モデル駆動型アプリのアプリ開発は、どのようなデータを扱うのか、どのようにデータを管理すると効率的かなどを考えながらデータの保存場所(以降「テーブル」と言います)を準備します。

テーブルの作成

作成するDataverseのテーブル(「案件テーブル」)は次のとおりです。

- [表示名]：案件テーブル
- [表示名の複数形]：案件テーブル
- [スキーマ名]：trnOpportunityTable
- [プライマリ列]⇒[表示名]：案件名
- [プライマリ列]⇒[スキーマ名]：opportunityName
- [高度なオプション]⇒[新しい活動を作成しています]：(オン)

設定内容を確認しながらPower Appsメーカーポータル[Dataverse]⇒[テーブル]⇒[＋新しいテーブル]でテーブルを作成してください。

[新しい活動を作成しています]は、案件進捗時のアクティビティを記録するための追加オプションです。他にもメール送信を有効化するオプション、DataverseとSharePointを統合し、動画やファイルサイズが大きい大容量データを格納するオプションなどがあります。

[保存]してしばらくすると、「正常にプロビジョニングしました。」と表示さ

れ、標準列を含めたテーブル作成が完了します注1(画面11-1)。

画面11-1 ▶

列の追加

表11-1を参考にして、2列目(「概算見積」)以降を[＋列の追加]してください。

列を追加する際、[データ型]や[必須]の設定は間違えないように注意してください。また、4列目「受注確度」の選択肢は、「Aランク」～「Dランク」の4つの選択肢を登録します。なお、9列目「取引先企業」と10列目「取引先担当者」の[データ型]は「検索」です。

注1) テーブルとプライマリ列を作成後、自動的に複数の列が追加で作成されます。これらはDataverseのテーブルを管理するうえで、作成しておくと便利な列を自動追加してくれるDataverseの標準機能が動いたためです。自動的に作成された列は「標準列」と呼ばれます。標準列には、データの作成日、作成者、所属部署などアプリでよく扱う列を用意してくれています。

▼表11-1：案件テーブルの列

[表示名]	[スキーマ名]	[データ型]	[必須]	[関連テーブル]
案件名［プライマリ名の列］	opportunityName	テキスト	必須	—
概算見積	costEstimate	通貨	任意	—
受注時期	orderDate	日付のみ	任意	—
受注確度	orderAccuracy	選択肢	任意	—
顧客の想定予算	estimatedBudget	通貨	任意	—
正式見積	quotation	通貨	任意	—
注文書	purchaseOrder	ファイル	任意	—
競合他社	competitors	複数行テキスト	任意	—
取引先企業	account	検索	任意	取引先企業
取引先担当者	contact	検索	任意	取引先担当者

検索型とは

別のテーブルを参照し、該当列ではデータを直接保存しない列を指します。この検索型列を使用するとデータを効率よく管理でき運用中のメンテナンスが簡単になりデータ管理の負担が減ります。

例えば、取引先の各案件を案件テーブルの列で直接保存し管理した場合、どのような問題が起きるか想像してみましょう。取引先ごとに複数の案件が発生し、作成した案件テーブルに複数の案件データが登録されていくとします。その後、取引先がブランドイメージを変えるため、企業名を変更しました。あなたは、この企業名変更を受けて案件テーブルに含まれている取引企業名をすべて更新しなければいけません。

更新対象のデータが数件なら手作業でできますが、データが数十件、数百件、数千件あったらどうでしょうか。とても面倒です。そこで検索型の出番です。検索型で取引先という別テーブルのデータを参照する形にすれば参照先の取引先テーブルにある1箇所(企業名)を変更するだけで済み、案件テーブルの変更はなく、最新の取引先名に置き換わります。この検索型を使うだけでデータ管理が楽になります。

Microsoftは、ビジネスでよく使われるDataverseテーブルをビルトインテーブルとして提供しており、一から改めて作成する必要はありません。今回、検索型の列が参照している関連テーブル（取引先企業、取引先担当者）はビルトインテーブルです。ビルトインテーブルはビジネスで利用される列が豊富に定義されていますが、それでも不足列がある（業種業態で固有な列情報がある場合など）ときは、ビルトインテーブルに必要な列を追加するだけで充足します。

ビルトインテーブルとビルトインテーブルを参照する検索型の列、この2つを活用し素早くデータを準備し効率よくデータ管理を始めましょう。

案件一覧画面を作成する

モデル駆動型アプリで表示する案件一覧画面を作成します。

Dataverseにはテーブルでデータを保存するだけでなく、テーブルの列情報を一覧でどのように表示させるのかを制御する「ビュー」と、テーブルのレコードデータを入出力するための「フォーム」と呼ばれる機能を実装することができます。

これらのビューとフォームは、1つのテーブルに対して複数定義できるため、利用シーンごとにビューとフォームを用意しておくと、さまざまな切り口でデータ表示、登録ができるようになります。

例えば、案件テーブルを利用するのは担当者と管理者である場合を考えます。テーブルの列情報が仮に10列あったとして、担当者は5列分のみ表示と登録が可能、管理者は10列すべてを表示、登録を可能にするなどアクセス制御できるようになります。

ビューの作成

Power Appsメーカーポータル［テーブル］⇒［案件テーブル］⇒［ビュー］で**画面11-2**を表示し、「アクティブな案件テーブル」（［ビューの種類］は「共有ビューdefault」）をクリックしてください。

画面11-2▶

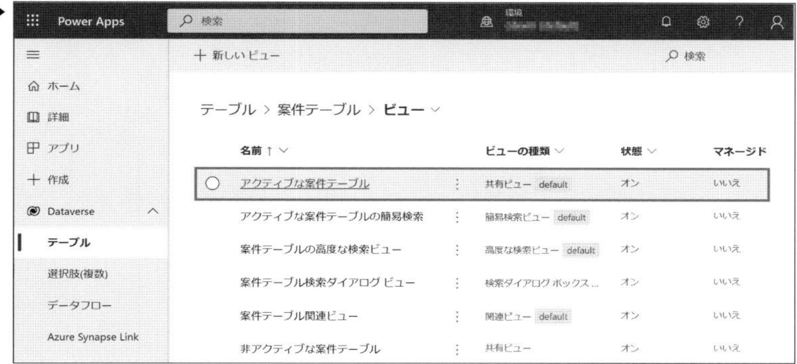

左ペインにはDataverseの案件テーブルで作成した列情報が表示されているので、次の項目を順に一覧画面にドラッグ&ドロップしてください。

- 案件名(デフォルト)
- 概算見積
- 受注時期
- 受注確度
- 顧客の想定予算
- 競合他社
- 取引先企業
- 取引先担当者
- 作成日(デフォルト)

また、[名前]は「案件一覧ビュー」に変更して[上書き保存]⇒[公開]します(画面11-3)。公開できたら[←戻る]で案件テーブルのメニュー画面に戻ります。

画面11-3 ▶

案件登録画面を作成する

続いて、モデル駆動型アプリで使用するデータ登録画面であるフォームを作成します。フォームの作成もビューと同様に案件テーブル上で作成します。

Power Apps メーカーポータル［テーブル］⇒［案件テーブル］⇒［フォーム］で画面11-4を開き、［フォームの種類］が「メイン」の［情報］をクリックすると、フォームの定義画面が表示されます（画面11-5）。

画面11-4 ▶

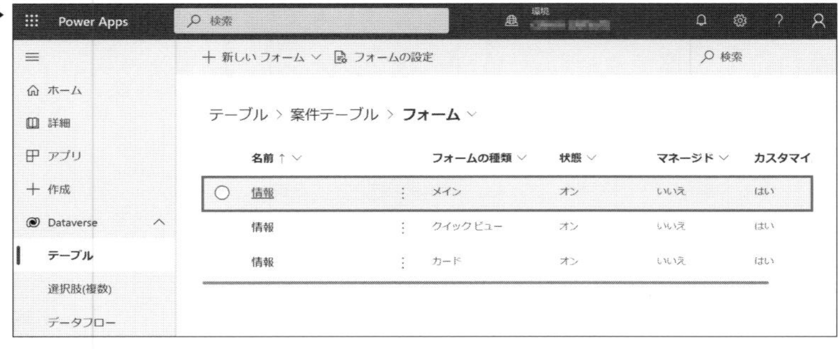

画面11-5▶

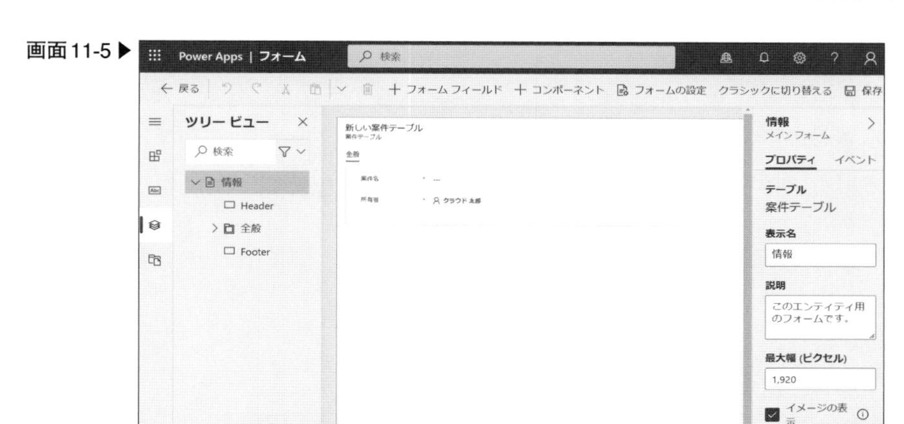

ここでは、全般セクション内の列を1つから3つに分割し、1列目は案件概要、2列目は社内の管理情報、3列目はアクティビティを記録する列に修正します。

ツリービュー[全般]をクリックし、プロパティ画面で[名前]に「全般セクション」、[書式設定]を展開して[レイアウト]を「3列」に変更します(画面11-6)。

画面11-6▶

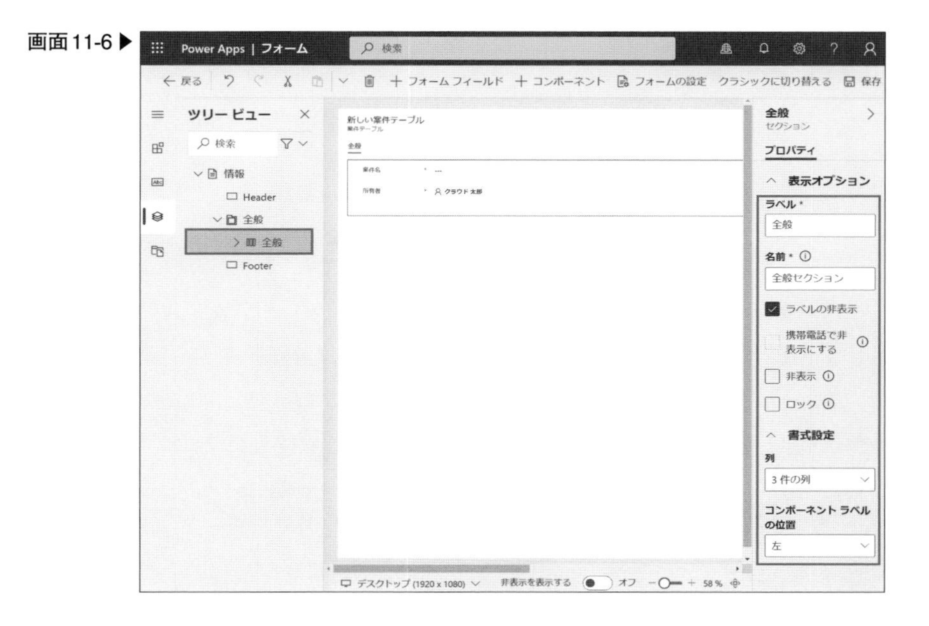

1列目

左ペイン[テーブル列]をクリックすると案件テーブルに作成した列情報が表示されます。[テーブル列]から次の項目をドラッグ&ドロップ(またはクリック)して列を配置します(画面11-7)。

- 案件名(デフォルト)
- 概算見積
- 受注時期
- 顧客の想定予算
- 競合他社
- 取引先企業
- 取引先担当者
- 所有者(デフォルト)

画面11-7▶

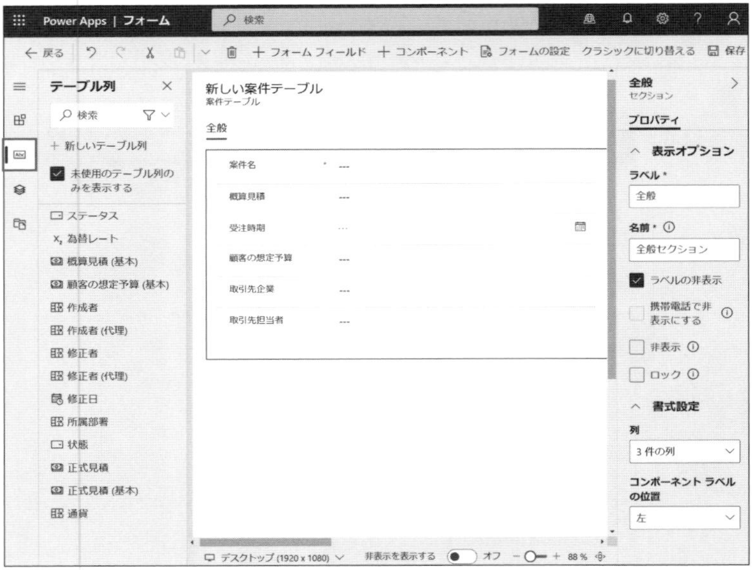

2列目

同様に次の列を配置します(画面11-8)。

- 作成日
- 所有者(1列目から2列目に移動)
- 競合他社
- 受注確度
- 正式見積
- 注文書

画面11-8 ▶

3列目

3列目には、案件進捗をトラッキングするアクティビティ記録ができる[タイムライン]というコンポーネントを挿入します。左ペインの[コンポーネント]⇒[関連データ]⇒[タイムライン]をクリックします(画面11-9)。

画面11-9▶

タイムラインはデータ登録後に使用できるようになる機能のため、ここでは挿入まで終わればデータ登録画面であるフォームの完成です。最後に作成したデータ登録画面であるフォームに名前を付けて保存をします。[名前]を「案件登録フォーム」に変更し、[上書き保存]⇒[公開]します(画面11-10)。

画面11-10▶

公開できたら[←戻る]で案件テーブルのメニュー画面に戻ります。

モデル駆動で案件管理アプリを自動生成する

これまでの手順で案件管理アプリを作る準備が整いました。データの保存場所である案件テーブル、テーブルに登録されたデータの任意列を一覧表示するビュー、テーブルにデータ登録するフォーム。あとはこれらを組み合わせてモデル駆動型アプリを作成するのみです。

Power Appsメーカーポータル[+作成]⇒[空のアプリ](画面11-11)⇒[Dataverseベースの空のアプリ]⇒[作成]をクリックします(画面11-12)。

画面11-11 ▶

画面11-12 ▶

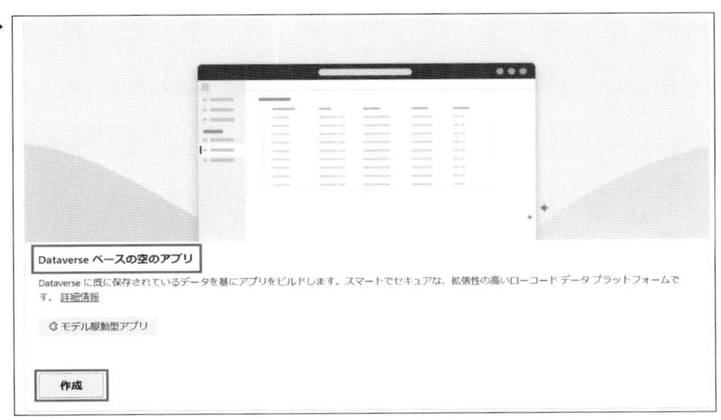

［名前］は「案件管理アプリ」として［作成］します（画面11-13）。

画面11-13 ▶

Power Apps Studioが表示されます（画面11-14）。画面構成はキャンバスアプリと同様に左ペインはメニューやツリービューの表示、画面中央はキャンバス、右ペインはプロセス設定の画面構成になっています。

画面11-14 ▶
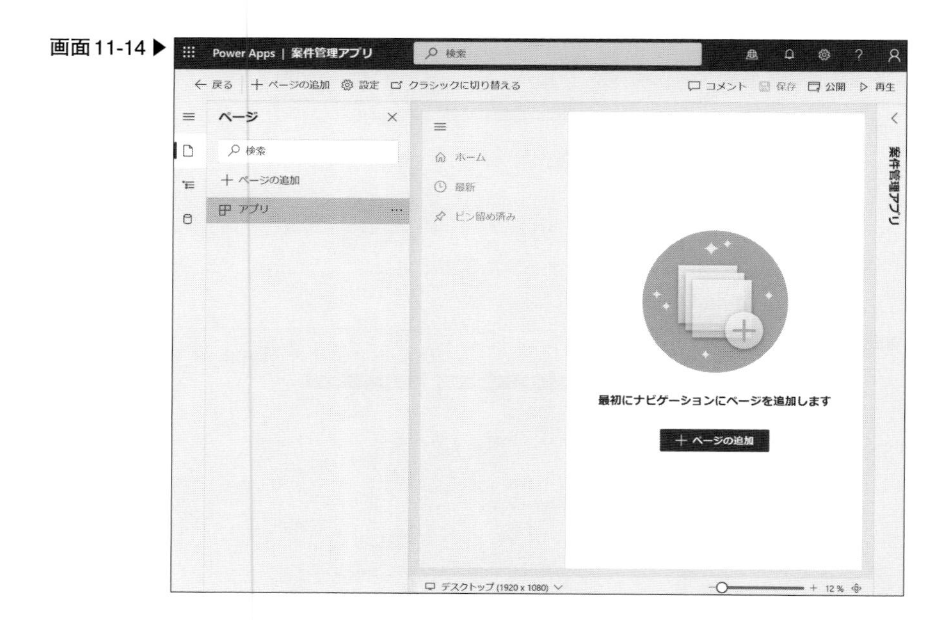

モデル駆動型アプリでは、メニューから使用するテーブルを選択するだけで、アプリ開発が完了します。[＋ページの追加]をクリックして画面11-15を開き、[テーブルベースのビューとフォーム]を選択して[次へ]で進みます。画面11-16では、使用するテーブルを指定します。検索バーに「案件テーブル」と入力し、[案件テーブル]をチェックして[追加]します。

ここまでの操作でモデル駆動型アプリの作成が終わりました。

画面11-15▶

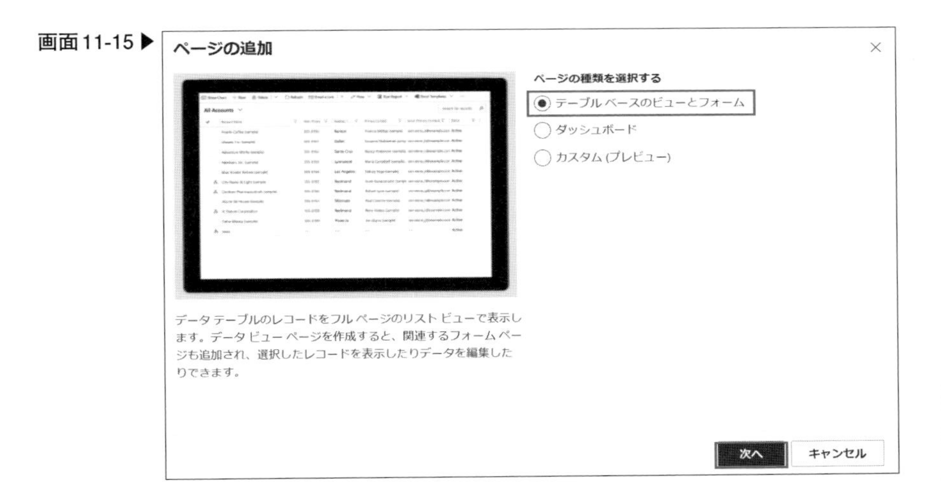

画面11-16▶

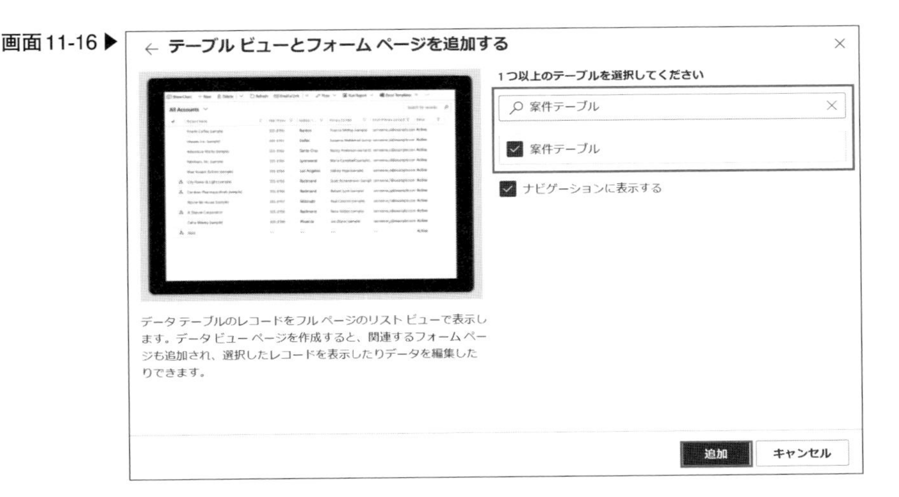

プレビュー確認

モデル駆動型アプリをクラウド上で使用できるように[保存]⇒[公開]します。その後、[再生]で動作を確認してみましょう(画面11-17)。

画面11-17▶

案件一覧の表示⇒[＋新規]でデータを登録し、一覧から登録したデータを選択して修正(上書き保存)してみてください。データを削除する場合は、フォーム画面から削除できます。「取引先企業」列と「取引先担当者」列は次節で説明します。

タイムライン

前項の3列目に埋め込んだ「タイムライン」について説明します。タイムラインは、ToDoなどを簡単に作ることができる便利なアクティビティ記録機能です。

[タイムライン]の[＋]⇒[タスク]をクリックすると(画面11-18)、タスクの登録画面が表示されます(画面11-19)。

[件名]を入力して[保存して閉じる]でタスクが登録され、[タイムライン]に一覧表示されます。取引先とのコミュニケーション結果や、ネクストアクションなどToDoを記録し、情報共有できるようになり情報管理を集約できます。

画面11-18▶

画面11-19▶

11-3　案件管理アプリの作成(応用編)

本節では、次の3つの機能を追加します。

- 取引先企業の管理機能
- 取引先担当者の管理機能
- 業務プロセスフロー

取引先企業と取引先担当者のページを追加する

前節ではDataverseのテーブルに取引先企業と取引先担当者の[データ型]を「検索型」で定義し、既存の別テーブルを参照する列を作成してきました。

ここでは、参照先の取引先企業、取引先担当者テーブルも案件管理アプリに組み込むことで、案件とセットで管理する取引先企業や取引先担当者も一元管理できるようにします。

Power Appsメーカーポータル[アプリ]⇒「案件管理アプリ」の[...]⇒[編集]で画面11-20を開いて[+ページの追加]します。

画面11-20▶

[ページの追加]では[テーブルベースのビューとフォーム]を選択して進み(画面11-21)、使用するテーブルを指定します(画面11-22)。「取引」でキーワード検索して、「取引先企業」と「取引先担当者」をチェックして[追加]します。

画面11-21▶

画面11-22▶

左ペインに「取引先企業」と「取引先担当者」が表示され、それぞれ選択すると各ビルトインテーブルで定義されている既定のビューが開き、一覧画面が表示されます(画面11-23)。これで取引先企業と取引先担当者の管理メニューができました。

画面11-23 ▶

各ビルトインテーブルには、ビューだけでなく既定のフォームも提供されています。そのため、一覧画面から[＋新規]をクリックすれば、データ登録画面が表示され、データ登録を開始できます。もし、各ビルトインテーブルの既定のビュー、フォームでは情報管理の不足がある場合は、お好みの列を作成し、ビュー、フォームに追加、保存、公開することでカスタマイズができます。

テストデータの登録

テストとして[取引先企業]メニューから取引先を登録してみます。左ペインの[取引先企業]⇒[取引先企業 ビュー]⇒[＋新規]をクリックして登録し、[取引先企業 フォーム]に移動します。[取引先企業 フォーム]で取引先企業情報を入力後、[上書き保存]で登録してください(画面11-24)。

画面11-24▶

次に[取引先企業 フォーム]から取引先責任者を登録します。取引先責任者の項目から[取引先責任者の検索]をクリックし(画面11-25)、[＋取引先担当者の新規作成]をクリックし、[取引先担当 フォーム]が表示されます。表示された画面で取引先責任者情報を登録してください(画面11-26)。登録できたら[保存して閉じる]をクリックしてください。

画面11-25▶

画面11-26▶

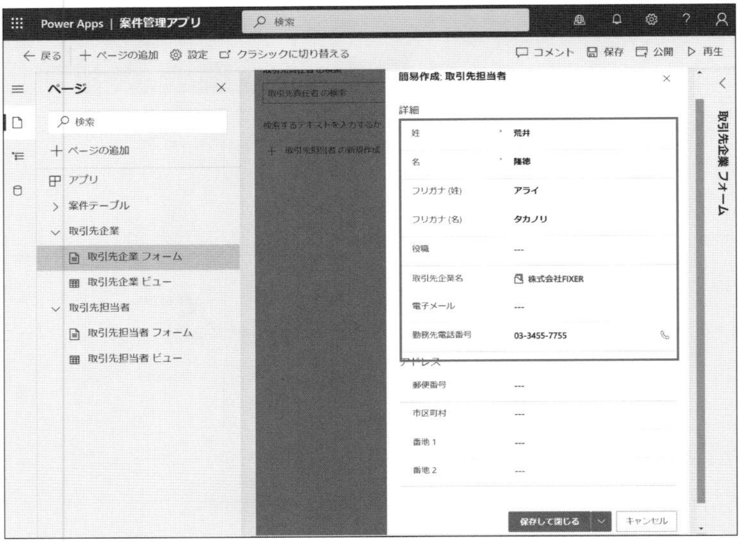

左ペイン[取引先担当者]⇒[取引先担当者 ビュー]をクリックすると、「取引先担当者」にも1件データが登録されていることがわかります。取引先担当者テーブルの「氏名」列は、取引先企業テーブルの「取引先責任者」列を参照している検索型の列です。

このように複数のテーブルを検索型で繋ぎ、より効率のよいデータ管理を実現しています。これで取引先企業の企業名変更が発生しても、取引先企業テーブルの企業名を変更するだけで案件テーブル、取引先担当者テーブルにも変更が自動的にされるようになりました。

また、前節で登録した案件データの「取引先企業」と「取引先担当者」も設定し、登録したテストデータが検索・設定できることを確認してください。確認後、変更したモデル駆動型アプリをクラウド上で使用できるように[保存]⇒[公開]をクリックします。

11-4 プロセスを順守させる業務プロセスフローを作成する

運用ルールを周知していても、担当者によっては必要なデータが未入力だったということは頻繁に発生します。そのような事態を未然に防ぐための業務プロセスフローを作成します。業務プロセスフローは、ビジネスで必要な情報を必須入力させ、情報管理のプロセスを順守させることができる機能です。その他にも入力されたデータをもとに条件分岐など行い業務ロジックを実装することもできます。本章では必須入力を強制する設定を行います。

Power Appsメーカーポータルの左ペイン[フロー]⇒[ビジネスプロセスフロー]⇒[＋新規]をクリックします(画面11-27)。

画面11-27▶

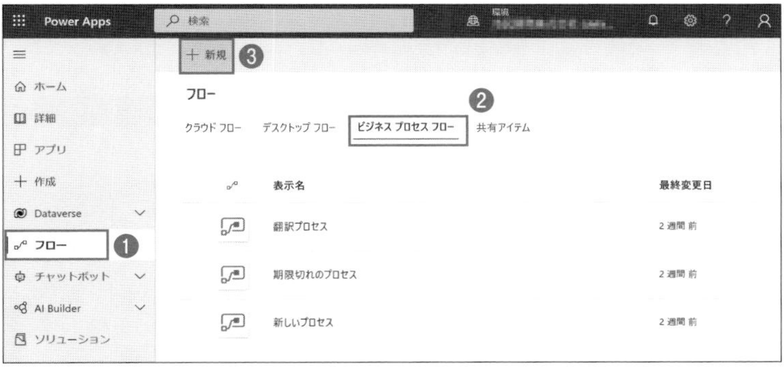

[フロー名]は「案件プロセス管理」、[名前]は「bpfOpportunityTable」、[テーブルを選択する]は「案件テーブル」を選択して[保存]します(画面11-28)。ここで作成すると検索型列を有する案件プロセス管理テーブルが作成されます。

画面11-29は業務プロセスフローの作成画面です。画面中央のキャンバスで、どのようなプロセスを定めるのかルールを作成します。

画面11-28 ▶

画面11-29 ▶

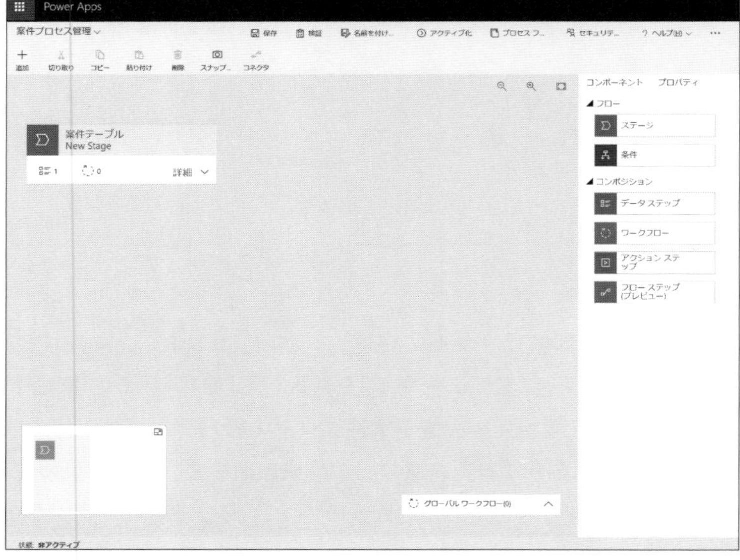

ここでは特定項目を必須入力させる業務プロセスフローを作成します。

キャンバスには「ステージ」と呼ばれるプロセスを管理するグループが表示されています。この1つのステージにどの項目の入力を強制するかを定義していきます。

1つ目のステージ

取引先から案件を打診されたときに使用するステージです。

表示されている[ステージ]を選択して、右ペインのプロパティ設定⇒[表示名]⇒「リード」と入力⇒[適用]します(画面11-30)。

画面11-30 ▶

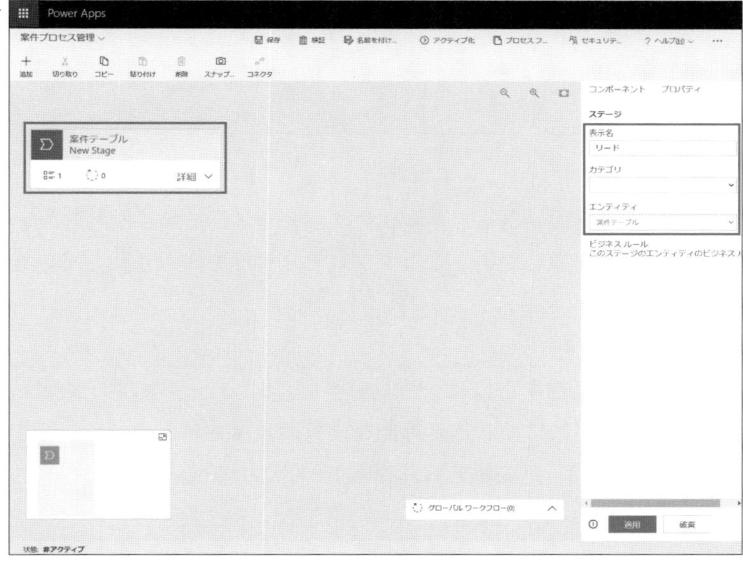

続いて、リード獲得時に入力させる項目を設定します(画面11-31)。[詳細]⇒[データステップ]⇒ 右ペインのプロセス設定⇒[ステップ名]に「案件名」、[データフィールド]に「案件名」を選択します(業務プロセスフローの紐付け先の案件テーブルの列一覧から情報が表示されます)。さらに[必須]をチェックして[適用]します。

画面11-31 ▶
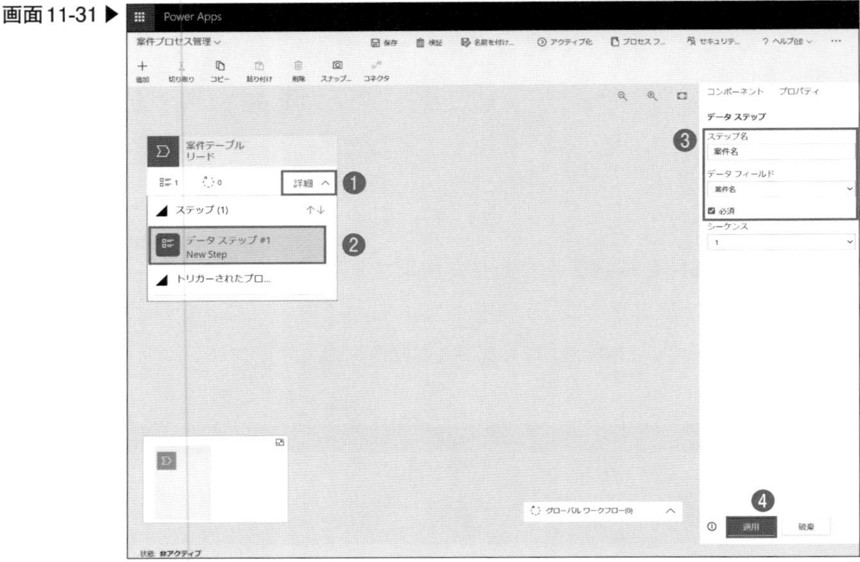

同様の操作を繰り返し、管理したいステージごとに必須入力させる列を1つ、または複数個登録していくことでプロセス管理をルール化していきます。

2つ目のステージ

ステージを追加するには[＋追加]⇒[追加ステージ]です(画面11-32)。画面中央のキャンバスに差し込み可能な位置が表示されるので、[＋]をクリックします(画面11-33)。[表示名]は「提案」と入力して[適用]します。

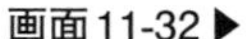

画面11-32 ▶

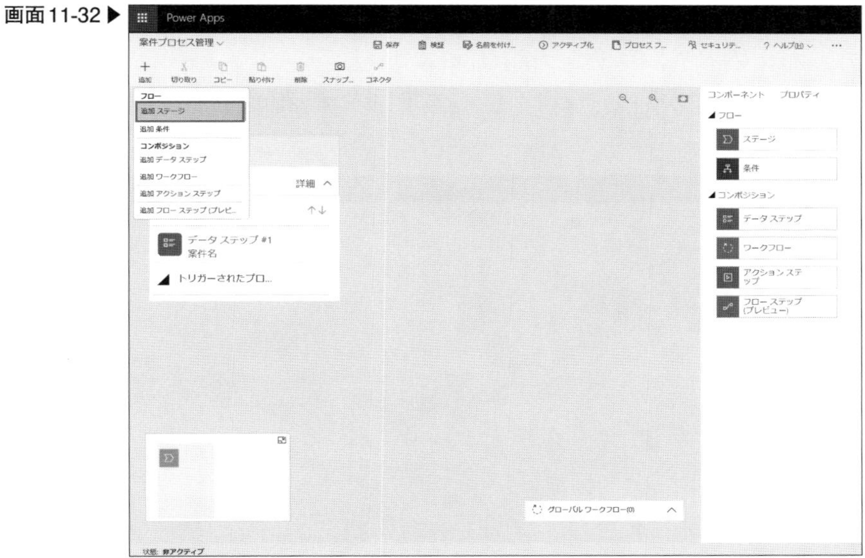

画面11-33 ▶

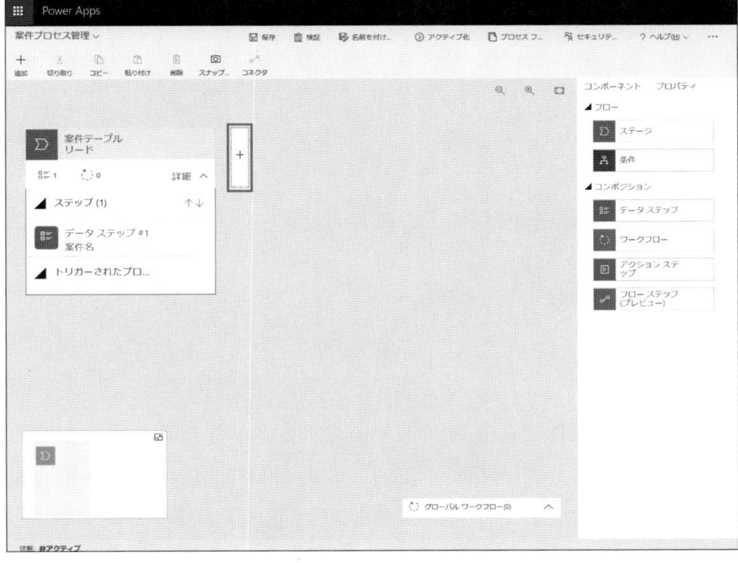

提案プロセスで必須入力させる項目は「概算見積」です。[詳細]⇒[データステップ]⇒ 右ペイン[ステップ名]は「概算見積」、[データフィールド]は「概算見積」を選択し、[必須]をチェックして[適用]します(画面11-34)。

画面11-34 ▶
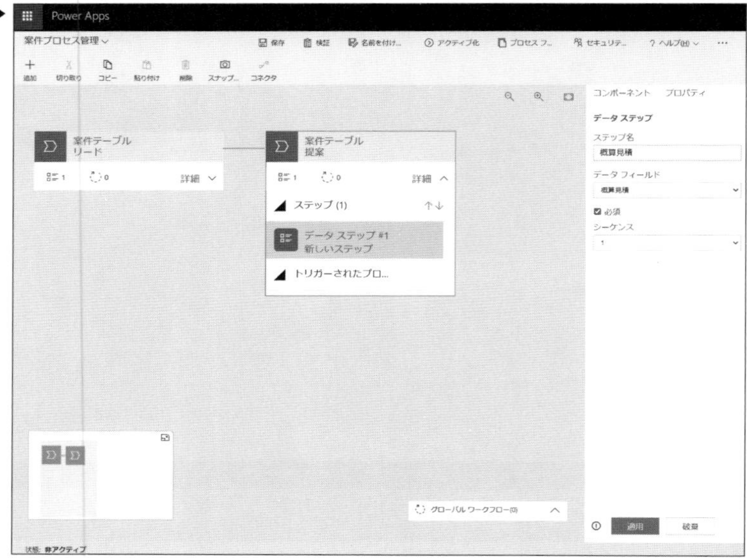

3つ目のステージ

[表示名]を「見積」として、必須入力は「正式見積」としてください。

4つ目のステージ

[表示名]を「受注」として、必須入力は「注文書」としてください。

ここまでの操作により各ステージで1つの項目を必須入力させるプロセス管理が作成できました(画面11-35)。プロセス内で必須入力項目は複数定義することが可能です。例えば見積プロセスで「正式見積」の金額と「受注確度」を入力させるようなケースです。

[保存]⇒[検証]⇒[アクティブ化]でモデル駆動型アプリから業務プロセスフローを利用できるようにします。プログレスバーが100%になり元の画面に戻っ

たらアクティブ化が完了です。

画面11-35 ▶

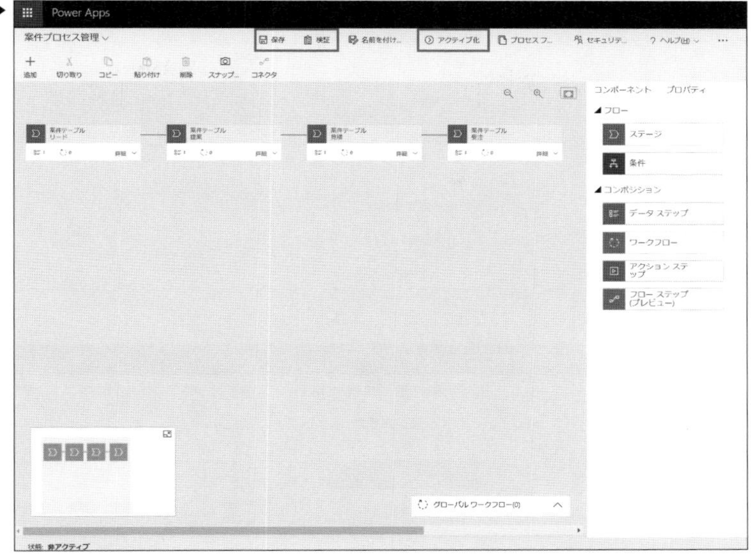

これで、案件テーブルに対して業務プロセスフローである案件プロセス管理を紐づけ、プロセスを順守させる仕組みが作れました。実際どのような動きになるのか確認してみましょう。

動作確認

Power Appsメーカーポータル[アプリ]⇒「案件管理アプリ」を選択して[案件テーブル]⇒[＋新規]をクリックします。データ登録画面に先ほど作成した業務プロセスフローが表示されました(画面11-36)。ここからは各項目(「リード」「提案」「見積」「受注」)を順に選択して必要な項目を入力して[上書き保存]⇒[次のステージ]で進めてください(画面11-37〜11-40)。「受注」ではファイルを添付します。

画面11-36 ▶

画面11-37 ▶

画面11-38 ▶

画面11-39 ▶

画面11-40 ▶

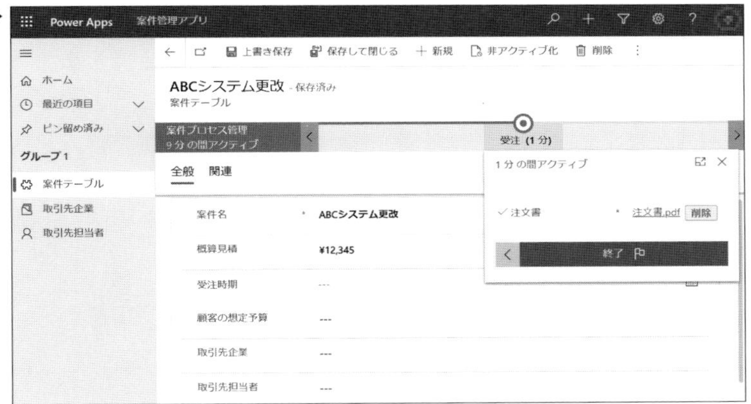

これですべてのプロセスが終了し、プロセスを進める中で情報管理上、必須な情報を不足なく、すべて登録させることができました。さらにこの案件の打診を受けてからどれくらい時間が経過したのかも数字化されています。ここでは、動作確認として進めたので、案件登録(リード)から受注まで12分となっています(画面11-41)。

画面11-41 ▶

本節の業務プロセスフローではステージごとの必須入力を促す設定のみでしたが、その他に条件分岐やアクションを持たせることができます。つまり、案件金額の規模に応じて必要なプロセスや決裁を制御することができます。

Chapter 12 案件管理アプリ②

分類 業務ですぐに使えるアプリ

使用するサービス [Power Apps モデル駆動型アプリ] [Power BI] [Dataverse] [Excel] [Outlook]

Chapter 11から引き続き、案件管理アプリを作っていきます。本章で作るのは、登録された案件情報などを可視化するダッシュボード、取引先の登録を諾否するワークフローです。

12-1 案件分析ダッシュボードを作成する

本章では、営業担当者が案件管理アプリで登録したさまざまな案件データを可視化し管理業務に活かすためのダッシュボードを「Power BI」で作成します(画面12-1)。

画面12-1 ▶

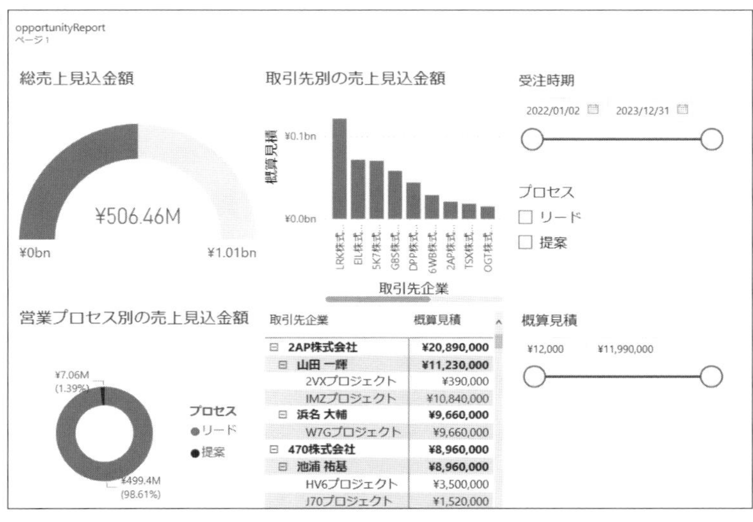

分析に必要なサンプルデータやダッシュボードの詳細な設定手順は本書サポートページ[注1]からダウンロードしてください。

Power BIでは、可視化した各ビジュアルをクリックすれば関連するデータにフォーカスがあたるようなクロスフィルターや、分析データを数量別、時系列、分布などさまざまなカットで絞り込みし、必要な情報のみ表示されるようにできるなど豊富な分析機能が備わっています。また、Power BI Service上で共有するだけでなく、モデル駆動型アプリにPower BIの機能を埋め込み、Power BIと同じ操作感で利用することができます。

案件分析用サンプルデータを準備する

案件プロセス管理テーブルの確認

Power BIで読み込むデータソースは、「案件テーブル」と「案件プロセス管理テーブル」です。案件テーブルは前章(p.243)で作成しています(表11-1)。案件プロセス管理データも前章(p. 261)で業務プロセスフロー作成時に案件プロセス管理テーブルが作成されています。案件分析で使用する列は、「案件名」と「アクティブステージ」です(表12-1)。

- [表示名]：案件プロセス管理
- [表示名の複数形]：案件プロセス管理
- [名前]：bpfOpportunityTable
- [プライマリ列]⇒[表示名]：案件名
- [プライマリ列]⇒[名前]：bpf_cr010_trnopportunitytableidname

▼表12-1：案件プロセス管理テーブルの列（分析で使用する列のみ抜粋）

[表示名]	[名前]	[データ型]	[必須]	[関連テーブル]
案件名 [プライマリ名の列]	bpf_cr010_trnoppor tunitytableidname	検索	必須	案件テーブル
アクティブステージ	Activestageidname	選択肢	任意	—

注1） URL https://gihyo.jp/book/2022/978-4-297-13004-6/support

サンプルデータの登録

サンプルデータを登録するのは「取引先企業テーブル」「取引先担当者テーブル」「案件テーブル」です。サンプルデータは作成したモデル駆動型アプリ（案件管理アプリ）に標準搭載されているExcel Onlineの編集機能で各テーブルに登録していきます。登録する順番は、データを参照している関係で、次の順番に進めてください。

①取引先企業テーブル
②取引先担当者テーブル
③案件テーブル

Power Appsメーカーポータル［アプリ］⇒「案件管理アプリ」を選択し、左ペイン「取引先企業」⇒［縦3点リーダー］⇒［Excel にエクスポート］⇒［Excel Online で開く］をクリックします（画面12-2）。

画面12-2 ▶

取引先企業テーブルの内容がExcel Onlineで表示されるので（画面12-3）、［取引先企業名］列に本書サポートページからダウンロードしたサンプルデータを挿入して［保存］します（画面12-4）。

画面12-3 ▶

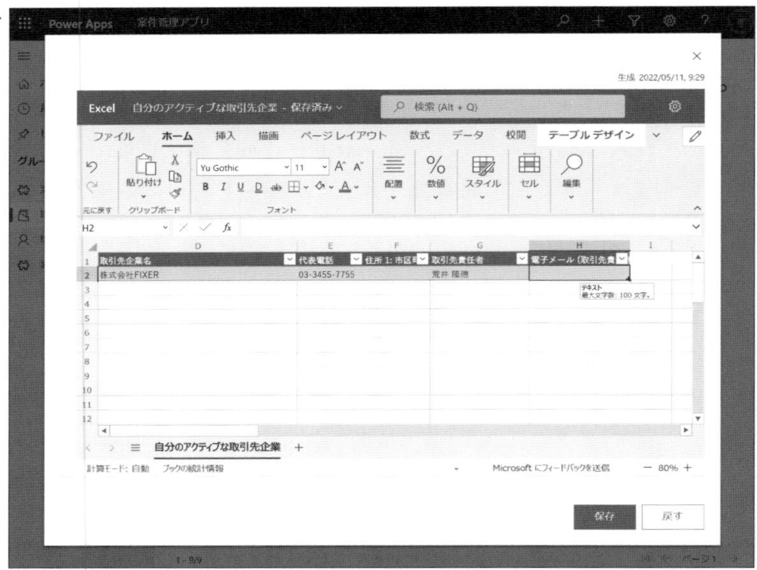

画面12-4 ▶

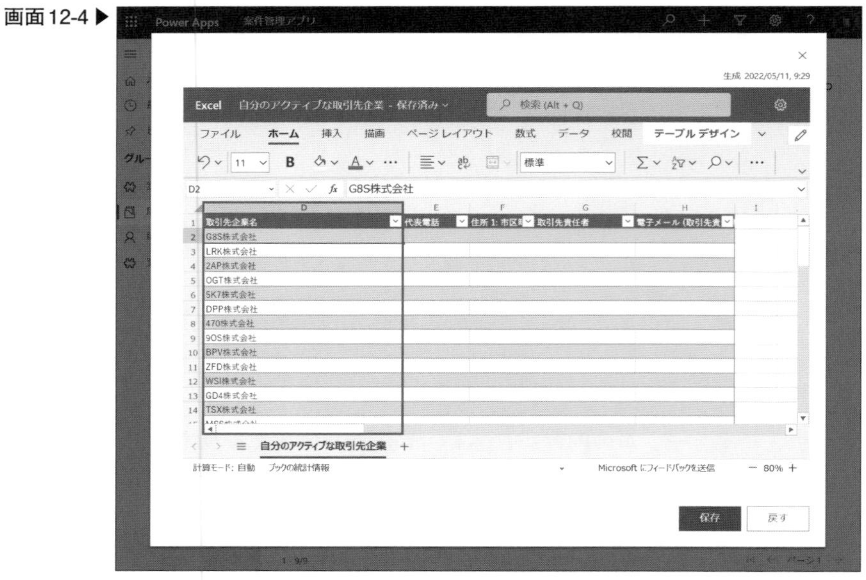

Excel Onlineで挿入したサンプルデータをDataverseの案件テーブルにインポートする処理が始まります。インポートが正常終了するか確認するために[進行状況の追跡]をクリックします(画面12-5)。

画面12-5 ▶
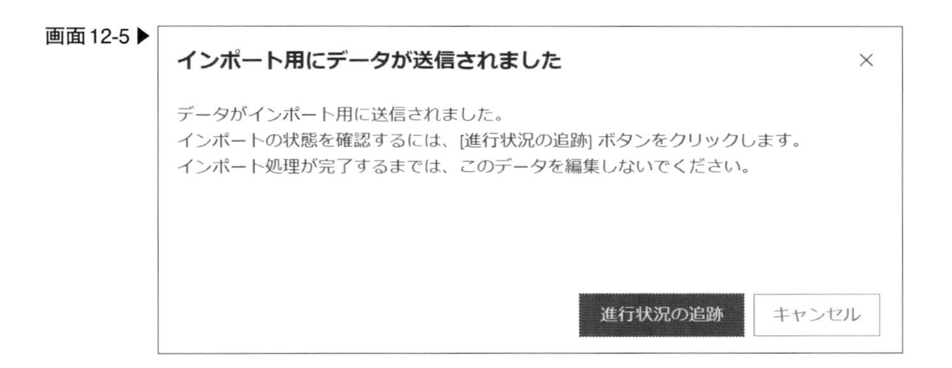

必要であれば[最新情報に更新]でデータの更新状況を確認できます(画面12-6)。更新後、[エラー]が0件であることを確認できたら、[←]で元の一覧画面に戻ります(画面12-7)。これで取引先企業テーブルにサンプルデータが登録できました。

画面12-6 ▶

画面12-7▶

同様に、取引先担当者テーブルと案件テーブルにもデータを追加してください。なお、案件テーブルでは「作成日」列以外の全列にサンプルデータを挿入してください。作成日は登録時にタイムスタンプが付与されるため、サンプルデータの登録は不要です。

取引先企業テーブル、取引先担当者テーブル、案件テーブルのサンプルデータ登録が完了すると画面12-8のようになります。

画面12-8 ▶

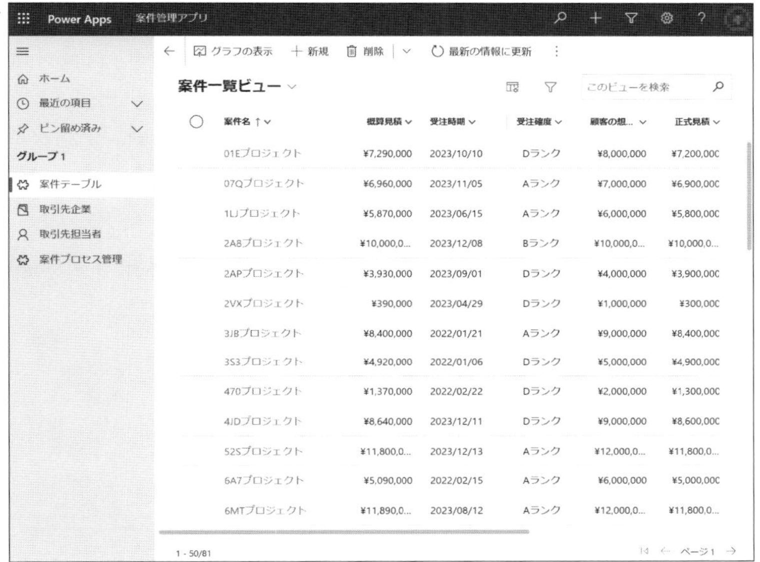

案件分析ダッシュボードを取得・変換する

Power BI Desktopを起動して、[ホーム]⇒[データを取得]⇒[Dataverse]をクリックします注2(画面12-9)。

画面12-9 ▶

注2) Power BI Desktopの起動やサインインの手順などはChapter 6(p.97)を参照してください。

Chapter 12

ナビゲーター画面から[Dataverse]⇒[各自固有の環境名称]でデータソース一覧を展開します(画面12-10)。データソースの検索バーに「opportunity」と入力して絞り込み、表示された「案件テーブル(trnopportunitytable)」と「案件プロセス管理テーブル(bpfopportunitytable)」をチェックして[データの変換]をクリックします。

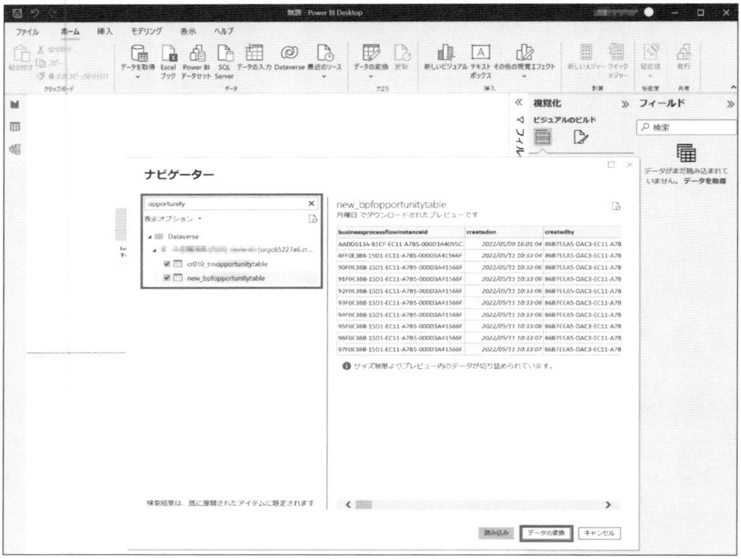

画面12-10▶

businessprocessflowinstanceid	createdon	createdby
AADD513A-B1CF-EC11-A7B5-000D3A4095C:	2022/05/09 16:01:04	86B7EEA5-DAC3-EC11-A7B
8FF0E3B8-15D1-EC11-A7B5-000D3A41566F	2022/05/11 10:33:04	86B7EEA5-DAC3-EC11-A7B
90F0E3B8-15D1-EC11-A7B5-000D3A41566F	2022/05/11 10:33:06	86B7EEA5-DAC3-EC11-A7B
91F0E3B8-15D1-EC11-A7B5-000D3A41566F	2022/05/11 10:33:06	86B7EEA5-DAC3-EC11-A7B
92F0E3B8-15D1-EC11-A7B5-000D3A41566F	2022/05/11 10:33:06	86B7EEA5-DAC3-EC11-A7B
93F0E3B8-15D1-EC11-A7B5-000D3A41566F	2022/05/11 10:33:06	86B7EEA5-DAC3-EC11-A7B
94F0E3B8-15D1-EC11-A7B5-000D3A41566F	2022/05/11 10:33:06	86B7EEA5-DAC3-EC11-A7B
95F0E3B8-15D1-EC11-A7B5-000D3A41566F	2022/05/11 10:33:06	86B7EEA5-DAC3-EC11-A7B
96F0E3B8-15D1-EC11-A7B5-000D3A41566F	2022/05/11 10:33:07	86B7EEA5-DAC3-EC11-A7B
97F0E3B8-15D1-EC11-A7B5-000D3A41566F	2022/05/11 10:33:07	86B7EEA5-DAC3-EC11-A7B

ここで[読み込み]をクリックすると案件テーブルのそのままのデータを取得する形になります。その場合、案件テーブルに含まれる標準列、カスタム列のすべてを取り込む動きになります。すべてのデータを読み込むとレポート作成時にデータの取捨選択が混乱しやすく、不要データも含めてレポートの作業領域に保持するためレポート作成作業が全体的に非効率になります。テーブルの読み込み時に不要列は、読込・表示対象から事前に削除しましょう。不要列の削除や、その他書式設定、変換などを行う場合は[データの変換]から始めるようにしてください。

接続の設定は[インポート]を選択して[OK]します(画面12-11)。なお、Power BIで提供されているデータの接続設定は、「インポート」と「DirectQuery」の2種類があります(表12-1)。

画面12-11▶

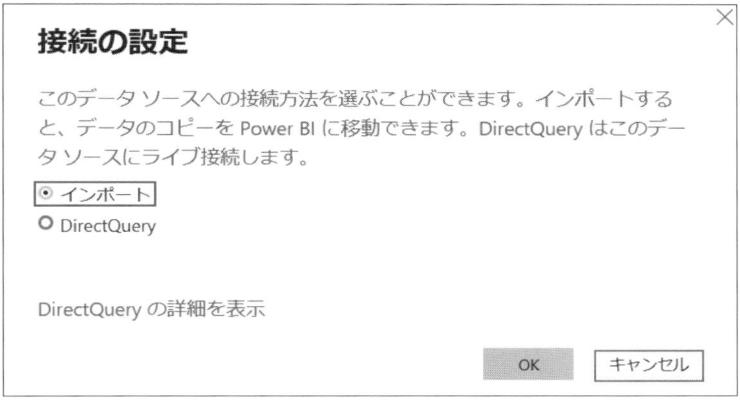

▼表12-1：Power BIのデータ接続方法

	インポート	DirectQuery
説明	データをPower BI上のデータセットにコピーを取得する	データソースに直接接続してデータを取得する
データ取得頻度	データセットに設定したデータ取得スケジュールに従う	リアルタイムデータ
データサイズの制限	データセットの上限である1GBまで	100万行まで（接続先データがクラウドリソースの場合）
データ取得のスピード(考え方の参考)	データセットに対する最大1GBの取得であるため、比較的速い	最大100万行の取得となるためデータ取得クエリの構造に依存したスピードになる
用途	初心者～中級者向け	中級者～上級者向け
ユースケース	定期的に最新化されたデータの取得・分析で良い場合	リアルタイムデータの取得・分析が必須の場合

不要な列の削除(案件テーブル)

接続の設定が完了すると、Power Queryエディター画面が表示されます(画面12-12)。

画面12-12▶

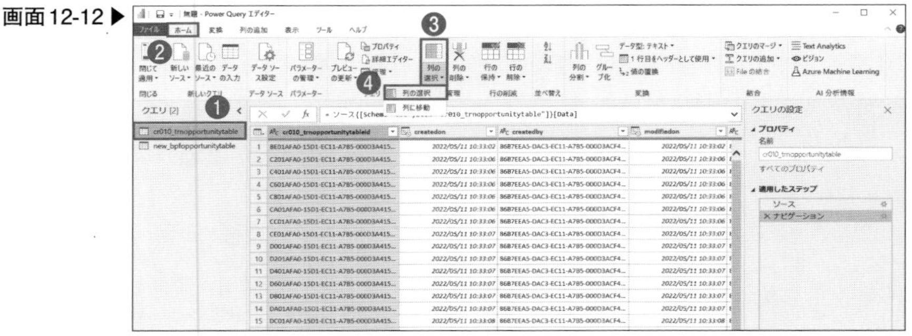

左ペインの「案件テーブル(trnopportunitytable)」⇒[ホーム]⇒[列の選択]⇒[列の選択]ですべての列が表示されるので、「createdbyname」(標準列)とカスタム列のみをチェックして[OK]します(画面12-13)。カスタム列は、固有の接頭辞(筆者の環境では「cr010」)で始まるため、検索バーで絞り込むことができます。

画面12-13▶

そのほかにも不要列が含まれていないか確認してください。Dataverseテーブルでは、列のデータ型で選択肢／通貨／参照などを使用すると定義列に対する管理列が一緒に作成されます。管理列はPower BIのレポート作成では使用しないため、ここで削除してください。個々に列を削除する際は、[ホーム]⇒[列の削除]⇒[列の削除]です。

ここでは手動で次の列を削除してください(接頭辞(cr010)は環境によって異なります)。

- cr010_trnopportunitytableid
- cr010_costestimate_base
- cr010_account
- cr010_accountyominame
- cr010_contact
- cr010_contactyominame
- cr010_estimatedbudget_base
- cr010_orderaccuracy
- cr010_quotation_base

これで不要な列を削除できました(画面12-14)。

誤って違う列を削除してしまった場合は、右ペインにある適用したステップの一覧にある最下部の項目にある[×]をクリックすれば、列削除操作を取り消し、削除列を復元させることができます。

画面12-14 ▶

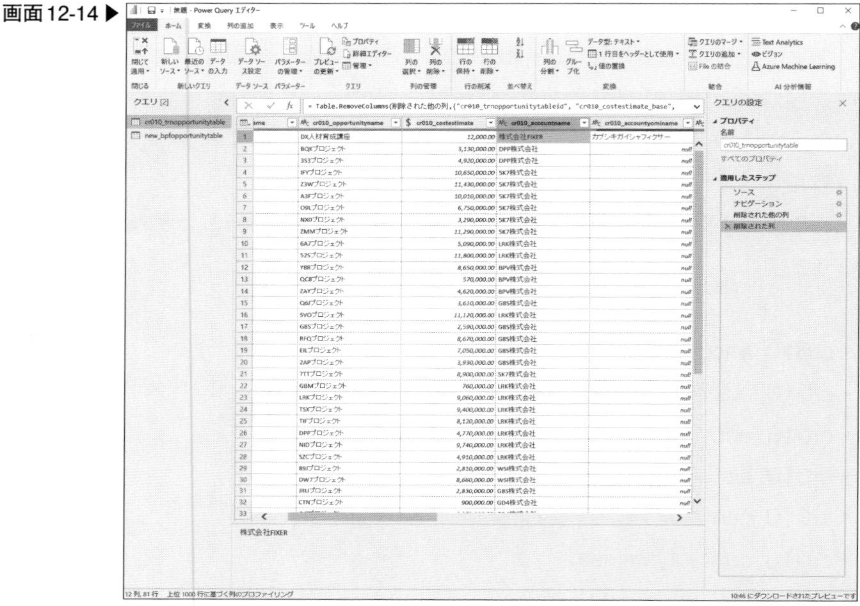

列名を日本語に変換（案件テーブル）

Power BI DesktopでDataverseテーブルを取得すると、列名は英語が取得されてしまうため、日本語に置き換えます。列名を日本語に変更しておくとレポート作成が容易になります。

なお、列名の変更は元データのDataverseテーブルに反映されるわけではなく、元データをインポートしたPower BIデータ上で変更されるだけで、元データは何も変わりません。

表11-1（p.243）を参考に、Power Query上で[変更したい列]を右クリック ⇒ [名前の変更]で名称を入力します注3（画面12-15）。

注3） 列名をダブルクリックしても名前の変更ができます。

画面12-15▶

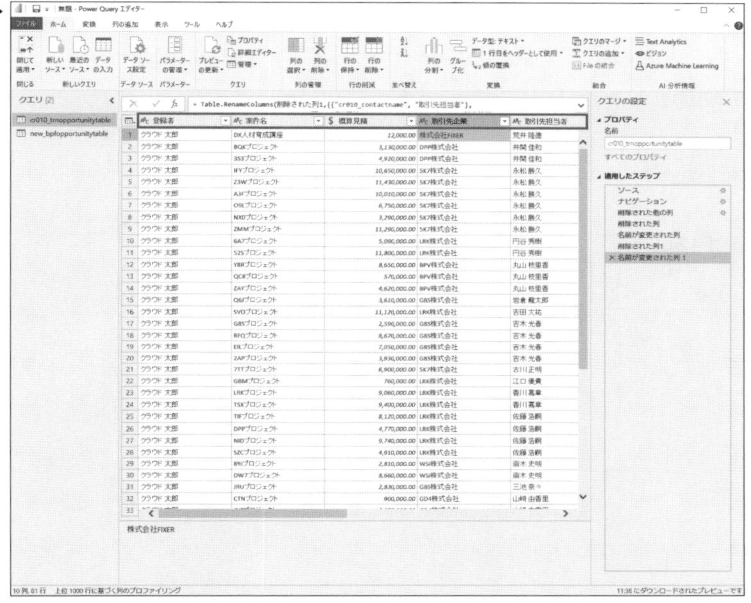

不要な列の削除（案件プロセス管理テーブル）

案件テーブルと同様に、次の列以外を削除します。

- bpf_cr010_trnopportunitytableidname（案件テーブルを参照する参照型列）
- Activestageidname（各案件のプロセス状況）

列名を日本語に変換（案件プロセス管理テーブル）

それぞれ次のように変更します。

- bpf_cr010_trnopportunitytableidname：案件名
- Activestageidname：プロセス

以上で、インポートしたDataverseテーブルのデータの変換作業は完了です。[ホーム]⇒[閉じて適用]でデータソースのデータ変換を終了してください(画面12-16)。Power BI Desktop画面の[フィールド]⇒「cr010_trnopportunitytable」と「new_bpfopportunitytable」はデータ変換後のテーブル情報が表示されます(画面12-17)。

画面12-16 ▶

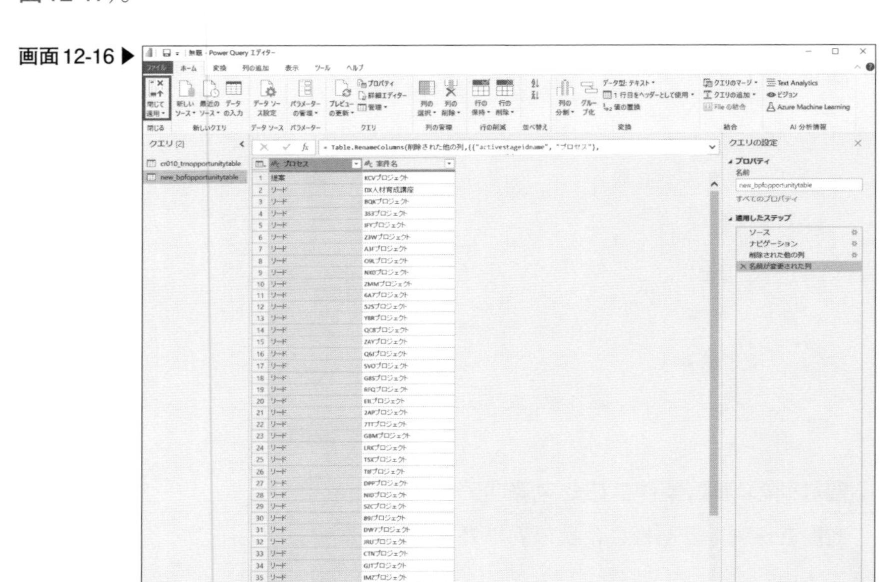

画面12-17 ▶

ビジュアルの作成(1つ目)

ビジュアルを作る方法は、「ビジュアルを配置して必要な列を選択する」、または「必要な列を配置してビジュアルを選択する」などがあります。

前者の場合、[視覚化]⇒[ビジュアルのビルド]⇒[ゲージ]をクリックします(画面12-18)。

画面12-18▶

追加した[ゲージ]の詳細設定に列情報を埋め込み、ビジュアルを作成します。[フィールド]⇒「概算見積」を[値]にドラッグ&ドロップします(画面12-19)。

画面12-19▶

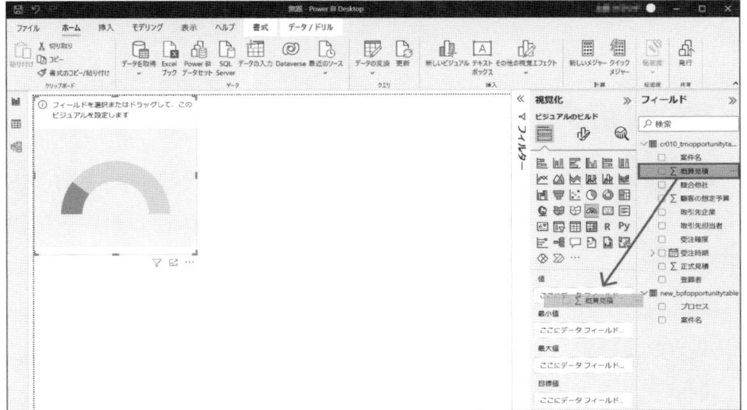

ビジュアルのタイトルの修正は、[視覚化]⇒[ビジュアルの書式設定]⇒[全般]⇒[タイトル]⇒[テキスト]に「総売上見込金額」を入力します(画面12-20)。

画面12-20 ▶

これで1つ目のビジュアルが完了しました。以降のビジュアルの詳細な作成手順は、本書サポートページからダウンロードできる「Chapter12_support.pdf」を参照してください。最後に作成したレポートを[ファイル]⇒[名前を付けて保存]で手元のPC内にPower BIレポートとして保存します。

なお、[視覚化]に用意されている以外のビジュアルを使うことも可能です。[視覚化]⇒[…]⇒[その他のビジュアルの取得]でアクセスするマーケットプレイスには無償／有償のものが提供されています。

案件分析ダッシュボードを利用する

Power BI Desktopで作成したレポートを、クラウド上で共有、案件管理アプリ(モデル駆動型アプリ)に埋め込み、利用するためにレポートの保存と共有を行います。

レポートの共有

レポートを共有するには、Power BIのワークスペースが必要です。Chapter 6(p.103)で作成したPower BI Serviceのワークスペースがあるため、そのワークスペースをそのまま利用し、レポートをPower BI Serviceに発行します。

［ホーム］⇒［発行］をクリックします(画面12-21)。

画面12-21▶

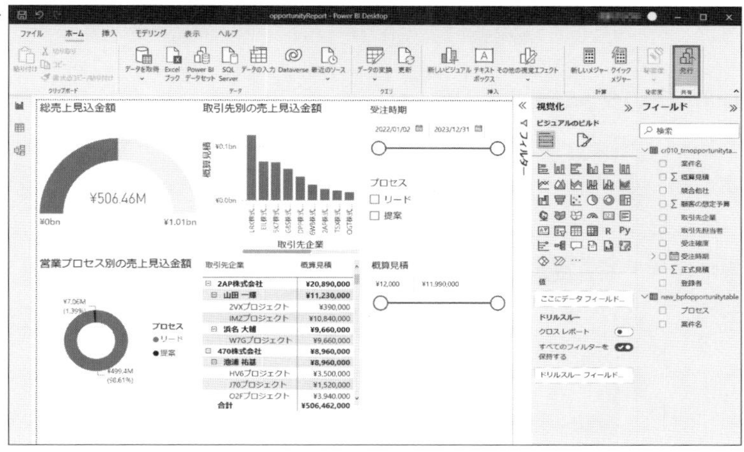

確認画面で［保存］すると、レポートをPower BI Serviceに発行できます。発行先のワークスペースを［選択］すると、Power BI Serviceへレポートの発行が成功したことを確認できます(画面12-22)。リンクをクリックしてPower BI Serviceに移動します。なお、サインイン要求が表示された場合はIDを入力して進めてください。

画面12-22▶

　ここまでの手順で作成したレポートはPower BI Serviceのワークスペースで関係者に共有できました。さらに作成したレポートをモデル駆動型アプリやその他のアプリで共有するためには、作成したレポートをダッシュボード化する必要があります。

レポートのダッシュボード化

　Power BI Serviceのレポート画面の上部メニュー[...]⇒[ダッシュボードにピン留め]をクリックします(画面12-23)。

画面12-23▶

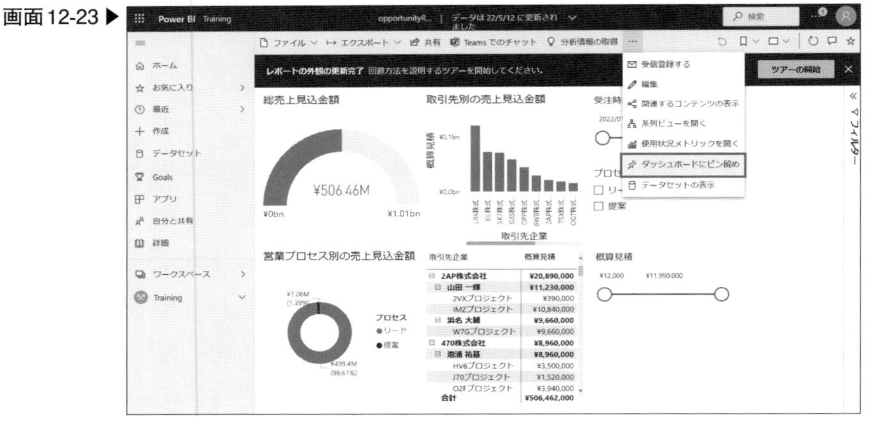

　[新しいダッシュボード]を選択し、[ダッシュボード名]は「案件分析ダッシュボード」を入力し、[ライブをピン留めする]をクリックします(画面12-24)。これでPower BIレポートをダッシュボード化することができました。

ダッシュボードを埋め込むためのシステム設定

　作成したダッシュボードを案件管理アプリ(モデル駆動型アプリ)に埋め込むためには、Power Appsメーカーポータルから[設定]⇒[管理センター]をクリックして表示される(画面12-25)、[Power Platform管理センター]で事前に設定する必要があります注4(画面12-26)。

注4)　評価版ライセンスをアクティベートした方は管理センターにアクセスできます。既存ライセンスの方は、Power Platform管理センターにアクセスできない可能性があります。その場合は、情報システム部門に本手順を連携し該当オプションをオンにしてもらうなどしてください。

画面12-24 ▶
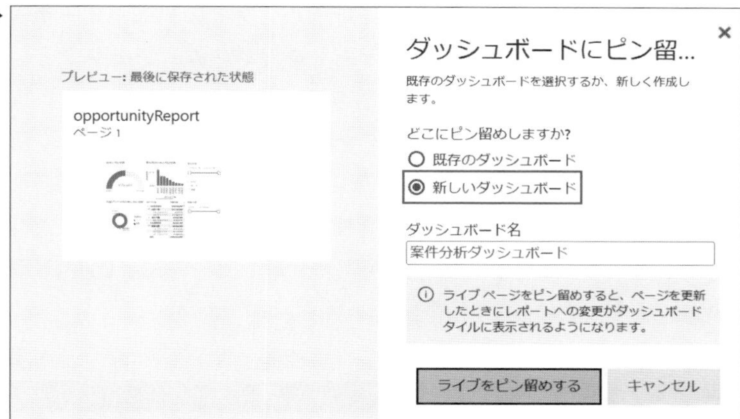

画面12-25 ▶

画面12-26 ▶

管理センターでは、Dataverseに対するアクセス制御、ユーザーの管理、今回有効化するPower BIダッシュボードを埋め込みコンテンツとして使うオプション機能の管理などさまざまな管理機能を備えています。

では、Power BIダッシュボードを埋め込みコンテンツとして使用するオプション設定を進めていきます。

[環境]⇒[環境名(固有値(所属会社名))]を選択して[設定]し、[製品]⇒[機能]で画面12-27を開き、[埋め込みコンテンツ]⇒[Power BI のビジュアル化の埋め込み]をオンにして[保存]します。

画面12-27▶

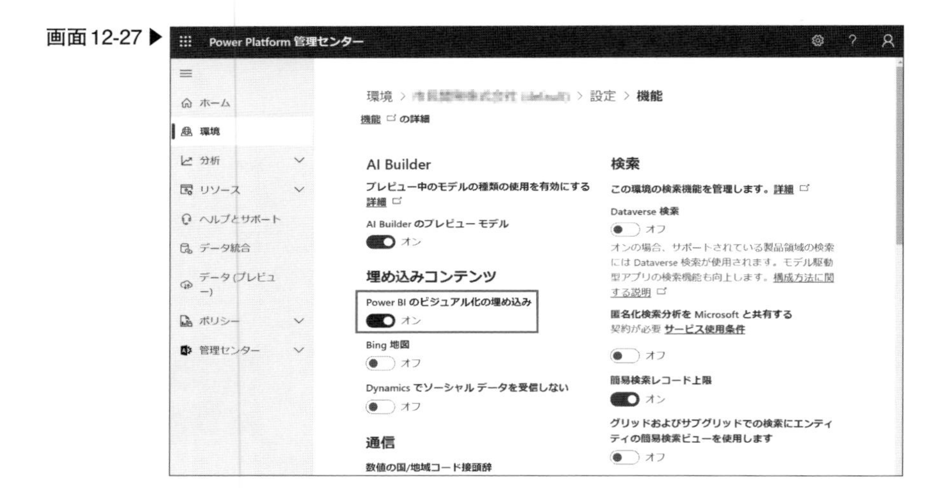

Power BIダッシュボードの埋め込み

Power Appsメーカーポータル[アプリ]⇒「案件管理アプリ」⇒[...]⇒[編集]から[＋ページの追加]します(画面12-28)。[ダッシュボード]を選択して進み、ここでは[Microsoft Dynamics 365 Socialの概要]を選択して[追加]します注5(画面12-29)。

案件管理アプリにダッシュボードの枠が追加されたので、[保存]⇒[公開]⇒[再生]します。案件管理アプリの左ペイン[ダッシュボード]でダッシュボード画面に移動して[＋新規]⇒[Power BI ダッシュボード]をクリックします(画面12-30)。

注5）後述する手順で、Power BIダッシュボードに切り替えます。

画面 12-28 ▶

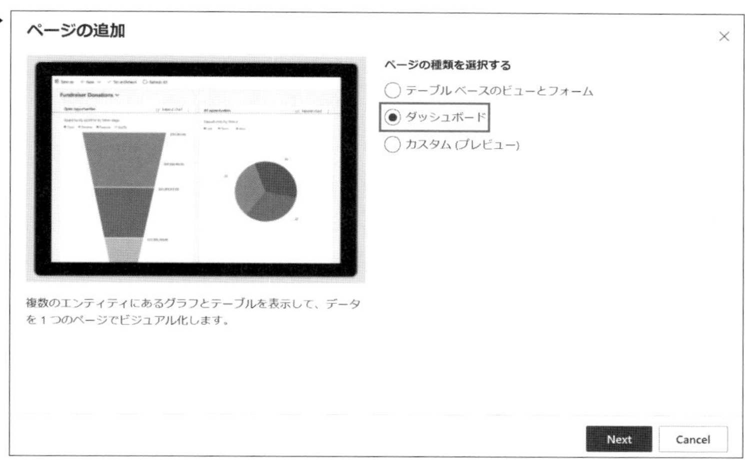

画面 12-29 ▶

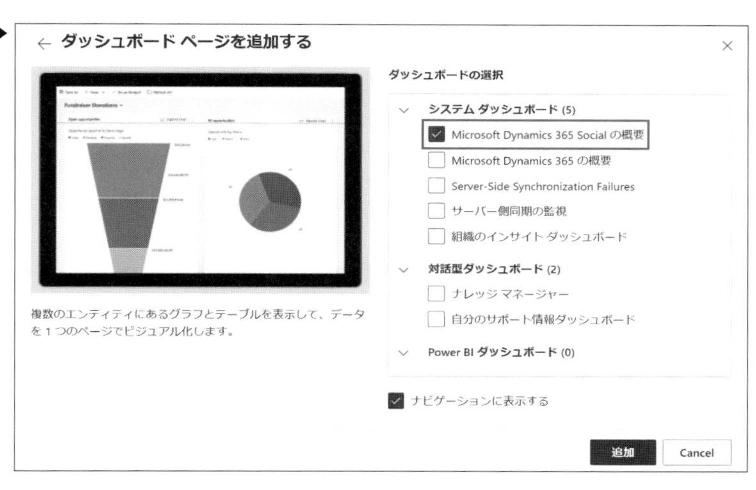

画面 12-30 ▶

前述の手順で作成したダッシュボードの[ワークスペース]と[ダッシュボード]を指定し、[統合クライアントの有効化]をチェックして[保存]します(画面12-31)。確認画面では[OK]してください(画面12-32)。

画面12-31 ▶
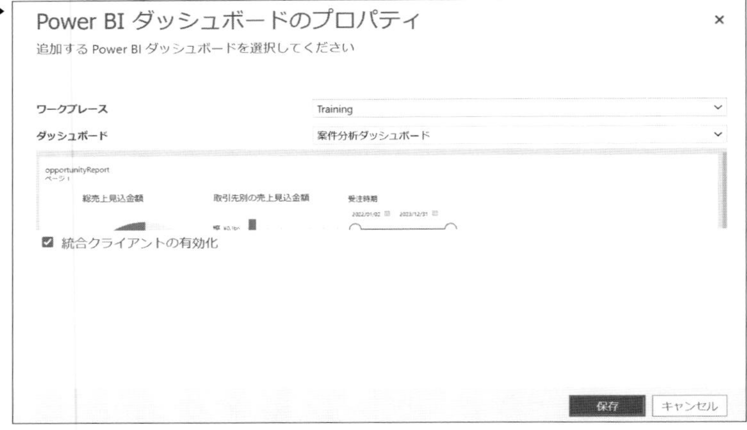

画面12-32 ▶
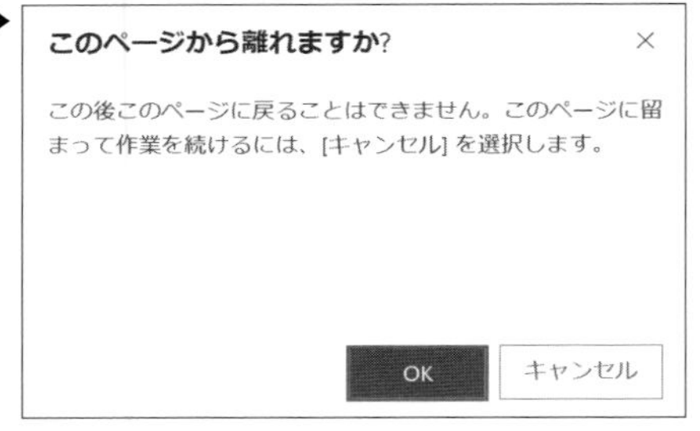

Power BIダッシュボードが表示されました(画面12-33)。今後このダッシュボードメニューが選択されたときに表示される既定に設定するため、上部メニューの[既定として設定]を押します。

画面12-33▶

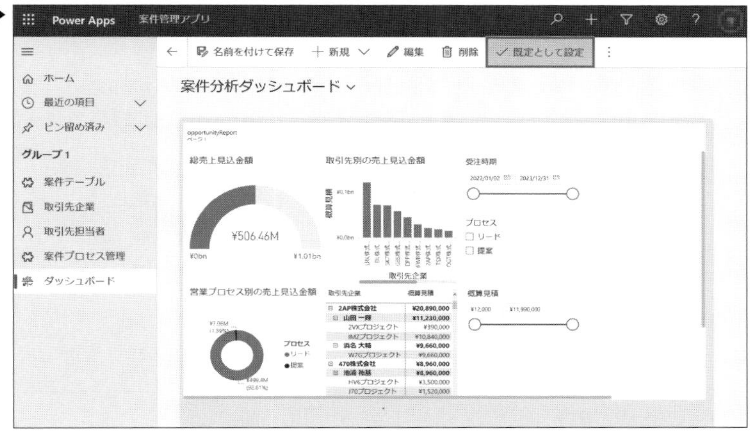

12-2　取引先登録諾否ワークフローを作成する

ここではPower Automateを使用して取引先登録の諾否ワークフローを作成します。

企業活動の中で関わる取引先は数多くあり、その中には競合他社や過去の問題などで対象外としている取引先が存在するでしょう。社内担当者がすべてを把握したうえで案件活動を推進できれば最良ですが、着任間もない担当者や新卒入社の方は経緯まで把握しておらず、案件が進んでから諸事情で取引できない企業だったため案件が白紙化するようなこともあったりします。

諾否ワークフローを使えば、案件登録初期のタイミングで取引先企業をスクリーニングでき、不要な時間を生み出さずにすみます。

自動化したクラウドフローを作成する

トリガーは取引先企業のデータ登録を条件に起動するため、自動化したクラウドフローを使用します。Power Automateポータルサイト[＋作成]⇒[自動化したクラウドフロー]をクリックします(画面12-34)。

画面12-34▶

トリガーを設定する

フロー名とトリガーを指定します。[フロー名]は「新規取引先諾否ワークフロー」と入力し、検索バーに「Dataverse」で絞り込みしたトリガー一覧から「行が追加、変更、または削除された場合」を選択して[作成]します(画面12-35)。

トリガー[行が追加、変更、または削除された場合]は次のように設定します(画面12-36)。

- [種類の変更]：作成
- [テーブル名]：取引先企業
- [スコープ]：Organization

[種類の変更]では、データに対する変更の種類を監視してトリガーを起動するか指定します。今回は取引先企業のデータ作成時のみ起動するように[作成]を選択します。作成のほかに更新、削除もあるため、登録後のデータ変更に対してもトリガーを起動したい場合は、希望の操作範囲を指定することできめ細かな管理ができます。

[テーブル名]は、トリガーを起動する条件となる監視対象のテーブル名を指定します。

[スコープ]は、監視対象のテーブルでレコード作成した人物をもとに起動す

画面12-35 ▶

画面12-36 ▶

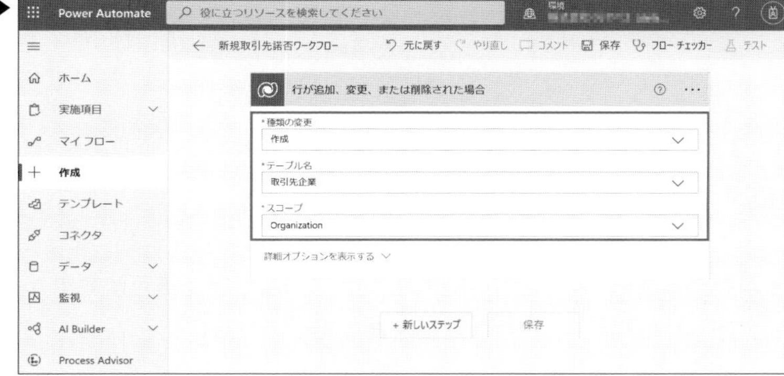

るか否かを判定する条件です。組織全体で運用するフローの場合は、Organizationを選択し、組織内のユーザーがデータ操作したときに動くようになります。組織全体ではなく、特定部門のみとする場合はBusiness Unitなどで範囲を限定することもできます。

アクションを設定する(諾否依頼)

[＋新しいステップ]で追加し、検索バーに「承認」と入力して表示されたアクション一覧から「開始して承認を待機」をクリックします(画面12-37)。

画面12-37 ▶

[承認の種類]は「承認/拒否-すべてのユーザーの承認が必要」を選択します(画面12-38)。これは次のような動作になります。

- 承認(Approve)か拒否(Reject)のシンプルな二択で諾否依頼できる
- 1次、2次承認など複数の承認がある場合でも対応できる

別の項目であるカスタム応答を選択すると承認(Approve)、拒否(Reject)以外のオリジナル応答を設定することができます。条件付き承認などデフォルト以外の応答を使いたい場合は利用を検討してください。

画面12-39は、承認依頼の詳細設定画面です。承認依頼の連絡はOutlookメールで送信されます。Outlookの送信メールにセットする各項目を設定します。

画面12-38▶

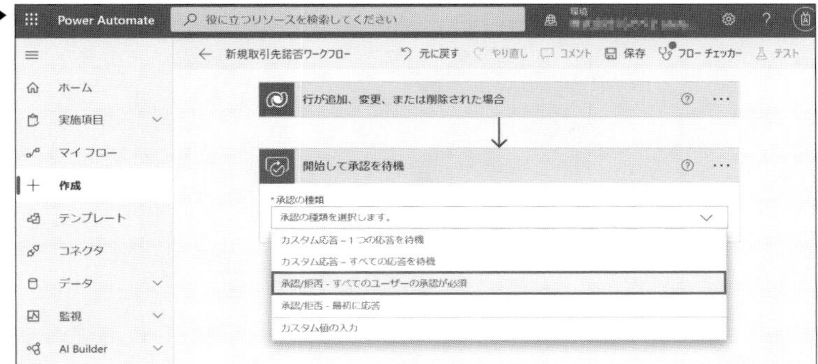

画面12-39▶

- [タイトル]（件名）
- [担当者]（宛先）
- [詳細]（本文）

担当者は、ここでは自分自身のメールアドレスを設定します。運用時は取引先企業を管理する担当者のメールアドレスに置き換えください。

タイトルと詳細に動的コンテンツを入力し、登録された取引先企業情報を通知内容に盛り込んで編集します。動的コンテンツを画面12-40のように差込みます。

画面12-40 ▶

アクションを設定する（諾否結果に基づくアクションの分岐）

諾否依頼をかけて、承認された場合は、Aアクション、拒否された場合はBアクションといったように実行されたアクション結果をもとに後続のアクションを条件分岐するアクションが用意されています。ここではコントロールアクションを使います。

[＋新しいステップ]をクリックします（画面12-41）。

画面12-41 ▶

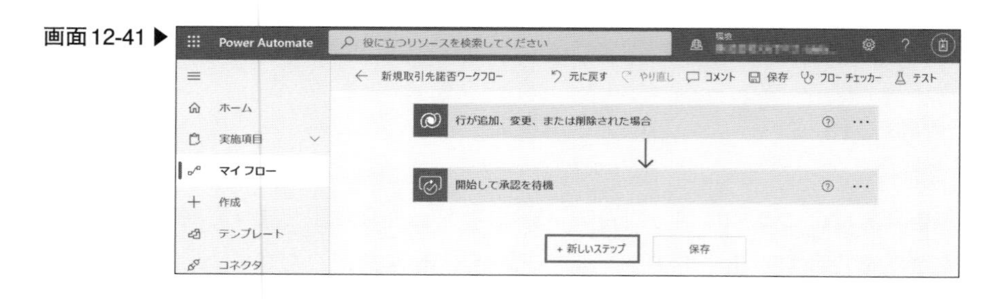

操作の選択画面で検索バーに[コントロール]と入力して表示されたアクション一覧から「条件」をクリックします（画面12-42）。アクション結果を評価して

分岐させるアクションは豊富な種類が提供されています。

- Apply to each
  特定条件を満たすまでアクションを繰り返し実行するアクション
- Do until
  初回実行後、特定条件を満たすまでアクションを繰り返し実行するアクション
- スイッチ
  Aの場合、Bの場合、Cの場合……といった複数のパターンで多分岐させる場合のアクション
- 条件
  条件を満たす場合、条件を満たさない場合の2つで条件分岐させるアクション

画面12-42▶

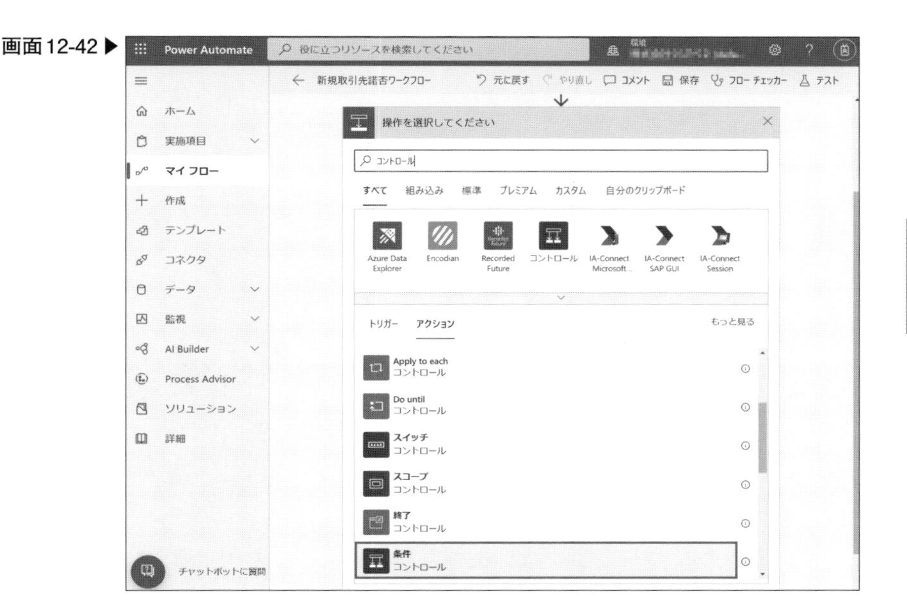

[条件]の詳細を設定します(画面12-43)。次のように動的コンテンツとテキストを入力します。演算子は一致、不一致、部分一致などのパターンが用意されています。

- 左項：[開始して承認を待機]⇒[結果]
- 演算子：次の値に等しい
- 右項：Approve

画面12-43 ▶

続いて、[条件]が[はいの場合]と[いいえの場合]ごとにアクションを設定します。

いいえの場合

先に、いいえの場合(条件を満たさなかった時)からアクションを作成します。[いいえの場合]⇒[アクションの追加]で画面12-44を表示し、操作の選択画面で検索バーに「Dataverse」と入力して表示されたアクション一覧から[行を更新する]をクリックします(画面12-44)。

[行を更新する]アクションは、次のように設定します(画面12-45)。

- [テーブル名]：取引先企業
- [行ID]：[行が追加、変更、または削除された場合]⇒[取引先企業][注6]

注6) 動的コンテンツの補足に、「取引先企業を表す一意の識別子です。」と記載のある動的コンテンツを選択してください。

画面12-44 ▶

画面12-45 ▶

この行IDは登録された行データを識別するための行ごとに割り振られた一意の値です。トリガーの[行が追加、変更、または削除された場合]アクションの実行結果には、登録された列ごとのデータのほかに、一意の識別子も列情報として保有しており、行の更新、削除などのアクションではこの識別子をもとにアクションを実行する必要があります。

［行を更新する］アクションに、テーブル名、行IDを指定すると、行IDで指定した行データが保有する列情報が表示されます。すべての列情報を表示するために画面下部にある［詳細オプションを表示する］を選択し、すべての列情報を表示します。

表示したすべての列情報の［状態］列を［非アクティブ］に設定します（画面12-46）。非アクティブ操作は、登録された取引先企業のデータは削除せずに残すが無効な取引先企業に設定することを指します。取引をしない取引先企業の情報を残し、非アクティブにすることが同一企業の重複登録を抑止するとともに無効な企業であることを認知できるように設定します。

取引先企業登録の承認拒否時のアクション設定は完了しました。

画面12-46 ▶

はいの場合

次に、はいの場合のアクションを作成します。はいの場合も［行を更新する］アクションを使って、取引先企業の対象データに記録します。Power Automateでは、類似するアクション作成を繰り返し行う際の便利機能として、アクションを複製するクリップボード機能が提供されています。ここでは［いいえの場合］で定義した［行を更新する］アクションをコピーし、［はいの場合］の［アクションの追加］として追加します。

［いいえの場合］⇒［行を更新する］⇒［...］⇒［クリップボードにコピー］をクリックし（画面12-47）、［はいの場合］の［アクションの追加］をクリックします。

画面12-47 ▶

操作の選択画面にある[自分のクリップボード]をクリックし、表示された[行を更新する]をクリックします(画面12-48)。

画面12-48 ▶

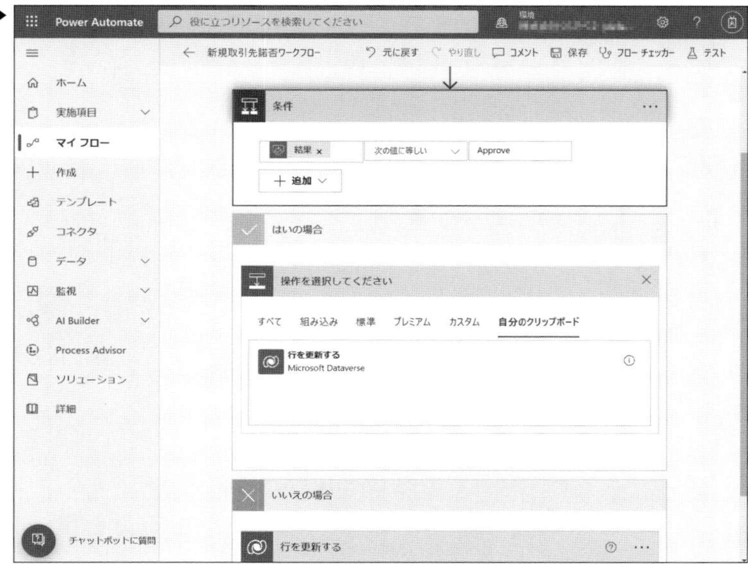

これでテーブル名、行IDが設定済みの[行を更新する]アクションがコピーできました。先ほどと同様にすべての列情報を表示するために画面下部にある[詳細オプションを表示する]を選択して、すべての列情報を表示し、[状態]列を「アクティブ」に変更します(画面12-49)。

画面12-49 ▶

また、[説明]例に「取引先企業の関係者確認完了済み」と入力してください。

テストする

最後に[保存]⇒[フローチェッカー]⇒[テスト]⇒[手動]⇒[テスト]でフローを有効化します。

案件管理アプリで取引先企業のテストデータを登録します。案件テーブルのフォームから新規取引先登録、または取引先企業テーブルから新規取引先登録、いずれかでもデータ登録できます。

データ登録後は、フローが起動し[開始して承認を待機]の担当者(今回は自分自身のメールアドレス)宛に画面12-50のような諾否メールが届きます。通知された内容を見て、承認(Approve)か拒否(Reject)を選択し、提出(submit)を押せば諾否の完了です。

このような操作で取引先企業の諾否と合わせて取引先企業データの有効化、無効化を自動化することができます。また、Outlookのアクションを使って、担当者に諾否結果通知メール送信を行うアクションなどを加えると、より利便性が高くなります。

画面12-50 ▶

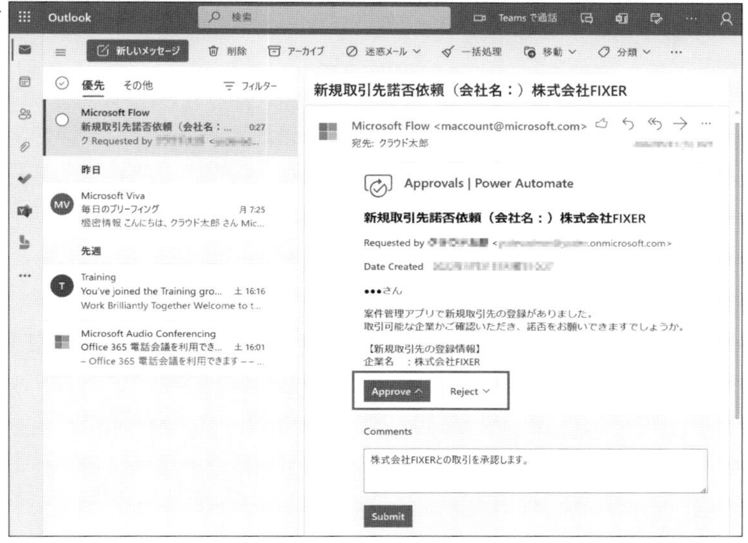

Chapter 13 案件管理アプリ③

分類 業務ですぐに使えるアプリ

使用するサービス [Power Apps キャンバス アプリ／モデル駆動型アプリ] [Power Automate] [Dataverse]

Chapter 11、12から引き続き、案件管理アプリを作っていきます。本章では、見積書の作成、出力部分を作ります。Power Appsのキャンバスアプリを作成し、モデル駆動型アプリと連携、Power Automateで書類出力をします。

13-1 見積管理を作成する帳票関連のアプリ

本章では、見積管理に関連する部分を作成します(図13-1)。ただし、紙幅の関係で詳細な設定手順などは本書サポートページ[注1]からダウンロードしてください。

注1) URL https://gihyo.jp/book/2022/978-4-297-13004-6/support

▼図13-1：案件管理アプリの全体像

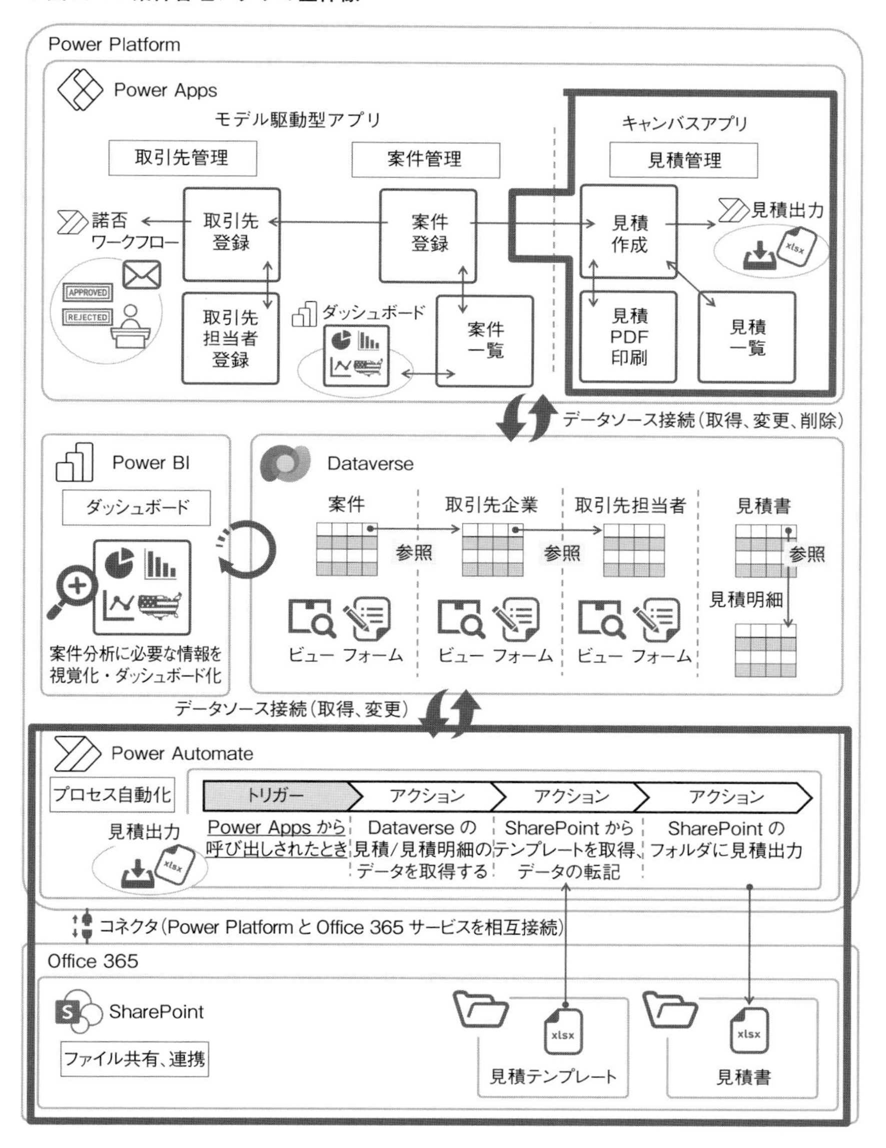

13-2 見積書を作成する

画面はPower Apps（キャンバスアプリ）を、データベースはDataverseを使用して作ります。見積書をPower AppsとDataverseで作るメリットは、見積書のデータをChapter 11で作成した案件に紐づけられる点にあります。見積書と案件を紐づけることで、例えばPower BIを使って案件ごとの売上の可視化といったことが簡単にできるようになります。

ここではそのための一歩として、見積書を作成しDataverseに保存する機能、Dataverseに保存した見積書を呼び出す機能、作成した見積書を印刷（またはpdf保存）する機能を作っていきます。

以降の詳細は、本書サポートページからダウンロードできる「Chapter13_support.pdf」を参照してください。

13-3 案件管理アプリと見積作成アプリの連携設定

ここまでの手順で作成した見積作成アプリ（キャンバスアプリ）を案件管理アプリ（モデル駆動型アプリ）に埋め込み、案件管理アプリから見積作成アプリを呼び出しできるようにします。

キャンバスアプリをモデル駆動型アプリに埋め込む代表的な方法として3つの方法があります。

①モデル駆動型アプリ内のフォームに作成済みのキャンバスアプリを埋め込む
②モデル駆動型アプリのページにカスタムページを作り、カスタムページ内でキャンバスアプリを開発し利用する方法（2022年5月31日時点ではプレビュー）
③モデル駆動型アプリ内のコマンドバー（旧リボン）にキャンバスアプリの呼び出しボタンを作る方法

ここでは作成済みのキャンバスアプリに変更を加えることなく、そのまま呼び出して利用できる方法(③)を説明します。

以降の詳細は、本書サポートページからダウンロードできる「Chapter13_support.pdf」を参照してください。

13-4 見積書をExcelファイルに出力する

最後に見積書を作成するアプリの見積データをExcelファイルに自動出力する方法を説明します。作成の流れは次のとおりです。

①SharePointサイトの書類テンプレートを別フォルダにコピーする
②Excelテーブルに[行の削除]を実行する
③Power Automateでクラウドフローを作成する
④見積書を作成するアプリと手順③のクラウドフローを接続する
⑤実行してテストする

以降の詳細は、本書サポートページからダウンロードできる「Chapter13_support.pdf」を参照してください。

Column

Slack/Teamsとのメッセージ連携

Power Automateでは、Outlookメールのほかにも、次のようなさまざまなコミュニケーションツールと連携し、通知アクションを実行できます。

- Gmail
- Twilio
- Slack
- Teams

本Columnでは、Slack/Teams連携による通知アクションを例に使用方法を紹介します。

◆ Slackでメッセージを投稿する

［＋新しいステップ］⇒［Slack］⇒［メッセージの投稿（V2）］をクリックします（画面13-A）。各項目は次のように設定していきます。

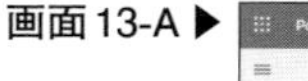

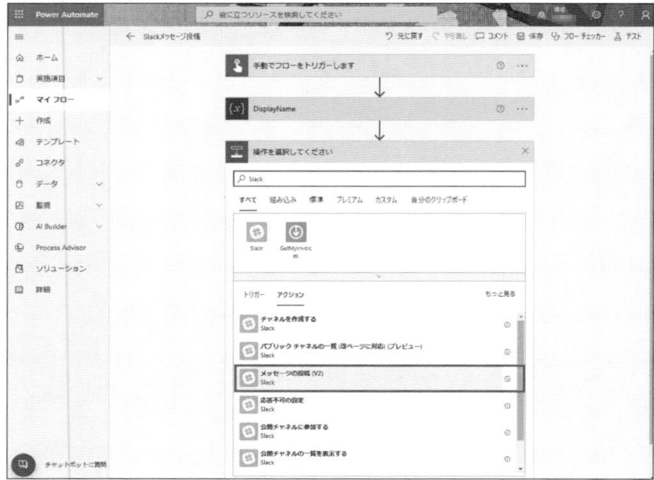

- チャネル名

　メッセージを投稿したいチャンネルを指定します。投稿先のチャンネルが表示されない場合は、プルダウンの最下部に表示される[カスタム値の入力]を選択し、チャンネル名を入力し指定します

- メッセージテキスト

　メッセージ投稿の本文を指定します。動的コンテンツが利用できます。メッセージ投稿内でメンション(宛先)を指定する場合は、宛先が固定値か動的コンテンツかで指定方法が異なります。固定値の場合は、SlackのDisplay nameを使用して、直接<@Display name>と入力することで指定できます(画面13-B)

画面13-B ▶

　動的コンテンツの場合は、文字列結合関数であるconcatを使用し、メンションを次のように設定します(画面13-C)。

```
concat('<@',[SlackのDisplay name],'>')
```

画面13-C ▶

◆ **Teamsでメッセージを投稿する**

［+新しいステップ］→［Microsoft Teams］→［ユーザーの@mentionトークンを取得する］をクリックします（画面13-D）。

画面13-D ▶

• ユーザー

宛先として指定したい対象ユーザーのメールアドレスを入力します(画面13-E)。

画面13-E ▶
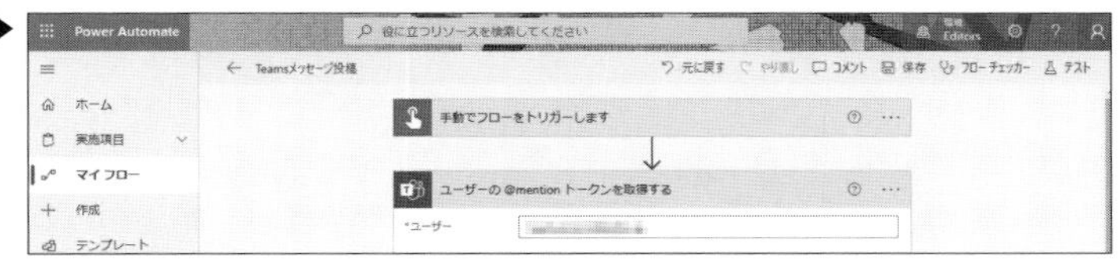

[+新しいステップ]→[Microsoft Teams]→[チャットまたはチャネルでメッセージを投稿する]をクリックします

• 投稿者

Teamsにメッセージ投稿するアカウントを指定します。ユーザーを指定した場合は、Power Automateのフローを実行しているユーザーが設定されます。フローボットの場合は、システムアカウントのボットから投稿されます。投稿内容に応じて投稿者を選択します

• 投稿先

グループチャット、またはチャンネルを指定します。プルダウンから対象の投稿先を指定します。投稿先が表示されない場合は、プルダウンの最下部に表示される[カスタム値の入力]を選択し、投稿先を直接入力し指定します

• メッセージ

メッセージ投稿の本文を指定します。動的コンテンツが利用できます。メッセージ投稿内でメンション(宛先)を指定する場合は、動的コンテンツの[ユーザーの@mentionトークンを取得する]⇒[@mention]を指定します(画面13-F)

画面13-F ▶

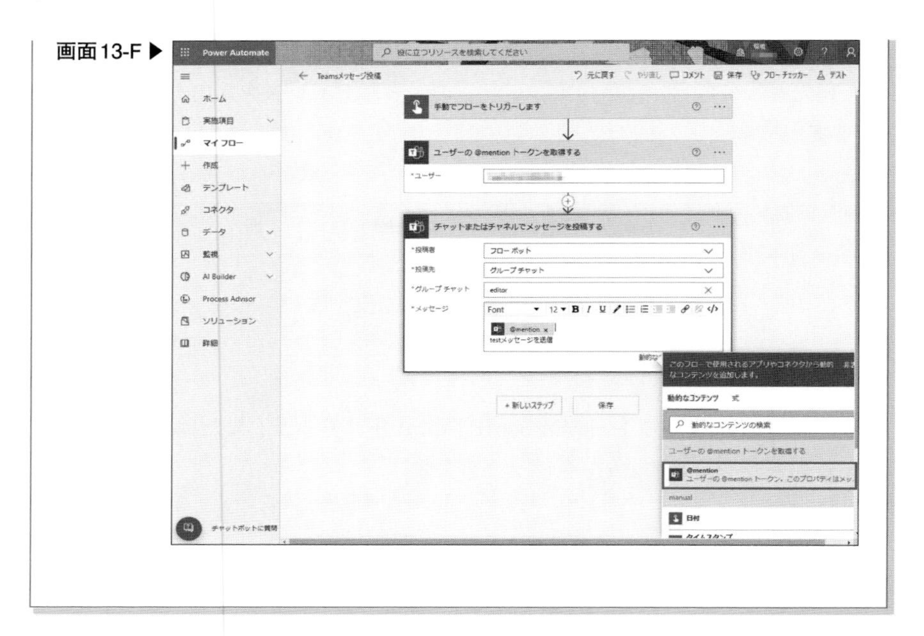
Power Automate
役に立つリソースを検索してください
Teamsメッセージ投稿
元に戻す
やり直し
コメント
保存
フロー チェッカー
テスト
ホーム
実施項目
マイ フロー
作成
テンプレート
コネクタ
データ
監視
AI Builder
Process Advisor
ソリューション
詳細
チャットボットに質問
手動でフローをトリガーします
ユーザーの @mention トークンを取得する
*ユーザー
チャットまたはチャネルでメッセージを投稿する
*投稿者
フロー ボット
*投稿先
グループ チャット
*グループ チャット
editor
*メッセージ
Font
12
@mention
testメッセージを送信
+ 新しいステップ
保存
このフローで使用されるアプリやコネクタから動的なコンテンツを追加します。
動的なコンテンツ
式
動的なコンテンツの検索
ユーザーの @mention トークンを取得する
@mention
manual
日付

Appendix

本書で紹介するアプリ開発に必要となる情報、および便利な情報をまとめました。Appendix 1ではOffice 365、Power Apps、AI Builderの環境の準備を、Appendix 2ではPower Appsにおける「コンポーネント」の作り方を紹介します。

Appendix 1 アプリ開発環境の準備

本書で使用する各サービスの環境を準備します。いずれも一定期間は無料でお試しできます。

A1-1 サインアップが必要なサービス

本書で紹介するアプリ開発をすべて体験するためには「Office 365 E5プラン」「Power Apps」「Power Apps AI Builder」の試用版のサインアップが必要です。ここでいう試用版とは、1ヵ月間無料で利用できるライセンスで、試用期間中は各プランのすべての機能を試すことができます。

Office 365 E5試用版のサインアップ

試用版ライセンスのサインアップおよび、試用版ライセンスを利用したアプリ開発時は、職場で通常使用するものとは異なるユーザーでブラウザ、またはゲストモードのブラウザを利用ください。これは、通常使用とアプリ開発のブラウザを分離することで、ID競合による想定外の事象を回避できるためです。

Office 365 E5のWebサイトにアクセスして[無料試用版]をクリックします(画面A1-1)。

- Office 365 E5のWebサイト

  URL https://www.microsoft.com/ja-jp/microsoft-365/enterprise/Office-365-e5?activetab=pivot%3aoverviewtab

組織のメールアドレスを入力して[次へ]で進み、[アカウントの新規作成]をクリックします(画面A1-2)。

画面A1-1 ▶

画面A1-2 ▶

次に挙げる利用者情報を入力して[次へ]で進みます(画面A1-3)。

- 姓、名
- 電話番号
- 会社名
- 会社の規模
- 国または地域

画面 A1-3 ▶

［自分にテキストメッセージを送信（SMS認証）］を選択し、SMS認証ができる電話番号を入力して［確認コードを送信］をクリックします（画面 A1-4）。

受信したSMS確認コードを入力して［確認］をクリックします（画面 A1-5）。

画面A1-4 ▶

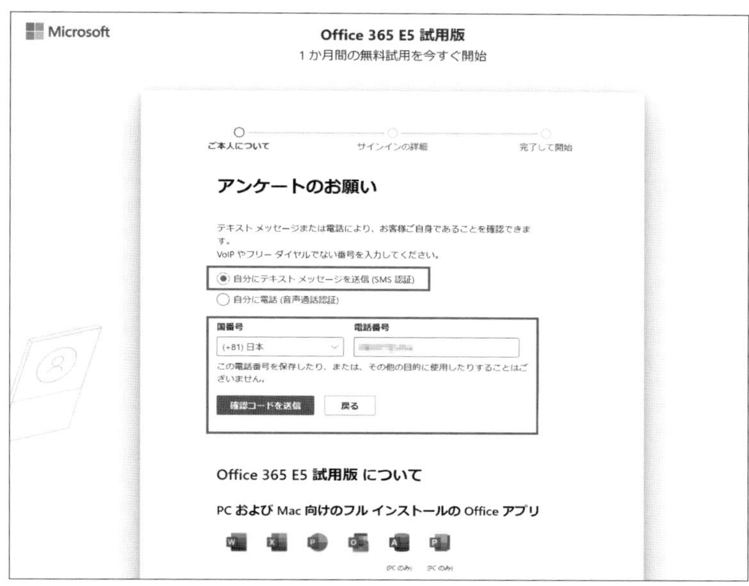
Microsoft
Office 365 E5 試用版
1 か月間の無料試用を今すぐ開始
ご本人について
サインインの詳細
完了して開始
アンケートのお願い
テキスト メッセージまたは電話により、お客様ご自身であることを確認できます。
VoIP やフリー ダイヤルでない番号を入力してください。
自分にテキスト メッセージを送信 (SMS 認証)
自分に電話 (音声通話認証)
国番号
電話番号
(+81) 日本
この電話番号を保存したり、または、その他の目的に使用したりすることはございません。
確認コードを送信
戻る
Office 365 E5 試用版 について
PC および Mac 向けのフル インストールの Office アプリ
(PC のみ)
(PC のみ)

画面A1-5 ▶

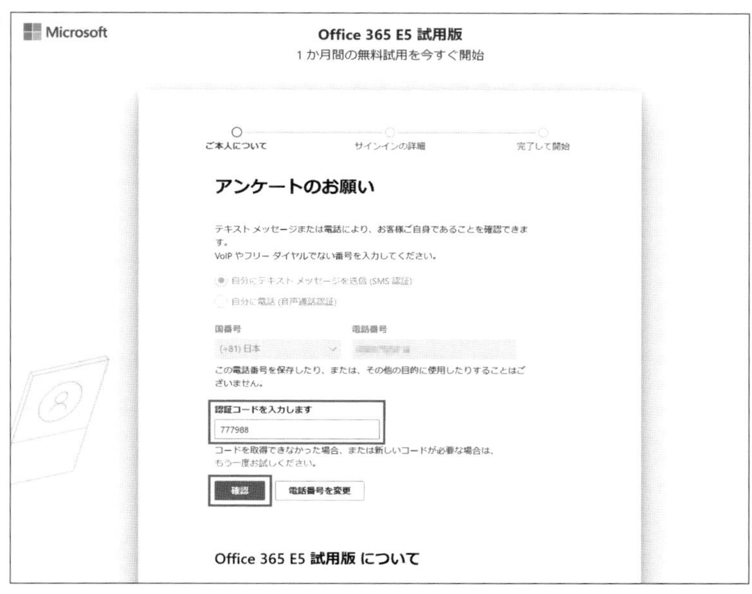
Microsoft
Office 365 E5 試用版
1 か月間の無料試用を今すぐ開始
ご本人について
サインインの詳細
完了して開始
アンケートのお願い
テキスト メッセージまたは電話により、お客様ご自身であることを確認できます。
VoIP やフリー ダイヤルでない番号を入力してください。
自分にテキスト メッセージを送信 (SMS 認証)
自分に電話 (音声通話認証)
国番号
電話番号
(+81) 日本
この電話番号を保存したり、または、その他の目的に使用したりすることはございません。
認証コードを入力します
777988
コードを取得できなかった場合、または新しいコードが必要な場合は、もう一度お試しください。
確認
電話番号を変更
Office 365 E5 試用版 について

試用版で使用するアカウント情報を入力して[次へ]をクリックします(画面A1-6)。アカウント情報入力で入力したパスワードは忘れないように控えておいてください。

- ユーザー名
- ドメイン名
- パスワード

画面A1-6 ▶

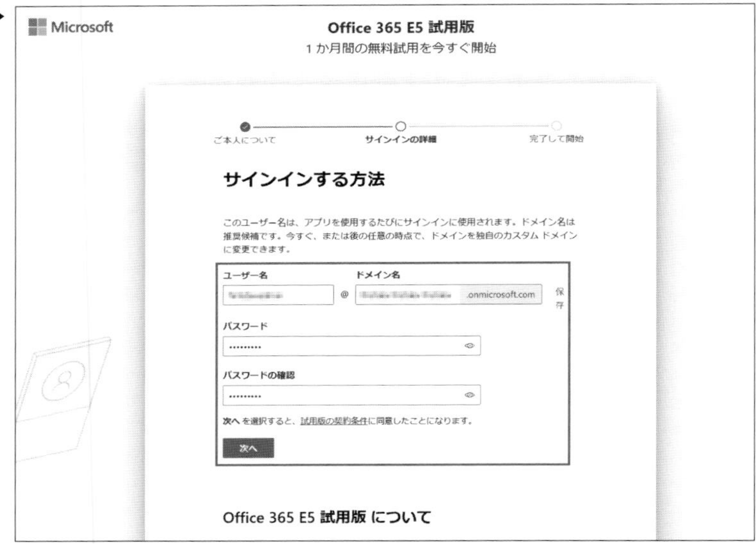

Office 365アカウントのサインアップが完了です。画面A1-7に表示されたユーザーID(メールアドレス)は、サインアップした試用環境の管理者権限を持っています。この後に続く、各種サインアップもこのユーザーIDを利用してサインアップします。

Office 365(URL https://www.office.com/)にアクセスしてください(画面A1-8)。サインイン要求が表示された場合は、ユーザーIDとパスワードを入力します。

画面A1-7▶

画面A1-8▶

Power Apps試用版のサインアップ

前項でサインアップしたOffice 365アカウントにPower Apps試用版を紐づけます。

Power Apps試用版のサインアップサイト（URL https://powerapps.microsoft.com/ja-jp/）にアクセスして［無料トライアルを始める］をクリックします（画面

A1-9)。サインイン要求された場合は、前項でサインアップしたOffice 365アカウントのユーザーIDとパスワードを入力します。

画面A1-9 ▶

Power Appsの試用版サインアップ画面が表示されます(画面A1-10)。Office 365アカウントのユーザーID(メールアドレス)を入力して[次へ]で進み、[サインイン]をクリックします(画面A1-11)。パスワード要求画面が表示された場合は、パスワードを入力してサインインします。

画面A1-10 ▶

画面A1-11 ▶

Power Apps試用版をサインアップするアカウント情報を入力して[作業の開始]をクリックします（画面A1-12）。

- ユーザーID
- 地域
- 電話番号

画面A1-12 ▶

Microsoft

Microsoft PowerApps をお選びいただき、ありがとうございます

1 アカウントのセットアップ

2 アカウント情報

こんにちは、クラウド さん。
使用を開始する前に、もう少し詳しい情報をお知らせください

.onmicrosoft.com

お住まいの国または地域
日本

電話番号

Microsoft から試用版に関する連絡を受け取る可能性があることを理解しました。

Power Apps、企業と組織向けのソリューション、その他の Microsoft の製品とサービスに関するパーソナライズされた情報、ヒント、オファーを希望します。プライバシーに関する声明。

パートナーの製品とサービスについての関連情報を受け取ることができるように、Microsoft が私の情報を特定のパートナーと共有することを希望します。詳細については、プライバシーに関する声明を参照してください。

始める を選択すると、Microsoft の ご契約条件 および プライバシー ステートメントに同意したことになります。

作業の開始

3 確認の詳細

データ提供

サインアップが完了しました(画面A1-13)。[はじめに]をクリックします。Power Appsのトップページである「Power Apps メーカーポータル」(URL https://make.powerapps.com/)が表示されます(画面A1-14)。

画面A1-13 ▶

画面A1-14 ▶

Dataverseのセットアップ

Power Platformの各サービス(Power Apps、Power Automate)からデータの保存領域として利用できるDataverseをセットアップします。

Power Appsメーカーポータル(URL https://make.powerapps.com/)にアクセスして(画面A1-14)、[Dataverse]⇒[テーブル]⇒[データベースの作成]をクリックします(画面A1-15)。

画面A1-15 ▶

Appendix 1

データベースの情報を入力します。[通貨]は「JPY」、[言語]は「Japanese」を選択して[自分のデータベースを作成]をクリックします(画面A1-16)。

画面A1-16▶

2〜3分ほど経過するとDataverseのセットアップが完了し、画面にサンプルデータが表示されます(画面A1-17)。これでDataverseのセットアップ完了です。

画面A1-17▶

テーブル ↑	名前	種類	カスタマイ...
FAX	fax	標準	✓
タスク	task	標準	✓
チーム	team	標準	✓
チーム テンプレート	teamtemplate	標準	✓
フィードバック	feedback	標準	✓
ポジション	position	標準	✓
メールボックス	mailbox	標準	✓
ユーザー	systemuser	標準	✓
レター	letter	標準	✓
取引先企業	account	標準	✓
取引先担当者	contact	標準	✓
住所	customeraddress	標準	✓
組織	organization	標準	✓
通貨型	transactioncurrency	標準	✓
定期的な予定	recurringappointment...	標準	✓

AI Builder試用版のサインアップ

プログラミングやデータサイエンスなどの専門的な知識がなくとも、すべての人がAIを利用できるように事前構築されたAIサービスのAI Builderの試用版をサインアップします。

Power Apps メーカーポータル（URL https://make.powerapps.com/）にアクセスして（画面A1-14）、［AI Builder］⇒［詳細を確認］⇒［無料評価版の開始］をクリックします（画面A1-18）。

画面A1-18 ▶

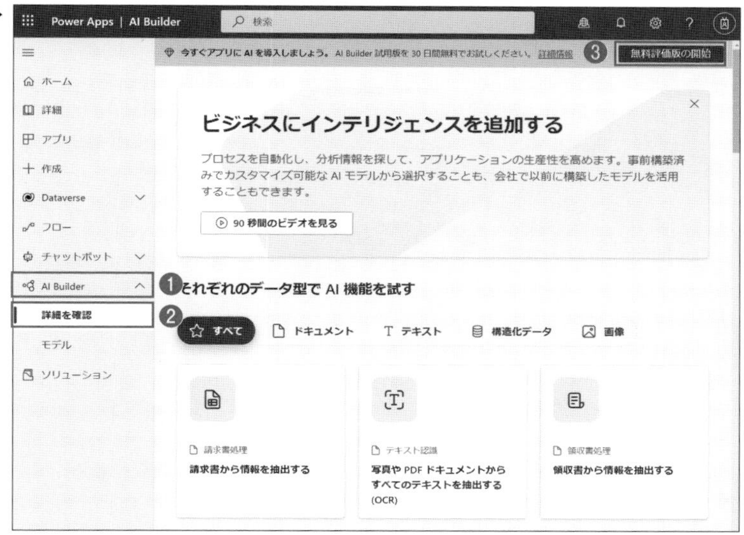

AI Builder試用版のサインアップが完了しました（画面A1-19）。

画面A1-19 ▶

Power Apps | AI Builder
検索
無料試用版が開始されました。Premium 機能を試すことができるようになりました。
ホーム
詳細
アプリ
作成
Dataverse
フロー
チャットボット
AI Builder
詳細を確認
モデル
ソリューション
ビジネスにインテリジェンスを追加する
プロセスを自動化し、分析情報を探して、アプリケーションの生産性を高めます。事前構築済みでカスタマイズ可能な AI モデルから選択することも、会社で以前に構築したモデルを活用することもできます。
90 秒間のビデオを見る
それぞれのデータ型で AI 機能を試す
すべて
ドキュメント
テキスト
構造化データ
画像
請求書処理
請求書から情報を抽出する
テキスト認識
写真や PDF ドキュメントからすべてのテキストを抽出する (OCR)
領収書処理
領収書から情報を抽出する

Appendix 2 コンポーネントの作り方と使い方

ここではPower Appsの機能の1つであるコンポーネントの作成方法について説明します。コンポーネントを使うことで自社アプリのデザインを統一できます。

A2-1 コンポーネントとは

コンポーネントとは、複数のアプリや画面で利用できるパーツを管理する機能です。これを使うことで自社アプリの見た目やデザインを統一させることができます。

A2-2 コンポーネントを作成する

キャンバスアプリを作成する

Power Appsメーカーポータル⇒[空のアプリ]⇒[空のキャンバスアプリ]⇒[作成]をクリックします(画面A2-1)。[アプリ名]に「コンポーネント用アプリ」と入力して[作成]します(画面A2-2)。

画面A2-1 ▶

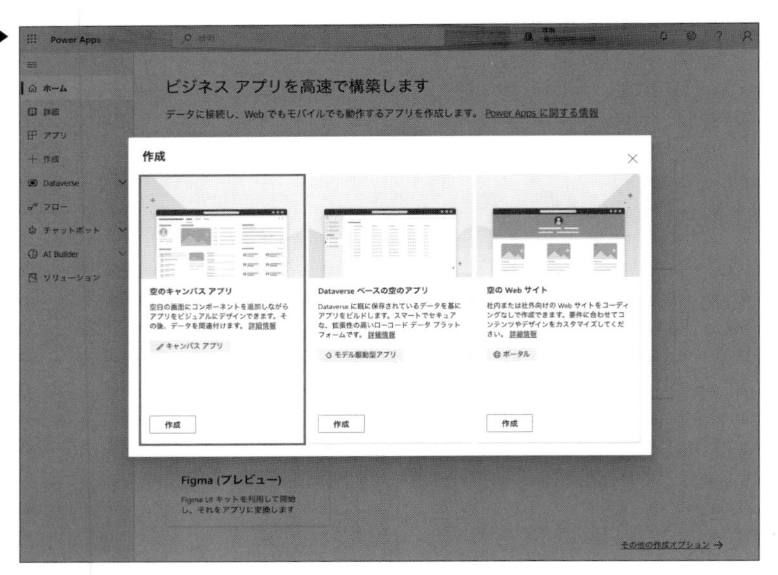
Power Apps
ホーム
詳細
アプリ
作成
Dataverse
フロー
チャットボット
AI Builder
ソリューション
ビジネス アプリを高速で構築します
データに接続し、Web でもモバイルでも動作するアプリを作成します。Power Apps に関する情報
作成
空のキャンバス アプリ
空白の画面にコンポーネントを追加しながらアプリをビジュアルにデザインできます。その後、データを関連付けます。詳細情報
キャンバス アプリ
作成
Dataverse ベースの空のアプリ
Dataverse に既に保存されているデータを基にアプリをビルドします。スマートでセキュアな、拡張性の高いローコード データ プラットフォームです。詳細情報
モデル駆動型アプリ
作成
空の Web サイト
社内または社外向けの Web サイトをコーディングなしで作成できます。要件に合わせてコンテンツやデザインをカスタマイズしてください。詳細情報
ポータル
作成
Figma (プレビュー)
Figma UI キットを利用して開始し、それをアプリに変換します
その他の作成オプション →

画面A2-2 ▶

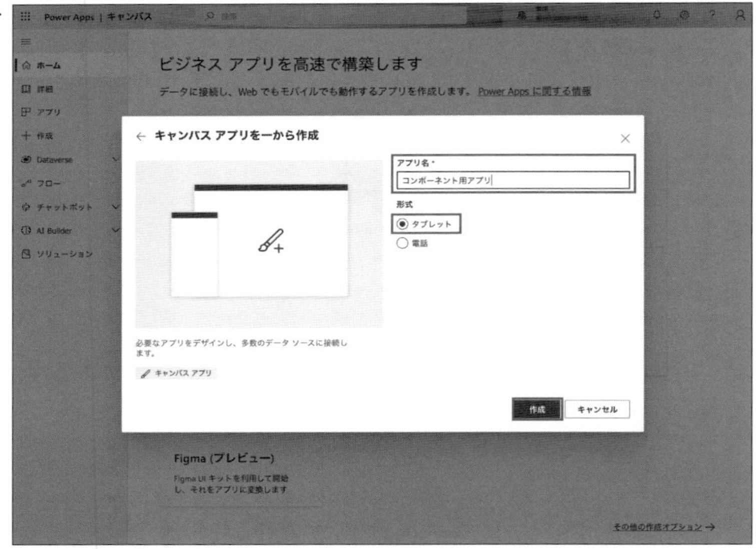
Power Apps | キャンバス
ホーム
詳細
アプリ
作成
Dataverse
フロー
チャットボット
AI Builder
ソリューション
ビジネス アプリを高速で構築します
データに接続し、Web でもモバイルでも動作するアプリを作成します。Power Apps に関する情報
← キャンバス アプリを一から作成
アプリ名 *
コンポーネント用アプリ
形式
タブレット
電話
必要なアプリをデザインし、多数のデータ ソースに接続します。
キャンバス アプリ
作成
キャンセル
Figma (プレビュー)
Figma UI キットを利用して開始し、それをアプリに変換します
その他の作成オプション →

ヘッダーのコンポーネントを作成する

［ツリービュー］⇒［コンポーネント］⇒［＋新しいコンポーネント］で作成し、名前を「ヘッダー」に変更します（画面A2-3）。

画面A2-3▶

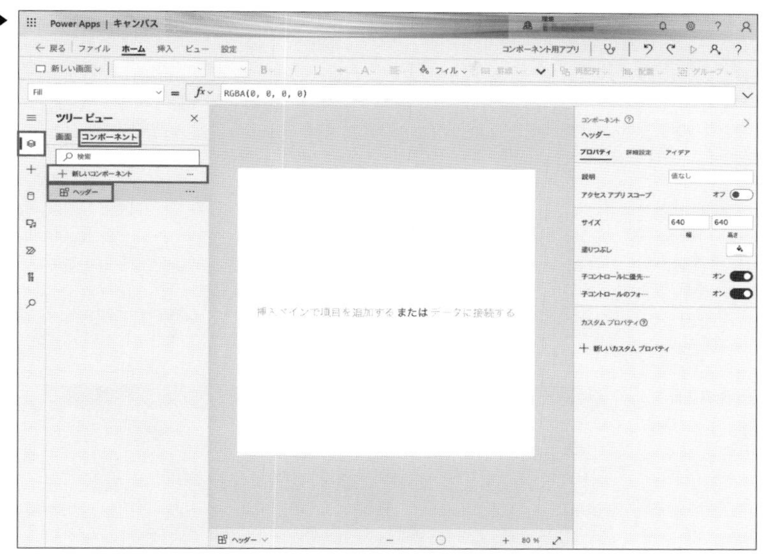

コンポーネントサイズの定義

コンポーネントのサイズを定義します。

横幅（Widthプロパティ）は、利用される画面の横幅と同じ幅になるように定義します（画面A2-4）。

```
Max(App.Width, App.MinScreenWidth)
```

高さ（Heightプロパティ）は「80」にします（画面A2-5）。

画面A2-4 ▶

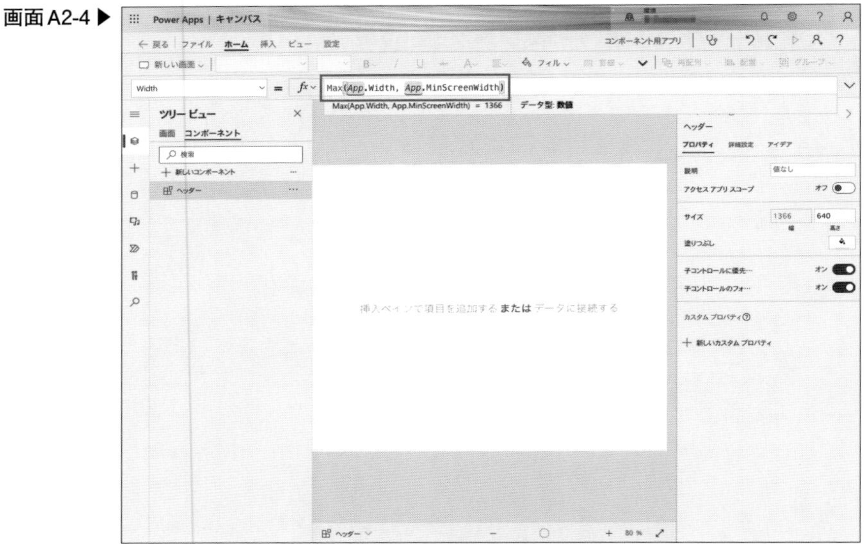

画面A2-5 ▶

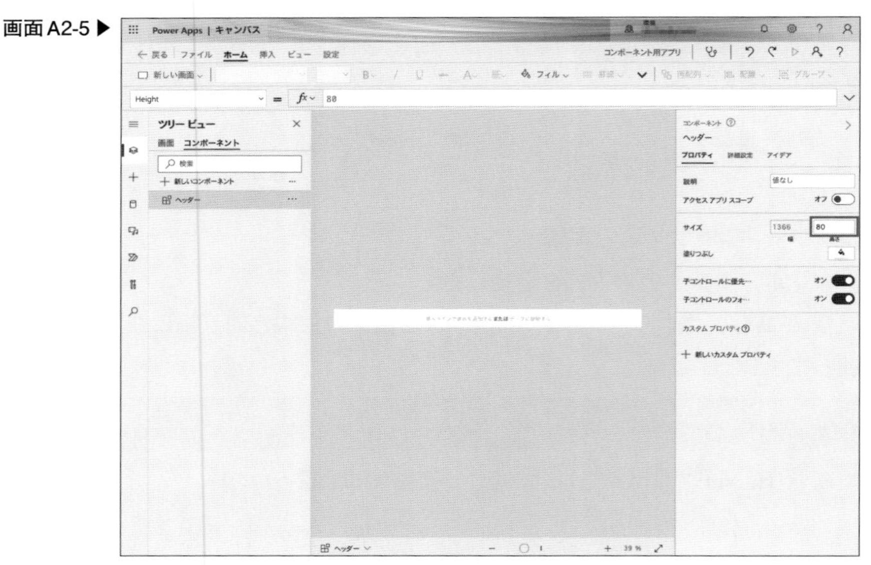

色の指定

塗りつぶしプロパティから背景色を選択します(画面A2-6)。

画面A2-6 ▶

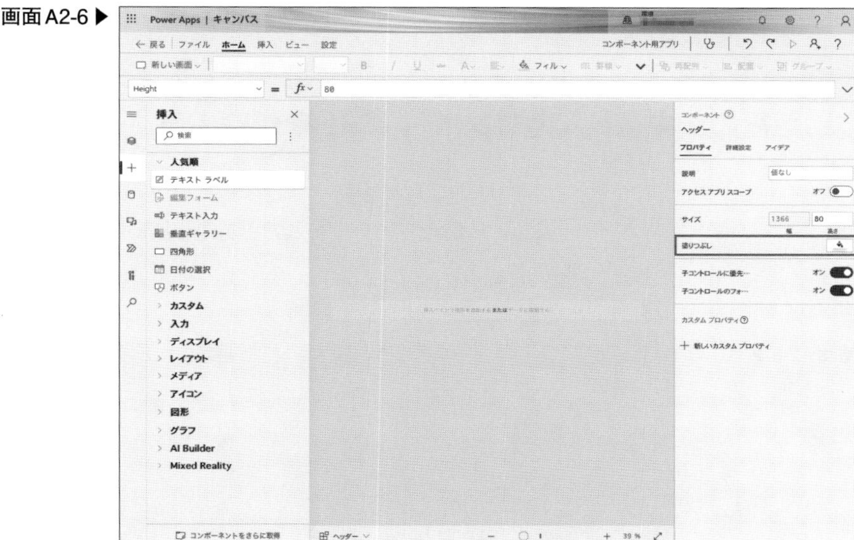

テキストラベルの挿入

左メニュー[+](挿入)⇒[テキストラベル]でヘッダー上に配置します。[テキスト]は「コンポーネント用アプリ」、[フォントサイズ]は「24」、[サイズ]⇒[幅]は「480」、[高さ]は「40」にします(画面A2-7)。

画面A2-7 ▶

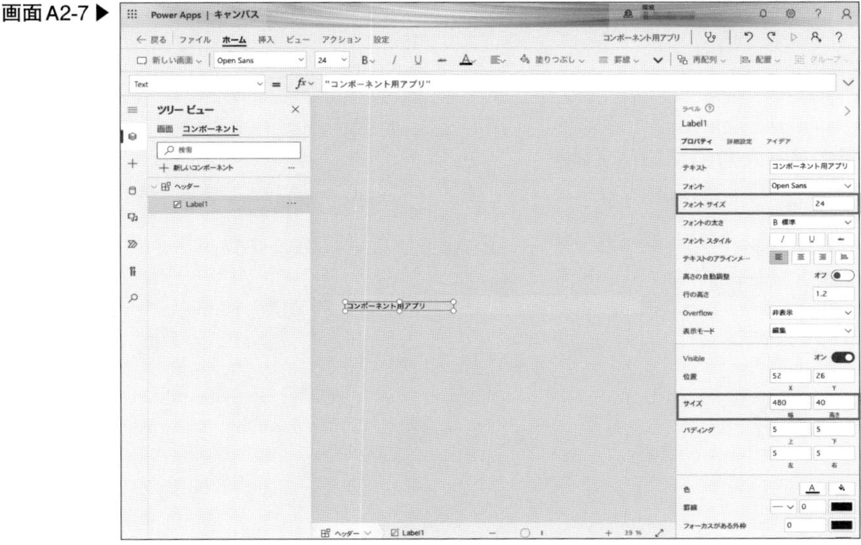

これでヘッダーのコンポーネントは完成です。

単数行のテキスト入力コンポーネントを作成する

ヘッダーのコンポーネントと同様に[ツリービュー]⇒[コンポーネント]⇒[＋新しいコンポーネント]で作成し、名前を「テキスト入力」に変更します(画面A2-8)。

画面A2-8 ▶

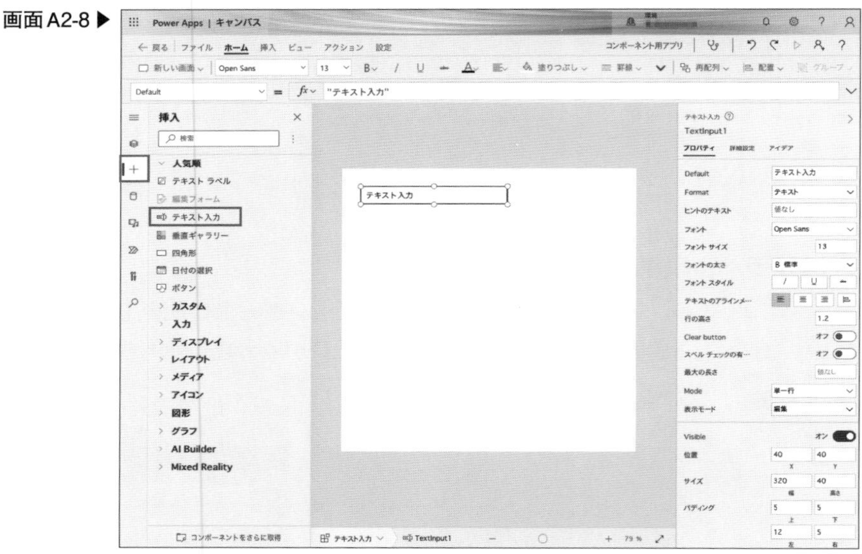

テキスト入力のプロパティ①

追加したテキスト入力のプロパティを定義して、見た目を変更します。追加したテキスト入力をクリックし、表A2-1を参考にしてプロパティを設定してください(画面A2-9)。

▼表A2-1：テキスト入力のプロパティ①

項目	値
[Width]	テキスト入力.Width
[Height]	テキスト入力.Height - 3
[X]	0
[Y]	0
[Fill]	RGBA(204, 204, 204, 0.5)
[HoverFill]	RGBA(204, 204, 204, 0.5)
[RadiusTopRight]	10
[RadiusTopLeft]	10
[RadiusBottomRight]	0
[RidiusBottomLeft]	0
[BorderStyle]	BorderStyle.None
[Size]	14

画面A2-9 ▶

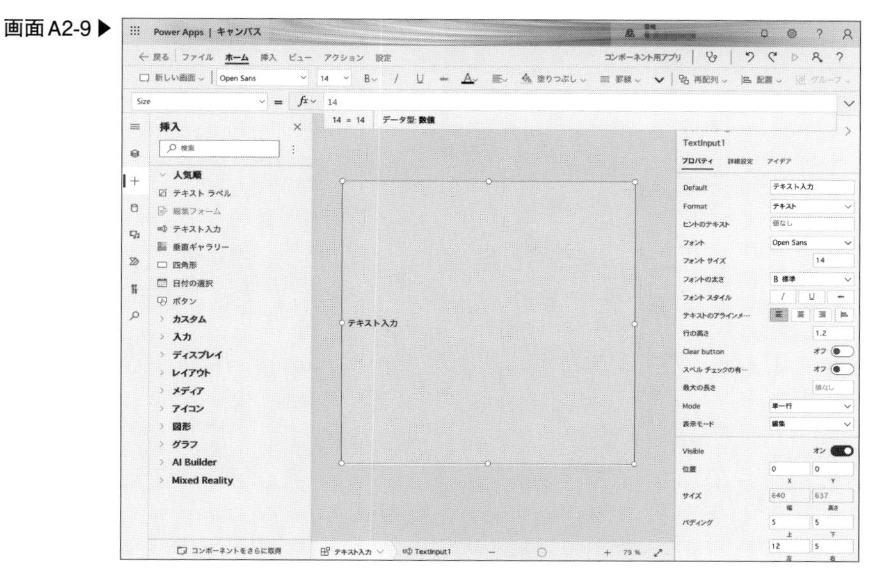

下線のプロパティ

左メニュー[＋]（挿入）⇒[四角形]でボックスを配置します（画面A2-10）。表A2-2を参考にして追加したボックスのプロパティを設定してください（画面A2-11）。

▼表A2-2：下線のプロパティ

項目	値
[Width]	TextInput1.Width
[Height]	3
[X]	TextInput1.X
[Y]	TextInput1.Height + TextInput1.Y

画面A2-10 ▶

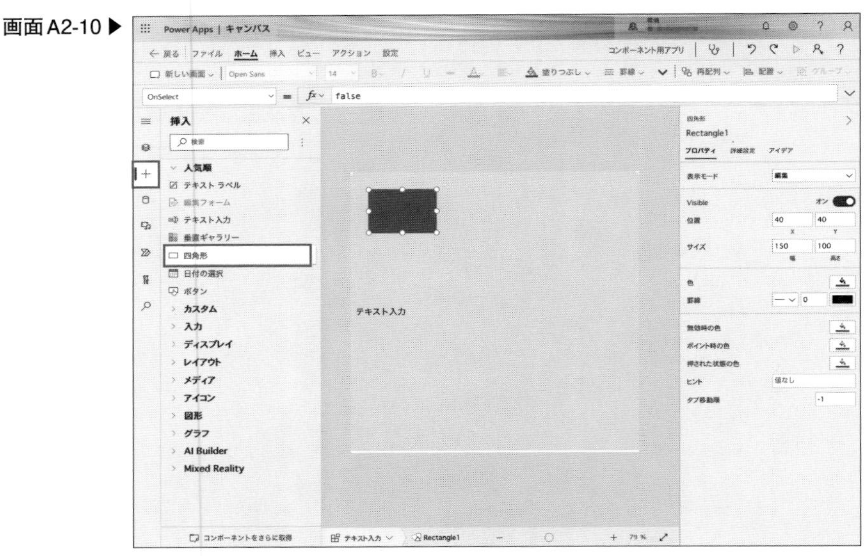

画面A2-11 ▶

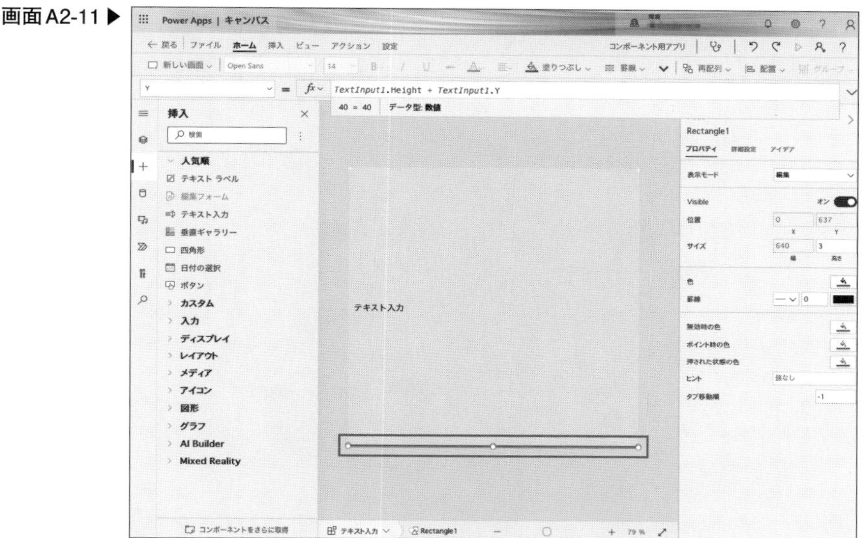

テキスト入力のプロパティ②

［ツリービュー］⇒「テキスト入力」を選択し、表A2-3を参考にプロパティを定義します（画面A2-12）。

▼表A2-3：テキスト入力のプロパティ②

項目	値
[Width]	320
[Height]	43
[OnReset]	Reset(TextInput1)

画面A2-12 ▶

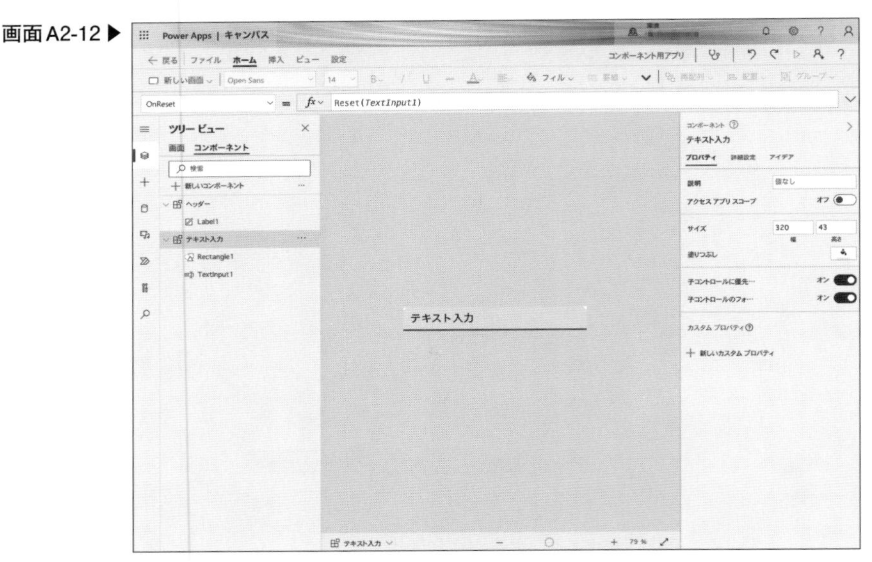

ここまでテキスト入力コンポーネントの見た目が完成しました。しかし、以上の操作のみの場合、どの画面でも同じヒントテキストになってしまう、画面で入力した値が受け取れないことがあります。そのため、画面で入力した値を受け取れる、画面でテキスト入力のヒントテキストが変更できるようにします。

画面から受け取ったヒントテキストの表示

[ツリービュー]⇒「テキスト入力」⇒ 右下の[新しいカスタムプロパティ]をクリックし、表A2-4のように定義して[作成]します(画面A2-13)。

▼表A2-4：テキスト入力のカスタムプロパティ「LABEL」

項目	値
[表示名]	LABEL
[名前]	LABEL
[説明]	ヒントテキストの値
[プロパティの型]	入力
[データ型]	テキスト
[値が変更されたときにOnResetを実行する]	未チェック

画面A2-13▶

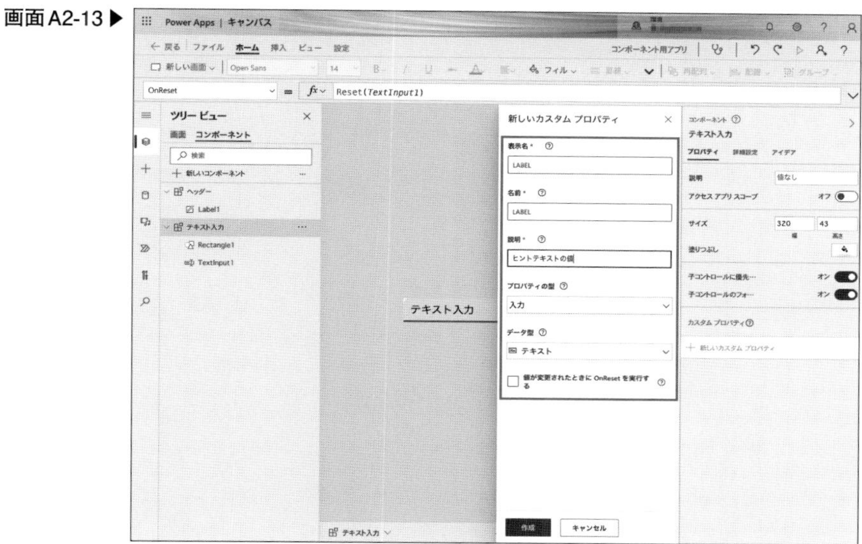

［ツリービュー］⇒「テキスト入力」⇒「TextInput1」を選択し、表A2-5のプロパティを設定します(画面A2-14)。これで、画面から受け取ったヒントテキストを表示できるようになりました。

▼表A2-5：TextInput1のプロパティ

項目	値
[Default]	""
[HintText]	テキスト入力.LABEL

画面A2-14 ▶

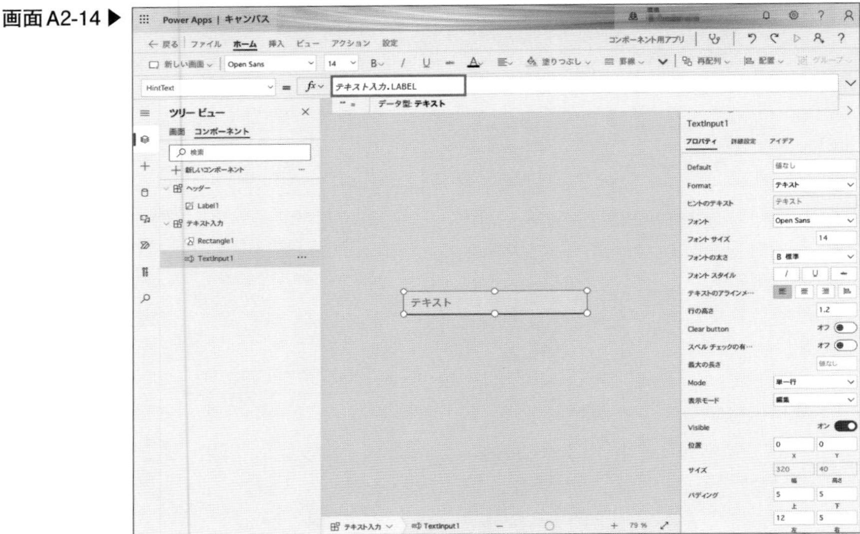

入力した値を画面に渡す

カスタムプロパティ「LABEL」を追加したときと同じように、表A2-6のように定義して[作成]します（画面A2-15）。

▼表A2-6：テキスト入力のカスタムプロパティ「TEXT」

項目	値
[表示名]	TEXT
[名前]	TEXT
[説明]	入力した値
[プロパティの型]	出力
[データ型]	テキスト

画面A2-15 ▶

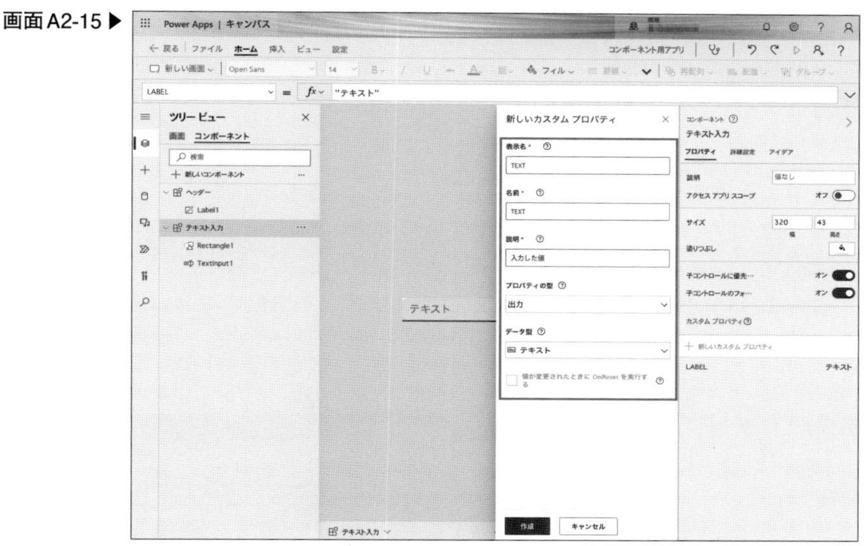

［ツリービュー］⇒「テキスト入力」を選択して、カスタムプロパティとして追加した［TEXT］プロパティを次のように定義します(画面A2-16)。

```
TextInput1.Text
```

画面A2-16 ▶

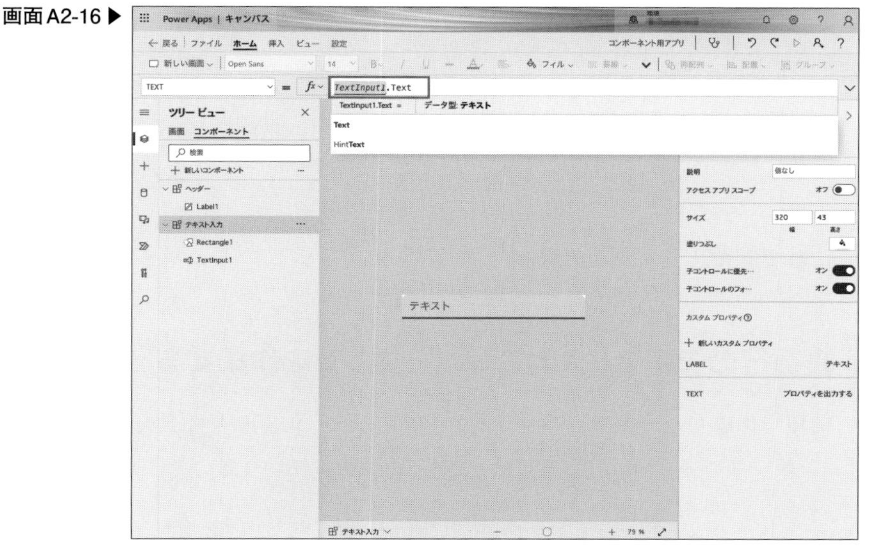

これで、入力した値を画面で受け取れるようになりました。

下線をテキストが入力されているときのみ青くする

［ツリービュー］⇒「テキスト入力」⇒［Rectangle1］を選択し、［Fill］プロパティを次のように変更します（画面A2-17）。

```
If(IsBlank(TextInput1.Text), RGBA(204, 204, 204, 0.5), RGBA(56, 96, 178, 1))
```

このように定義することで、入力したテキストが空白の場合は灰色に、そうでない場合は青色になります。

画面 A2-17 ▶

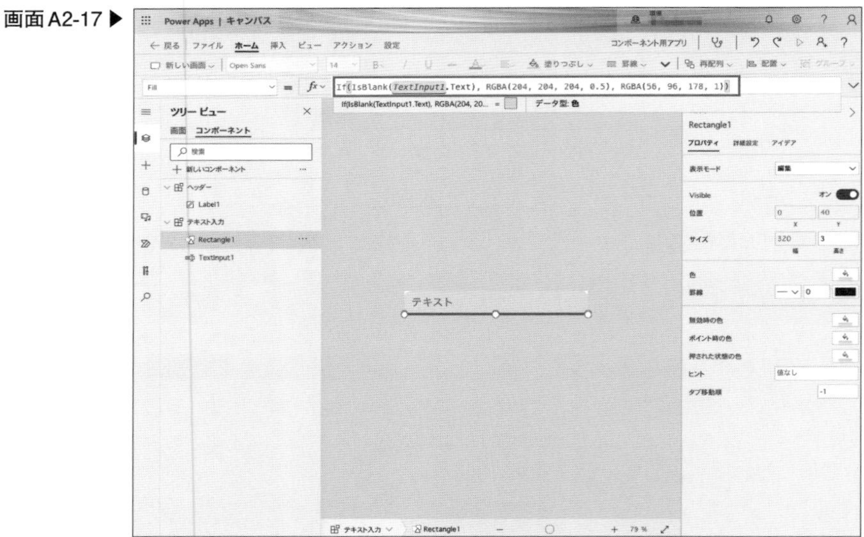

これでテキスト入力コンポーネントの作成は完了です。

複数行のテキスト入力コンポーネントを作成する

前項で作成したコンポーネントを［ツリービュー］⇒「テキスト入力」⇒［…］⇒［コンポーネントの複製］でコピーします（画面A2-18）。

画面A2-18▶

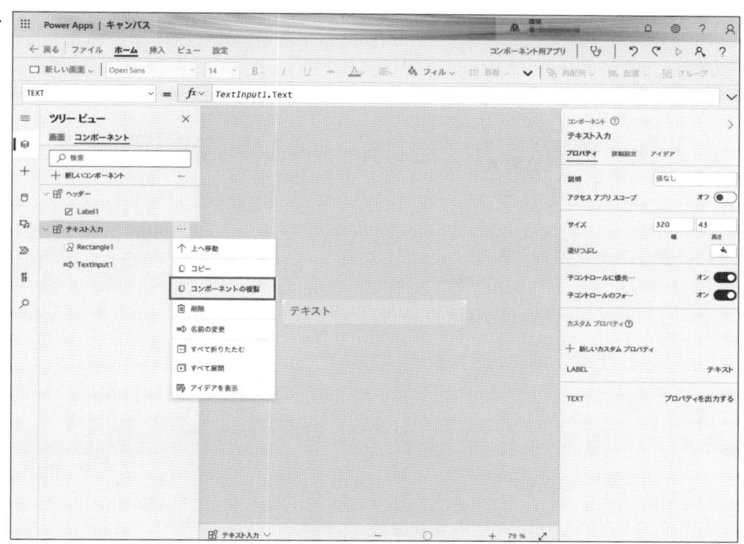

複製したコンポーネントの名前を「複数行テキスト入力」に変更し([...]⇒[名前の変更])、[TextInput1_1]⇒ 右の[プロパティ]⇒[Mode]を「単一行」から「複数行」に変更します(画面A2-19)。

画面A2-19▶

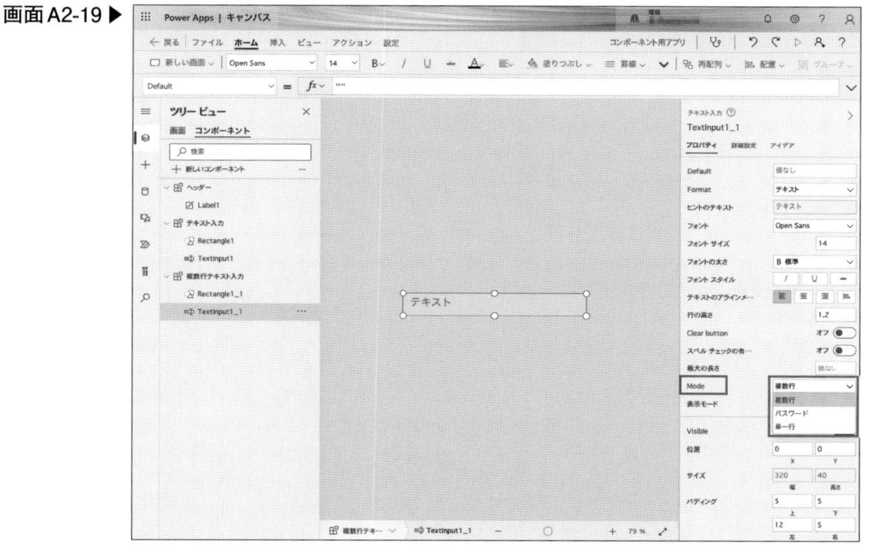

これで複数行のテキスト入力コンポーネントの作成は完了です。

A2-3 作成したコンポーネントを利用する

ヘッダーの場合

［ツリービュー］⇒［画面］を選択し、［＋］(挿入)⇒［カスタム］⇒［ヘッダー］をクリックします。最上部に配置すれば完了です(画面 A2-20)。

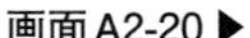
画面 A2-20 ▶

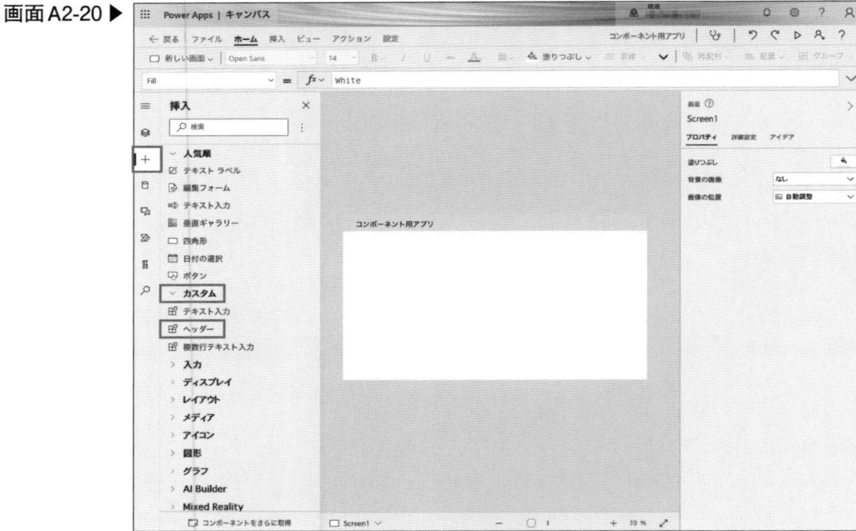

テキスト入力の場合

ヘッダーの場合と同様に、［＋］(挿入)⇒［カスタム］⇒［テキスト入力］をクリックし、［LABEL］プロパティを"タイトル"にしてヒントテキストを変更します(画面 A2-21)。

画面A2-21 ▶

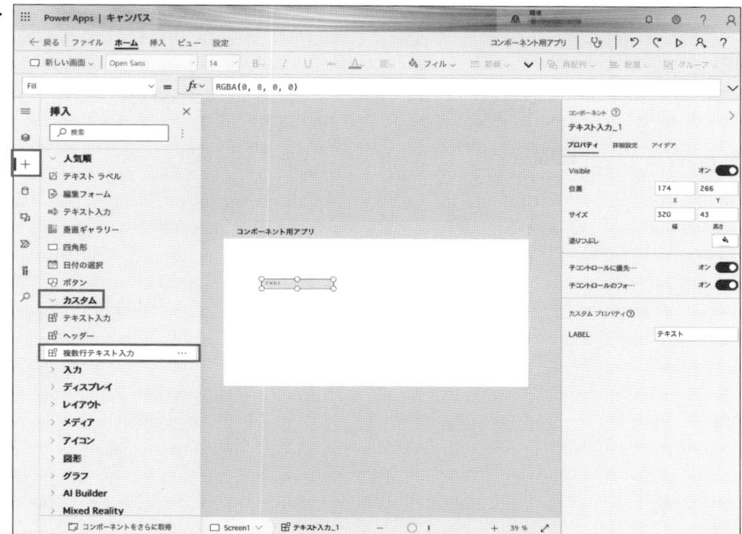

入力した値の表示

まず、入力した値を表示するテキストラベルを挿入し([+](挿入)⇒[テキストラベル])、[Text]プロパティを“テキスト入力_1.TEXT”に変更します(画面A2-22)。これでテキスト入力コンポーネントに入力した値がラベルに表示されます(画面A2-23)。

画面 A2-22 ▶

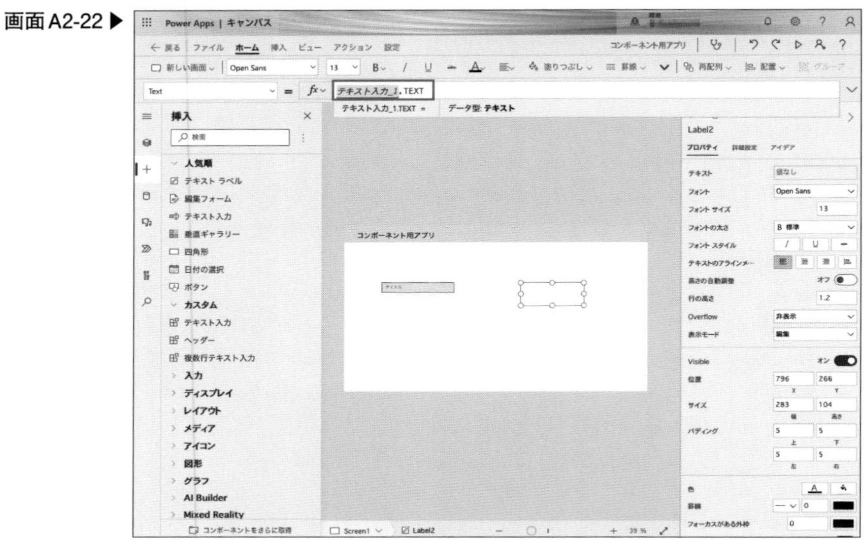

画面 A2-23 ▶

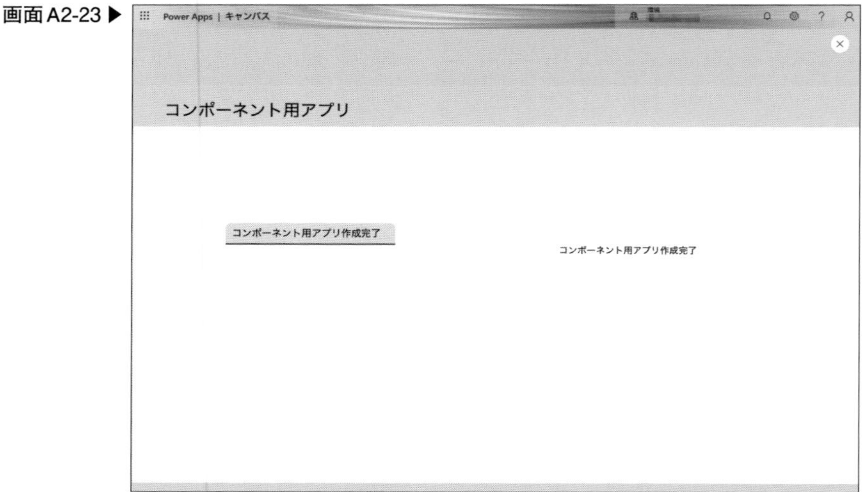

索引

S

T

あ

か

き

く

け

こ

し

す

た

て

ト

ふ

も

執筆者紹介

株式会社FIXER

クラウドネイティブなエンタープライズシステム構築に強みを持つクラウドインテグレーターである。Microsoft Azureが本格サービス開始前の2009年11月に創業し、2010年の正式サービス開始と同時に、エンタープライズクラウドシステムの事例を次々と発表、日本におけるクラウドの黎明期からMicrosoft Azureの普及の一翼を担ってきた。その実績が評価され、2021年にはMicrosoft CorporationよりCloud Native App Developmentのカテゴリでwinnerに選定されている。市場と真のビジネスニーズとのギャップを常に意識し、最先端の技術的アプローチを含むベストプラクティスを用いて、顧客とユーザーの両方に最高のサービスをお届けする。「Technology to FIX your challenges.」を企業理念とし、顧客と従業員のチャレンジをともに成就することで、社会への貢献を目指している。

荒井 隆徳(あらい たかのり)

Microsoft Certified Trainer／Microsoft Power Platform Functional Consultant

すべての人がクラウドとAIを、もっと身近に、もっと簡単に使えるようメディアへの技術記事の寄稿や、オウンドメディアの『cloud.config Tech Blog』を通じたノウハウの発信など、啓蒙活動を積極的に行っている。また、FIXERが三重県四日市市に開所したMicrosoft Base Yokkaichi(地域連動型人材育成拠点)で、行政と連携した四日市市民、地域企業のデジタル人材育成を推進している。寄稿記事に『Azure資格試験対策』(日経クロステック)、『ポイントを速習！「Azureの基礎(AZ900)」をみんなで学ぶ』(TECH.ASCII.jp)がある。

担当：Chapter 1/2/3/4/5/11/12/13、Appendix 1

関谷 友貴(せきや ともき)

Microsoft Certified Trainer／Power BI Data Analyst Associate

エンジニア未経験からPower Platformを学びノーコード・ローコード開発の魅力を知り、Power BIを軸にした社内DX案件を推進。非エンジニア職の中途入社向け技術教育を担当し、数多くのマイクロソフト認定資格ホルダーを育成してきた。現在は、主に官公庁の案件でアカウント担当とPMO業務に従事している。

担当：Chapter 6

佐藤 晴輝（さとう はるき）

Microsoft Certified Trainer／Power Platform App Maker／Cloud Solutions Engineer
クラウドを活用したシステム開発業務の傍らで学んだノーコード・ローコード開発の知見を活かし、社内RPA支援や、Power Appsポータルを活用したWebサービス開発に従事している。『cloud.config Tech Blog』ではそれらの経験を活かし、ノウハウの発信を行っている。
担当：Chapter 7/8

堀 広三朗（ほり こうざぶろう）

Microsoft Certified Trainer／Azure Solutions Architect Expert
Power Platformを使った購買管理アプリなどの開発から官公庁向けPMO業務を経て、現在は同開発業務に従事している。『cloud.config Tech Blog』では開発経験から得た知見や、自作アプリのHow Toを発信している。
担当：Chapter 9

瓦井 太雄（かわらい たお）

Microsoft Certified Trainer／Cloud Solutions Engineer
クラウドバンキングシステムやバーチャルイベント、官公庁向け案件の開発に従事している。『cloud.config Tech Blog』ではイベントサイトの構築プロジェクトをきっかけに本格的に学んだPower Platformの知見を発信している。
担当：Chapter 10

神取 大貴（かんどり たいき）

Cloud Solutions Engineer
Power Platformを使用したノーコード・ローコード開発の利点を学び、Power Appsポータルを用いたリアルタイムアンケート収集アプリ開発の傍ら、自社のサービス開発業務に従事している。
担当：Chapter 10

日高 諒久（ひだか りく）

Cloud Solutions Engineer
Power Platformを使用したノーコード・ローコード開発の利点を学び、Power Appsポータルを用いたリアルタイムアンケート収集アプリ開発の傍ら、官公庁向けシステム開発業務に従事している。
担当：Chapter 10

青井 航平（あおい こうへい）
Cloud Solutions Engineer
営業管理アプリ（Sales Force Automation）開発を経て、現在は官公庁向けシステム開発業務に従事している。『cloud.config Tech Blog』ではPower Platformの新機能解説や性能検証ブログなど、実務に活用できるノウハウを発信している。
担当：Column「繰り返し処理の速度を向上する方法」（p.158）、Chapter 13

杉本 惇志（すぎもと あつし）
Microsoft Certified Trainer／Azure Solutions Architect Expert
Power Platformを使った社内の業務課題を解決するシステムを開発し、社内のDXを推進している。『cloud.config Tech Blog』ではPower Platformの小技、Tipsを発信している。
担当：Column「キャンバスアプリに印刷機能を搭載」（p.206）、Chapter 13

萩原 広揮（はぎはら ひろき）
Cloud Solutions Engineer
FIXERの社内BPRに従事し、営業管理アプリ（Sales Force Automation）開発や、経理業務改善などバックオフィス全体のDX推進を行っている。『cloud.config Tech Blog』では業務で得た現場で役立つノーコード・ローコード開発の知見を発信している。
担当：Column「Teams/Slackとのメッセージ連携」（p.310）

山川 祐汰（やまかわ ゆうた）
Cloud Solutions Engineer
Power Platformにおけるノーコード・ローコード開発を用いた社内向けナレッジベースポータルアプリを開発。現在は、ブロックチェーンや動画解析などの先端技術を用いた自社サービス開発に従事している。
担当：Appendix 2

監修者紹介

春原朋幸（すのはら ともゆき）

Partner Technology Strategist／日本マイクロソフト株式会社

Microsoftのクラウドサービスを提供しているSystem Integrator（パートナー）の技術戦略を支援し、パートナーのソリューション開発やクラウド人材の育成を推進している。

曽我 拓司（そが たくじ）

Cloud Solution Architect／日本マイクロソフト株式会社

もともとはDynamics 365のアーキテクトとして活動していたが、現在はパートナー事業本部に所属し、日本のパートナーのPower Platformビジネス、主にサービス開発ソリューション開発について支援を行っている。

●カバーデザイン　UeDESIGN　植竹 裕
●本文設計・組版　朝日メディアインターナショナル
●編集　取口 敏憲、中田 瑛人

◆お問い合わせについて

本書の内容に関するご質問につきましては、下記の宛先までFAXまたは書面にてお送りいただくか、弊社ホームページの該当書籍コーナーからお願いいたします。お電話によるご質問、および本書に記載されている内容以外のご質問には、いっさいお答えできません。あらかじめご了承ください。

また、ご質問の際には「書籍名」と「該当ページ番号」、「お客様のパソコンなどの動作環境」、「お名前とご連絡先」を明記してください。

お問い合わせ先
〒162-0846　東京都新宿区市谷左内町21-13
株式会社技術評論社　第5編集部
「Microsoft Power Platform ローコード開発［活用］入門――現場で使える業務アプリのレシピ集」
質問係　FAX：03-3513-6173

◆技術評論社 Web サイト
https://gihyo.jp/book/2022/978-4-297-13004-6

お送りいただきましたご質問には、できる限り迅速にお答えするよう努力しておりますが、ご質問の内容によってはお答えするまでに、お時間をいただくこともございます。回答の期日をご指定いただいても、ご希望にお応えできかねる場合もありますので、あらかじめご了承ください。

なお、ご質問の際に記載いただいた個人情報は質問の返答以外の目的には使用いたしません。また、質問の返答後は速やかに破棄させていただきます。

Microsoft Power Platform ローコード開発［活用］入門
――現場で使える業務アプリのレシピ集

2022年9月15日　初版　第1刷発行
2023年9月14日　初版　第3刷発行

監修者　春原 朋幸、曽我 拓司
著　者　株式会社 FIXER

発行者　片岡　巌
発行所　株式会社技術評論社
東京都新宿区市谷左内町21-13
電話　03-3513-6150　販売促進部
03-3513-6177　雑誌編集部
印刷／製本　日経印刷株式会社

定価はカバーに表示してあります。

ISBN978-4-297-13004-6　C3055

Printed in Japan